Joachim Erz

In-situ Visualisierung von Oberflächendeformationen aufgrund von Marangoni-Konvektion während der Filmtrocknung

In-situ Visualisierung von Oberflächen-deformationen aufgrund von Marangoni-Konvektion während der Filmtrocknung

von
Joachim Erz

Dissertation, Karlsruher Institut für Technologie (KIT)
Fakultät für Chemieingenieurwesen und Verfahrenstechnik, 2013

Impressum

 Scientific Publishing

Karlsruher Institut für Technologie (KIT)
KIT Scientific Publishing
Straße am Forum 2
D-76131 Karlsruhe

KIT Scientific Publishing is a registered trademark of Karlsruhe
Institute of Technology. Reprint using the book cover is not allowed.

www.ksp.kit.edu

Print on Demand 2014

ISBN 978-3-7315-0148-0
DOI: 10.5445/KSP/1000037674

In-situ Visualisierung von Oberflächendeformationen aufgrund von Marangoni-Konvektion während der Filmtrocknung

zur Erlangung des akademischen Grades eines

DOKTORS DER INGENIEURWISSENSCHAFTEN (Dr.-Ing.)

der Fakultät für Chemieingenieurwesen und Verfahrenstechnik des

Karlsruher Institut für Technologie (KIT)

genehmigte

DISSERTATION

von

Dipl.-Ing. Joachim Erz, geb. Krenn

aus Oberkirch

Referent:	Prof. Dr.-Ing. Dr. h. c. Wilhelm Schabel
Korreferent:	Prof. Dr. rer. nat. Norbert Willenbacher
Tag der mündlichen Prüfung:	18.10.2013

Für meine wunderbare Frau

Vorwort

Die vorliegende Arbeit entstand während meiner Zeit als wissenschaftlicher Mitarbeiter am Institut für Thermische Verfahrenstechnik des Karlsruher Instituts für Technologie (KIT) zwischen Januar 2006 und Oktober 2010. Zum Entstehen und Gelingen dieser Arbeit haben viele Menschen beigetragen, denen ich an dieser Stelle meinen Dank aussprechen möchte.

Ein besonderer Dank geht an meinen Doktorvater und an meinen Betreuer Herrn Prof. Dr.-Ing. Dr. h. c. Wilhelm Schabel und Herrn Dr.-Ing. Philip Scharfer. Ich danke beiden ganz herzlich für das sehr gute fachliche Umfeld, welches mit dem Neuaufbau der Arbeitsgruppe geschaffen wurde. Die Entwicklung zum eigenen Forschungsbereich „Thin Film Technology" (TFT) habe ich mit begleiten dürfen und es war für mich eine sehr spannende und interessante Zeit. Ich erhielt viele wichtige Impulse für meine wissenschaftliche Arbeit, welche meinen weiteren beruflichen Werdegang beeinflussen. Ich danke Herrn Prof. Schabel für die interessanten Projekte und die Aufgabenstellung, die zu dieser Arbeit geführt haben. Auch die außerordentlichen Gelegenheiten meine Arbeiten selbstständig und zu einem frühen Zeitpunkt national und international vorzutragen zu können, sollen an dieser Stelle Erwähnung finden. Herr Prof. Schabel hat sich immer sehr dafür eingesetzt und auch den damit verbunden finanziellen Aufwand für seine Leute nicht gescheut. Im Speziellen möchte ich mich bei Philip Scharfer auch dafür bedanken, dass er mich schon während meiner Diplomarbeit hervorragend betreut hat. Die Diskussionen mit ihm und seine sehr guten Anregungen und Hilfestellungen haben mir stets geholfen.

Ein Dank geht auch an Herrn Prof. Dr.-Ing. Matthias Kind für seine Unterstützung am Institut. Die fachlichen und außerfachlichen Gespräche und die daraus resultierenden Ideen haben mir fortwährend geholfen.

An die Zeit an der Universität Karlsruhe (TH), später dann Karlsruher Institut für Technologie (KIT) denke ich mit sehr viel Freude zurück. Sehr nette

Kollegen, ein freundliches Umfeld und viele interessante und herausfordernde Themen ließen das Arbeiten, Forschen und die Freizeit nie langweilig werden. Für die fundierten fachlichen Diskussionen und auch die gemeinsamen Publikationen möchte ich mich bei Imke Ludwig, Max Müller und Benjamin Schmidt-Hansberg besonders bedanken.

Mit Julia Große, Benjamin Dietrich und Benjamin Schmidt-Hansberg verbinden mich nicht nur die schönen Erlebnisse aus der Zeit der Promotion, sondern auch die Zeit des gesamten Studiums. Ein ganz spezieller Dank geht hierbei an Benjamin Dietrich, der in der gesamten Zeit in Karlsruhe als Kommilitone, Lauftrainingspartner und Promotionskollege entscheidend an meinem Leben teilgenommen hat und mir hoffentlich auch weiterhin als Freund erhalten bleibt. Der sportliche Ausgleich war und ist für mich immer etwas Besonderes. Hier durfte ich viele nette Menschen kennenlernen, insbesondere Markus Zehnle, Daniel Werner, Markus Wetzel und Markus Schlegel sollen hier Erwähnung finden.

Der Aufbau der Versuchsanlagen und die vielen „Kleinigkeiten", die es zu erledigen gab, wären ohne die sorgfältige Arbeit unserer Institutswerkstatt nicht möglich gewesen. Allen Mitarbeitern möchte ich an dieser Stelle herzlich danken. Bei Frau Gisela Schimana bedanke ich mich für ihr stetes Engagement und die Unterstützung bei jeglichen Verwaltungstätigkeiten.

Fachlich und somit auch inhaltlich haben die von mir betreuten Studien- und DiplomarbeiterInnen viel zu meiner wissenschaftlichen Arbeit beigetragen. Ich möchte mich bei Andreas Bub, Ying Zhou, Melissa Sojka, Ardo Adiwidjaja, Oliver Debus, Susanna Baesch und Dirk Sachsenheimer ganz herzlich für die engagierte Arbeit und die daraus resultierenden Ergebnisse bedanken.

Aufbauend auf diesen Arbeiten ist ein Forschungsvorhaben und die Fortsetzung der Arbeiten genehmigt worden. Mein Dank geht an die Deutsche Forschungsgemeinschaft für die Unterstützung der Untersuchungen. An dieser Stelle wünsche ich meinem Nachfolger, Herrn Dipl.-Ing Philip Cavadini, viel Erfolg beim Gelingen seiner Arbeit.

Nicht in Karlsruhe, aber dennoch ganz nahe bei mir, hat meine Freundin, Lebensgefährtin und mittlerweile Ehefrau Julia meine Zeit des Studiums und der Promotion begleitet. An dieser Stelle möchte ich mich ganz herzlich bei ihr bedanken, dass sie die schönen, aber auch die stressigen und nicht einfachen Zeiten mit mir durchgestanden hat.

Meinen Eltern möchte ich dafür danken, dass sie mir die Möglichkeit gegeben haben, meinen eigenen Weg zu gehen. Es ist ein sehr gutes Gefühl zu wissen, dass sie jeden Schritt verfolgen und jederzeit für mich da sind.

Ihnen, liebe Leserin, lieber Leser, wünsche ich nun hilfreiche Erkenntnisse und viel Spaß beim Lesen der Arbeit.

Inhaltsverzeichnis

Symbolverzeichnis

Lateinische Buchstaben

c_p	kJ/(kg·K)	spezifische Wärmekapazität
$\tilde{c}$	mol/m³	molare Konzentration
D_{ii}^{P}	m²/s	Fick'scher Diffusionskoeffizient (polymermassenbezogene Koordinaten)
$\delta_{i,g}^{SM}$	m²/s	binärer Diffusionskoeffizient der Komponente i im Gasstrom (Berechnung nach *Fuller et al. (1966)*)
h	m	Höhe der Fluidschicht
M_i	kg	Masse der Komponente i
T	K	Temperatur in Kelvin
$\hat{V}_i$	–	spezifisches Volumen der Komponente i
$\hat{V}_i^{*}$	–	benötigtes (spezifisches freies) Lückenvolumen
$\hat{V}^{FH}$	–	vorhandenes (spezifisches freies) Lückenvolumen
X_i	–	Lösemittelbeladung des Polymers ($X_i = M_i/M_P$)
x_i	–	Massenbruch der Komponente i ($x_i = M_i/M_{ges}$)
x	m	charakteristische Länge gemessen vom Plattenanfang <u>oder</u> Ortskoordinate in Strömungsrichtung
x_0	m	Versatz zwischen hydrodynamischer Grenzschicht und Konzentrationsgrenzschicht
z	m	Ortskoordinate in senkrechter Richtung

Griechische Buchstaben

Δh_v	J/g	Verdampfungsenthalpie
δ	m²/s	Fick'scher Diffusionskoeffizient
$\xi_{i,P}$	–	Verhältnis der molaren Volumina der „jumping units" (Freie Volumen-Theorie)
κ	m²/s	Temperaturleitfähigkeit ($\kappa = \lambda/(\rho \cdot c_p)$)
λ	W/(m·K)	Wärmeleitfähigkeit

η	Pa·s	dynamische Viskosität
$\gamma_{1,P}$	–	Überlappungsfaktor in der freien Volumen-Theorie
ν	m²/s	kinematische Viskosität
$\dot{\nu}$	m³/(h·m²)	Verdunstungsstrom
ρ	kg/m³	Dichte
ρ_i^P	kg/m³	polymermassenbezogene Dichte ($\rho_i^P = M_i/V_P$)
σ	N/m	Oberflächenspannung
ϑ	°C	Temperatur in Grad Celsius

Dimensionslose Kenngrößen

Ma — Marangoni-Zahl

$$Ma_T = \frac{\left(\frac{\partial\sigma}{\partial T}\right)\cdot\left(\frac{\partial T}{\partial z}\right)\cdot h^2}{\eta\cdot\kappa}$$

Marangoni-Zahl für temperaturinduzierte Konvektionsvorgänge in reinen Stoffen

$$Ma_c = \frac{\left(\frac{\partial\sigma}{\partial c}\right)\cdot\left(\frac{\partial c}{\partial z}\right)\cdot h^2}{\eta\cdot\delta}$$

Marangoni-Zahl für konzentrationsinduzierte Konvektionsvorgänge bei homogener Temperatur

$$Ma^* = \frac{\left(\frac{\partial\sigma}{\partial T}\right)\cdot\left(\frac{\partial T}{\partial z}\right)\cdot h^2}{\eta\cdot\kappa} + \frac{\left(\frac{\partial\sigma}{\partial T}\right)\cdot\dot{\nu}\cdot\Delta h_v\cdot h^2}{\eta\cdot c_p\cdot\kappa^2}$$

modifizierte Marangoni-Zahl für reine, verdunstende Stoffe nach *Zhan & Chao, 1999*

$$Sc = \frac{\nu_g}{D_{i,g}^{SM}}$$

Schmidt-Zahl

$$Re_x = \frac{u\cdot x}{\nu_g}$$

lokale Reynolds-Zahl

Tiefgestellte Indices

c	Konzentration, konzentrationsinduziert
g	gasseitig, Gas-
ges	gesamt
$krit$	kritisch, Grenz-
P	Polymer
T	Temperatur, temperaturinduziert

1 Einleitung

1.1 Einführung

Dünne Folien und Beschichtungen sind wichtige Bestandteile vieler technischer Produkte. Beispielsweise beinhalten Displays viele unterschiedliche Folien und Beschichtungen an die hohe Anforderungen gestellt werden. Die Oberflächen der einzelnen dünnen Schichten müssen häufig eine sehr genau spezifizierte Oberflächenbeschaffenheit besitzen. Die Form von Querprofilen sowie die Welligkeit und Rauigkeit der Oberfläche sind hierbei entscheidende Qualitätskriterien. Ein bekanntes Fehlerbild bei der Herstellung von z.B. optischen Folien aus einer Polymerlösung ist die Randüberhöhung.

Die bei der Herstellung aufgebrachte Polymerlösung, eine Rezeptur aus evtl. mehreren Lösungsmitteln, Polymeren und Additiven, wird auf ein Stahlsubstrat aufgegeben und getrocknet. Die Randüberhöhung der daraus resultierenden Schicht kann mehrere Ursachen haben. Eine Ursache können Stoffströme sein, welche auf oberflächenspannungsgetriebenen Effekten basieren, die durch eine beschleunigte Trocknung der Randzone induziert werden. Dieser Effekt lässt sich mit einem erhöhten Wärmeeintrag im Randbereich erklären. Inhomogene Randbedingungen bzgl. des Wärme- und Stofftransport sind die Hauptursachen für Oberflächenstrukturen und können z.B. aus ungleichmäßigen Strömungsbedingungen im Trockner resultieren. Aber auch komplexe Schicht- bzw. Substrataufbauten, wie sie unter anderem bei der Herstellung organischer Photovoltaik oder printed electronics zu finden sind, können zu inhomogenen Randbedingungen und zu Oberflächenstrukturen führen. Solche Strukturen sind bei der Herstellung unerwünscht, können jedoch im Randbereich einer Folie abgeschnitten und verworfen werden. Innerhalb einer flächigen Folien oder einer funktionalen Schicht können die unerwünschten Strukturen jedoch nicht durch Abschneiden entfernt werden und sind Ausschuss.

Werden die Trocknungsprozesse und die dabei ablaufenden Prozesse, die zur Oberflächendeformation führen, verstanden und beherrscht, können Problemlösungen für eine optimale Prozessführung und zur Vermeidung der unerwünschten Oberflächenstrukturen erarbeitet werden. Die Einflüsse der Temperatur sind bereits in vielen Arbeiten, häufig an Reinstoffen, sehr gut untersucht, allerdings muss bei der Trocknung einer Polymerlösung auch der Einfluss der Konzentrationsverläufe berücksichtigt werden. Die komplexen Zusammenhänge während der Trocknung sind bisher kaum untersucht und eine ausreichende Beschreibung fehlt. An dieser Stelle setzt die hier vorliegende Arbeit an. Mithilfe der aufgebauten Visualisierungstechnik soll die Entstehung von Oberflächenstrukturen in-situ verfolgt werden. Eine parallel durchgeführte, detaillierte Beschreibung der Trocknung liefert wichtige Erkenntnisse zu den vorherrschenden Randbedingungen während der beobachteten Oberflächendeformation und bietet einen ersten Einstieg für eine umfassende, modellhafte Beschreibung.

1.2 Ausgangspunkt der Untersuchungen

Ausgangspunkt der vorliegenden Arbeit ist die Erkenntnis über die Notwendigkeit, die ablaufenden Mechanismen bei der Entstehung von Oberflächenstrukturen während der Trocknung von polymerlösungsmittelbasierten Beschichtungen besser zu verstehen. Polymerfilme bestehen in ihrer Ausgangslösung vor der Beschichtung und Trocknung aus einem Gemisch aus mindestens einem Polymer und einem Lösemittel. Während der Trocknung treten Temperatur- und Konzentrationsunterschiede simultan auf und sind miteinander gekoppelt. Daher steht insbesondere die Unterscheidung von temperatur- und konzentrationsgetriebenen Effekten im Fokus dieser Arbeit. Man fand zu dem Zeitpunkt hauptsächlich Arbeiten zum Temperatureinfluss auf die Entstehung von Oberflächenverformungen und Stoffströmungen, allerdings meist nur in Reinstoffen. Einige sehr wenige Untersuchungen beschäftigten sich mit Gemischen aus Polymer und Lösungsmittel. Der Stand der wissenschaftlichen Arbeiten wird in Kapitel 1.2.2 dargestellt.

Die Trocknung einer Polymerlösung und die dabei auftretenden Oberflächendeformationen sind dynamische Prozesse, deren Untersuchung eine geeignete in-situ Messtechnik benötigt. Eine Messtechnik und eine Auswertemethode zur Untersuchung und Differenzierung dieser Phänomene bei flüssigapplizierten Beschichtungen aufzubauen und zu entwickeln, ist Ziel dieser Arbeit. Vorarbeiten, die zur Einschätzung der Effekte und somit auch zur Auswahl einer geeigneten Messtechnik beigetragen haben, werden im nachfolgenden Kapitel vorgestellt.

1.2.1 Vorversuche zur Formulierung der Hypothese

Der Einfluss von lokalen Temperaturunterschieden, die dem Film über das Substrat während der Trocknung aufgeprägt werden, wurde zunächst in einer Vorstudie untersucht und die Erkenntnisse zur Auswahl einer geeigneten Messtechnik verwendet. Der Versuchsaufbau (siehe Abb. 1.1) besteht aus temperierbaren Kanälen mit Luftspalten dazwischen. Auf der Oberseite wird ein Polymerfilm, bestehend aus dem Lösemittel Methanol und dem Polymer Polyvinylacetat, auf einem dünnen Glassubstrat (150 µm) ausgestrichen und getrocknet.

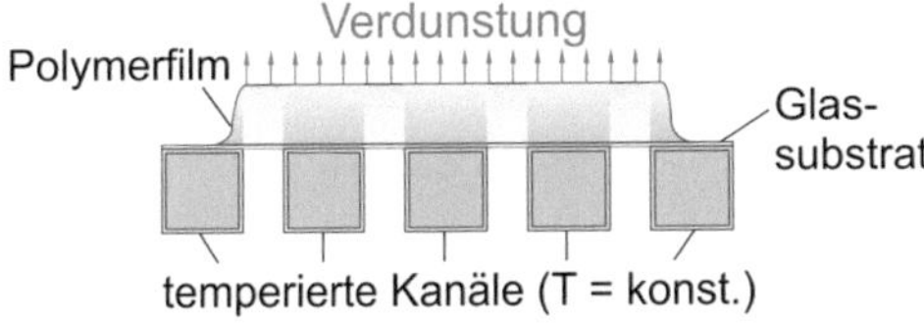

Abb. 1.1: Temperaturzonenplatte zur Überprüfung der Annahme, dass sich Oberflächenstrukturen durch Temperaturunterschiede gezielt erzeugen lassen. Auf den temperierten Kanälen 10 mm breit mit einem Abstand von 5 mm wurde der Polymerfilm auf einem 150 µm dünnen Glassubstrat ausgestrichen und unter Raumbedingungen ohne gezielte Überströmung getrocknet.

Der Polymerfilm wurde bei herrschenden Umgebungsbedingungen getrocknet. Eine Temperierung der Umgebungsluft sowie eine gezielte Überströmung des Versuchsaufbaus wurden dafür nicht realisiert. Während der Trocknung kühlt sich der Film aufgrund der Verdunstungskühlung an den Stellen, an denen er nicht aktiv beheizt wird, in Richtung einer Beharrungstemperatur ab. Eine gute Wärmezufuhr oberhalb der temperierten Kanäle sorgt für nahezu isotherme Bedingungen, während sich die Polymerlösung zwischen den Kanälen stark abkühlt. Hierdurch entstehen im Film während der Trocknung kältere und wärmere Regionen. Aufgrund der starken Temperaturabhängigkeit des Lösemitteldampfdruckes und des Diffusionskoeffizienten beeinflusst die Temperatur die Trocknung des Films deutlich. Kältere Regionen trocknen langsamer und haben somit eine höhere Lösemittelkonzentration als die benachbarte Region oberhalb der temperierten Kanäle. Die Versuche wurden bei unterschiedlichen Temperaturen der Kanäle durchgeführt. Die Ergebnisse sind in Form der Querprofile der trocknen Filme in der Abb. 1.2 dargestellt.

Zur Vereinfachung der Betrachtung sind die Positionen der temperierten Kanäle unter dem Glassubstrat grau hinterlegt.

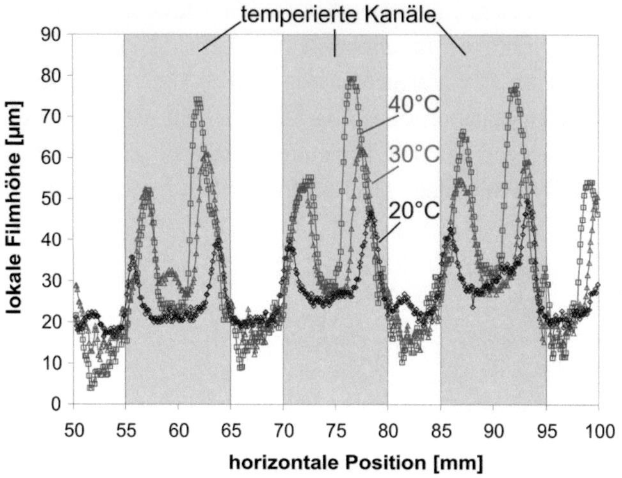

Abb. 1.2: Vorversuche: Schichtdickenmessungen der trockenen Filmoberflächen. Die Anfangsschichtdicke der Methanol-Polyvinylacetat-Lösung (Anfangsbeladung $X = 2\ g_{Methanol}/g_{PVAc}$ bzw. 66,7 Ma-% Lösemittel) betrug aufgrund der verwendeten Rakel 120 µm. Der Film wurde bei vorherrschenden Umgebungsbedingungen ohne gezielte Überströmung auf der Temperaturzonenplatte bei unterschiedlichen Temperaturen der Kanäle getrocknet – temperierte Kanäle 10 mm mit einem Abstand von 5 mm. Auf der Platte befindet sich ein 150 µm dünnes Glassubstrat.

Das Querprofil der trockenen Oberfläche zeigt eine regelmäßige, wellenförmige Struktur, die sich während der Trocknung auf dem mit Kanälen temperierten Substrat ausgebildet hat. Diese müssen durch eine laterale Bewegung des Polymers während der Trocknung entstanden sein. Im Verhältnis zu einer erwartenden Schichtdicke von ca. 30 µm, bei einer homogenen Temperaturrandbedingung unterhalb der Platte, werden hier sehr große Schichtdickenunterschiede von unter 10 µm bis über 80 µm gemessen. In der Praxis liegen die Anforderungen für tolerierte Schichtdickenunterschiede häufig bei +/-1 %. Strukturbildungen, die bei inhomogenen Randbedingungen auftreten, sind in der Praxis bekannt, es fehlt aber an der genauen Kenntnis der Dynamik dieser Ausbildung während der Trocknung und der Einflüsse der Prozessrandbedingungen. Die dargestellten Querprofile aus den Vorversuchen sollen zu Beginn der Arbeit das Ausmaß solcher Strukturbildungen im fertigen Film verdeutlichen. Gleichzeitig bilden sie den Ausgangspunkt dieser Arbeit eine Messmethode zur in-situ Untersuchungen der Strukturbildung und den Einfluss der Randbedingungen zu untersuchen.

Ohne an dieser Stelle bereits detailliert auf die Mechanismen der Strukturbildung einzugehen, zeigen die Versuche, dass für die Bildung von Oberflächenstrukturen große Kräfte wirken müssen. In Anbetracht der Nassfilmdicke ist es umso erstaunlicher, wie hoch die Strukturen oberhalb der temperierten Kanäle zu deren Rändern im trockenen Film sind. Eine an Flüssigkeitsoberflächen wirkende Kraft wird von der Oberflächenspannung ausgeübt. Hierbei versucht die Oberflächenspannung ein energetisches Minimum für die Oberflächenenergie des Fluids zu erreichen. Die enorme Größe der dabei auftretenden Kräfte wird am Beispiel einer schwimmenden Büroklammer sichtbar (siehe Abb. 1.3).

Abb. 1.3: Ein sehr anschauliches Beispiel, wie groß Oberflächenkräfte sein können, ist die schwimmende Büroklammer auf einer Wasseroberfläche.

Das Gewicht der Büroklammer wird hauptsächlich durch die Oberflächenkräfte der Flüssigkeit getragen. Dies kann dadurch verdeutlicht werden, dass die Büroklammer sofort absinkt, sobald die Oberflächenspannung durch z. B. die Zugabe von Spülmittel (Tensid) gesenkt wird.

Die Oberflächenspannung eines Gemisches wird beeinflusst von der Konzentration und der Temperatur des Fluids. Für das, in den Vorversuchen verwendete, Polymer-Lösemittelgemisch ist die Konzentrations- und Temperaturabhängigkeit in Abb. 1.4 dargestellt. Erwartungsgemäß nimmt die

Oberflächenspannung σ mit zunehmender Temperatur des Fluids ab. Während der Trocknung einer solchen Polymerlösung nimmt die Konzentration des Lösemittels stetig ab, wodurch die Oberflächenspannung des Films kontinuierlich ansteigt. Zudem kann es zu Temperaturänderungen im Film aufgrund der Verdunstungskühlung kommen. Hieraus ergeben sich während der Trocknung einer Polymerlösung mehrere Einflussparameter aus denen Oberflächenspannungsgradienten und somit Stoffströme resultieren können. Während der Trocknung ändert sich die Lösemittelkonzentration sehr stark und ist über den Dampfdruck des Lösemittels von der Temperatur abhängig. Daher treten die Einflussparameter, Konzentration und Temperatur, in der Regel gekoppelt auf und genau das macht die Beschreibung der Mechanismen und die Differenzierung der Einflussparameter sehr komplex.

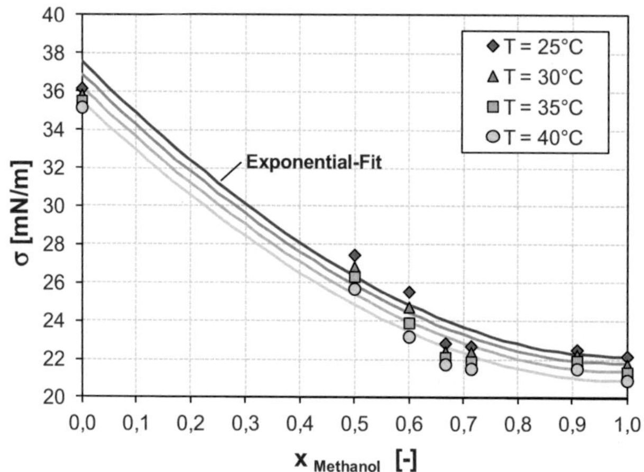

Abb. 1.4: Oberflächenspannung von Methanol-Polyvinylacetat-Lösungen bei unterschiedlichen Temperaturen aufgetragen über der Konzentration des Lösemittels gemessen mit einem Tropfenvolumentensiometer TVT I von der Firma Lauda.

Im folgenden Abschnitt werden die wichtigsten Arbeiten auf diesem Themengebiet der oberflächenspannungsinduzierten Stoffströme vorgestellt und der Stand der wissenschaftlichen Arbeit dokumentiert.

1.2.2 Stand der wissenschaftlichen Arbeiten

Schon seit über 100 Jahren und den ersten einschlägigen Untersuchungen durch *Bénard (1900)* sind induzierte Konvektionsströmungen in Schichten vielfach Gegenstand nationaler und internationaler Forschungsdiskussionen und Untersuchungen. In den Beobachtungen von Bénard wurde eine ca. 1 mm dicke Schicht aus Walrat[1] von der Unterseite her beheizt. Er beobachtete die Entstehung polygonaler bzw. quasi-hexagonaler Konvektionszellen. Bénard führte damals Dichteunterschiede über die Schichthöhe als Grund für das Auftreten der Instabilität und als Triebkraft für die Konvektion an. Ein Großteil der Arbeiten zur Konvektion beschäftigt sich damit herauszufinden, unter welchen Randbedingungen solche Konvektionsströmungen überhaupt auftreten. Dabei wurden hauptsächlich reine Fluide betrachtet und der Einfluss der Temperatur untersucht. Es wurde dabei meist der Einfluss von Temperaturgradienten <u>senkrecht zur Filmoberfläche</u> betrachtet.

Konvektionsströmungen in einer Fluidschicht können in erster Linie durch Dichtegradienten oder durch Oberflächenspannungsgradienten induziert werden. Dies erkannten *Block (1956)* und *Pearson (1958)* als Erste und zeigten, dass für die von Bénard beobachteten, hexagonalen Konvektionszellen die Oberflächenspannungsgradienten und nicht die Dichtegradienten die Ursache sind. Pearson's lineare Stabilitätsanalyse einer <u>nichtverformbaren</u> Grenzschicht zwischen einer reinen Flüssigkeit und einem Gas zeigt eine Instabilität bei einer theoretischen Wellenzahl von $q \equiv (2 \cdot \pi \cdot h)/\lambda \approx 2$ (h ist die Schichtdicke und λ die Wellenlänge). Hierbei wird eine Stabilitätsgrenze von $Ma_{krit} = 80$ (*Person, 1958*; *Koschmieder & Biggerstaff, 1989*) errechnet.

Die Kennzahl[2] (Gleichung (1.1)) beschreibt das Gegenspiel zwischen der Oberflächenspannung σ und den Größen der Temperaturleitfähigkeit κ und Viskosität η. Die Viskosität der Flüssigkeit dämpft das Einsetzen der Konvektion und verkleinert die Marangoni-Zahl.

---

[1] fett- und wachshaltige Substanz aus dem stark vergrößerten Vorderkopf des Pottwals
[2] Diese Kennzahl wurde später nach dem italienischen Forscher Carlo Giuseppe Matteo Marangoni benannt, der sich mit den Eigenschaften von freien Oberflächen beschäftigte. Als Marangoni-Zahl wird diese Kennzahl in vielen Literaturstellen verwendet.

$$Ma_T = \frac{\left(\frac{\partial \sigma}{\partial T}\right) \cdot \left(\frac{\partial T}{\partial z}\right) \cdot h^2}{\eta \cdot \kappa} \tag{1.1}$$

Mit diesen theoretischen Überlegungen konnte *Pearson (1958)* zeigen, dass für Fluidschichten unter 1 mm die Oberflächenspannungskräfte dominieren und die Gravitätskräfte vernachlässigt werden können. *Takashima (1981)* bestätigte mit seiner Arbeit die Vorhersagen von *Pearson (1958)*. In der Praxis sind diese Aussage und die Schichtdickenabhängigkeit gut bekannt und dadurch auch die Aussage etabliert, dass Gravitationseffekte bei dünnen Schichten von 200 µm und darunter für Konvektionsströmungen keine Rolle spielen.

Führt man eine Stabilitätsanalyse einer bereits verformten Oberfläche durch, wie dies erstmalig von *Scriven & Sternling (1964)* und später von *Smith (1966)* getan wurde, dann findet sich noch eine zweite Instabilität mit einer Wellenzahl von $q = 0$. Diese langwellige Instabilität wird dominierend für sehr dünne Flüssigkeitsschichten bzw. bei sehr hoher Viskosität. Somit können zwei grundsätzlich verschiedene Konvektionsformen auftreten: Zum einen die von Bénard beobachtete, bekannteste Form der hexagonalen Konvektionszellen mit einer Wellenzahl $q \approx 2$ und zum anderen eine langwellige Oberflächenverformungen ($q \approx 0$), bei denen die Flüssigkeit lokal vollständig entnetzt.

Smith & Davis (1983) führten erstmals Versuche durch, bei denen die Konvektionsvorgänge durch horizontale Temperaturgradienten induziert wurden. Dazu wurde die Fluidschicht seitlich durch eine warme und eine kalte Platte begrenzt. Gestützt durch numerische Betrachtungen konnten *Smith & Davis (1983)* in Analogie zu den Betrachtungen senkrechter Temperaturgradienten zeigen, dass zwei unterschiedliche Instabilitäten auftreten können. Kleine Konvektionszellen oder langgestreckte Wellenströmungen treten je nach Größe des Temperaturgradienten und den fluiddynamischen Eigenschaften des Fluids in Erscheinung. Weitere wichtige Arbeiten zur horizontalen Konvektion folgten zum Beispiel von *Villers & Platten (1992)* und *Riley & Neitzel (1998)*, die sich mit der Entwicklung und Entstehung von Konvektionsmustern beschäftigten. Mit Hilfe einer fouriertransformierten Geschwindigkeitsbetrachtung von Partikeln konnten *Villers & Platten (1992)* in 4 mm dicken Flüssigkeitsschichten das Vorhandensein von oszillierenden Bewegungen senkrecht zu der eigentlichen Strömungsrichtung innerhalb der bekannten Strömungsregime nachweisen. Ebenfalls mit Partikelgeschwindigkeitsmessungen mittels Laser-Doppler-Prinzip, aber auch mit Wärmebildaufnahmen konnten *Riley & Neitzel (1998)* an Experimenten mit Silikonölen sehr deutlich die Entstehung und Ausprägung der Strömungsregime bei horizontalen Temperaturgradienten zeigen. Eine neuere Arbeit hierzu stammt von *Burguete et al. (2001)*. Hauptsächlich mittels Schattenbilder zeigten *Burguete et al. (2001)* die Entstehung der unterschiedlichen Wellenregime, indem sie Temperatur und Dicke der beobachteten Fluidschicht über einen weiten Bereich variierten. Durch ihre breit angelegten Versuche war es ihnen möglich eine Strömungskarte aufzuzeigen. Dabei traten bei dicken Filmen Konvektionszellen (vgl. *Bénard (1900)*) auf, die mit dünner werdenden Filmen entweder in eine reine horizontale Ausgleichsströmung bei geringem Temperaturgradienten oder in wandernde Oberflächenwellen bei höheren Temperaturgradienten übergingen. Unabhängig von der lateralen Geometrie der Filme zeigten *Burguete et al. (2001)*, dass es in Filmen unter 1 mm Filmdicke bei horizontalen Temperaturgradienten nur zu lateralen Ausgleichsströmen kommt. Alle bisher aufgeführten Arbeiten beschränken sich jedoch auf reine Flüssigkeiten und die Ergebnisse können nicht auf den Einfluss von Zusammensetzungsveränderungen bei Gemischen und insbesondere nicht auf die Verdunstung einer Mischung aus Lösemittel und Polymer, wie sie bei der Polymerfilmtrocknung vorkommt, übertragen werden. Polymerfilme bestehen in ihrer Ausgangslösung vor der Beschichtung und Trocknung aus einem Gemisch aus mindestens einem Polymer und einem Lösemittel. In der Praxis findet man sehr häufig mehrere Lösemittel und Polymere sowie verschiedene Additive.

Bei der Trocknung von Polymerfilmen können daher zusätzlich zu den Temperaturgradienten auch Konzentrationsgradienten auftreten, die aufgrund der Abhängigkeit der Oberflächenspannung von der Zusammensetzung zu Konvektionsvorgängen führen können. Analog zur Definition der Marangoni-Zahl aufgrund von Temperaturgradienten, kann eine Marangoni-Zahl aufgrund von Konzentrationsgradienten wie folgt definiert werden:

$$Ma_c = \frac{\left(\frac{\partial \sigma}{\partial c}\right) \cdot \left(\frac{\partial c}{\partial z}\right) \cdot h^2}{\eta \cdot \delta} \tag{1.2}$$

Der Diffusionskoeffizient δ im Nenner berücksichtigt hier den Ausgleich des Konzentrationsgradienten durch molekulare Diffusion. Untersuchungen zur rein konzentrationsgetriebenen Marangoni-Konvektion findet man in der Literatur nur für sehr wenige Spezialfälle. Eine erste interessante Arbeit dazu beschäftigt sich mit einem Lösungsmittelgemisch aus Alkohol und Wasser (*Schwarzbach, Nilles, Schlünder, 1987*). Diese Versuche standen im Zusammenhang mit der Untersuchung der selektiven Verdunstung und deren Beeinflussung. Um neben anderen Parametern auch den flüssigseitigen Widerstand in einem verdunstenden Flüssigkeitsgemisch zu beeinflussen, wurde ein Experiment durchgeführt, welches unerwartet zu oberflächenspannungsgetriebenen Stoffströmen führte. Erste Erklärungsansätze zu diesen Phänomenen und dessen Auswirkung auf die selektive Verdunstung findet man in der Publikation (*Schwarzbach, Nilles, Schlünder, 1987*). Der Aspekt der Oberflächendeformation aufgrund dieser Strömungen wurde nicht diskutiert spielt aber bei Gemischen aus Flüssigkeiten bei niedrigen Viskositäten auch eine untergeordnete Rolle. Im Rahmen eines Praktikums am Institut für Thermische Verfahrenstechnik in den 80er Jahren wurden diese Versuche aufbereitet und später von mir im Rahmen einer Vorlesung in einem etwas erweiterten Rahmen verwendet, um die beobachteten Phänomene der Konvektionströmungen zu erklären. Der Praktikumsversuch und die anschaulichen Ergebnisse sind im Anhang A 2.2 aufgeführt. Weitere Untersuchungen und die systematische experimentelle Erforschung von konzentrationsgetriebenen Konvektionsvorgängen sind bisher keine zu finden oder sie beschränken sich auf Beobachtungen aus der Praxis.

Der Einfluss der Verdunstung auf die Marangoni-Konvektion ist schon länger bekannt, jedoch erst durch *Chai & Zhang (1998)* und *Zhang & Chao (1999)* systematisch untersucht. Sie führten für reine, flüchtige Substanzen eine modifizierte Marangoni-Zahl ein, wobei der Einfluss der Verdunstung durch einen additiven Term (Gl. (1.3)) beschrieben wird (nach *Zhang & Chao, 1999*).

$$Ma^* = \frac{\left(\frac{\partial \sigma}{\partial T}\right) \cdot \left(\frac{\partial T}{\partial z}\right) \cdot h^2}{\eta \cdot \kappa} + \frac{\left(\frac{\partial \sigma}{\partial T}\right) \cdot \dot{v} \cdot \Delta h_v \cdot h^2}{\eta \cdot c_p \cdot \kappa^2} \tag{1.3}$$

Der zusätzliche Term mit einem flächengemittelten Verdunstungsstrom $\dot{v}$ in Gleichung (1.3) soll die Abkühlung der Flüssigkeitsoberfläche durch das verdunstende Lösemittel berücksichtigen. Für reine Flüssigkeiten ist der flächengemittelte Verdunstungsstrom im Beharrungszustand konstant, so dass hierfür auch eine entsprechende Marangoni-Zahl berechnet werden kann. Bei der Betrachtung von Gemischen – insbesondere bei Polymerlösungen – ändern sich die Verdunstungsrate und auch die Zusammensetzung der Lösung. Mit diesem Ansatz lässt sich keine sinnvolle Marangoni-Zahl berechnen. Vielmehr müsste zu jedem Zeitpunkt und ggfs. an verschiedenen Orten eine Marangoni-Zahl – die sowohl den Einfluss der Temperatur als auch der Konzentration berücksichtigt – bestimmt werden.

Lokale Unterschiede können auch bei der Verdunstung einer reinen Flüssigkeit auftreten, wie *Zhang & Chao (1999)* in ihren Überlegungen zeigen. Abb. 1.5 zeigt schematisch, aufgrund theoretischer Betrachtungen der Autoren, die Konvektionsvorgänge in einem reinen Fluid während der Verdunstung. Aufgrund der Verformung der Oberfläche und der inhomogenen Temperaturverteilung ergeben sich die in Abb. 1.5 a dargestellten lokal unterschiedlichen Verdunstungsströme.

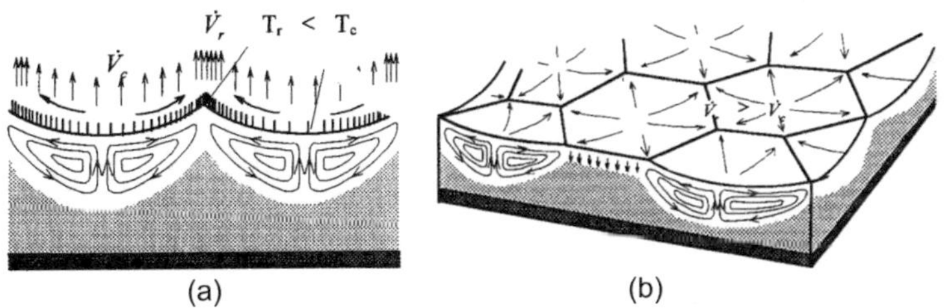

Abb. 1.5: Schematische Darstellung der Konvektionsströmungen in einer verdunstenden Flüssigkeit (aus Zhang & Chao, 1999). (a) Darstellung des Verdunstungsstromes an verschiedenen Positionen der Konvektionszellen. (b) Anordnung der Konvektionszellen an der Oberfläche.

Erste Untersuchungen zum Einfluss der Verdunstung bei Gemischen und zu den dabei auftretenden Konzentrationsgradienten finden sich bei *Azouni et al.*

(2001). Abb. 1.6 zeigt eine schematische Darstellung des verwendeten Versuchsaufbaus.

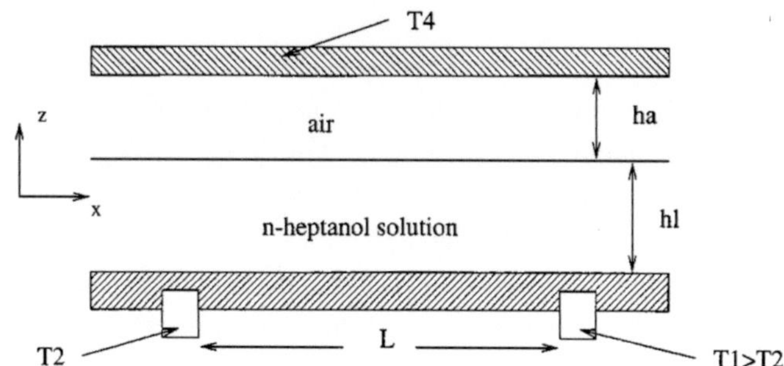

Abb. 1.6: Versuchsaufbau von Azouni et al. (2001) zur Beobachtung von Konvektionsströmungen in Gemischen bei der Verdunstung und Kondensation flüchtiger Komponenten. L = 10 mm, hl = 2 mm, ha = 0,3 − 9,3 mm, $T4\,(43,5\text{-}46,5°C) > T1(38,4\text{-}42,5°C) > T3\,(32,3\text{-}40,8°C) > T1(30\text{-}33°C)$

Für die Versuche wurde eine Wasser–n-Heptanol–Lösung in einem geschlossenen Behälter mit inerter Gasphase einem definierten lateralen Temperaturgradienten ausgesetzt ($T_1 > T_2$). Der Versuchsaufbau verhindert ein Entweichen der flüchtigen Komponenten. Es stellt sich dabei ein temperaturabhängiger Gleichgewichtszustand ein, bei dem die flüchtigen Komponenten über der wärmeren Seite des Gemischs verdunsten und auf der kälteren Seite kondensieren. *Azouni et al. (2001)* beobachten die auftretenden Konvektionsströmungen und berechnen aus theoretischen Überlegungen die Geschwindigkeitsprofile der Flüssigkeitsströmung. Diese Überlegungen sind nur sehr bedingt auf das Trocknen einer Polymerlösung anwendbar, da die Konvektion in diesen Experimenten hauptsächlich durch die Verdunstung und gleichzeitige Kondensation der flüchtigen Komponente an unterschiedlichen Orten eines geschossenen Systems zustande kommt.

In einer neueren Arbeit untersucht *Weh (2005)* erstmals den Einfluss von lateralen Temperaturgradienten auf die Trocknung von Polymerlösungen. Dabei betrachtet *Weh (2005)* die Trocknung auf punktförmig beheizten Substraten. Je nach Temperaturunterschied zwischen dem Heizpunkt und dem übrigen Substrat bilden sich unterschiedliche Wellenstrukturen an der Oberfläche der trocknenden Polymerlösung aus. Da bei der Trocknung alle bisher aufgeführten Einflüsse parallel auftreten, ist die theoretische Beschreibung sehr komplex und wird von *Weh (2005)* nicht durchgeführt. *Toussaint et al. (2008)* betrachten ebenfalls die Konvektionsströmungen in Polymerlösungen während der Trocknung und stellen erstmals auch theoretische Überlegungen an. Dabei weisen *Toussaint et al. (2008)* darauf hin, dass sich durch die Verdunstung des Lösemittels die Fluidoberfläche abkühlt, wodurch ein verstärkter Temperaturgradient auftritt. Ebenfalls merken sie an, dass bei einem filmseitig kontrolliert trocknenden System Konzentrationsgradienten über die Höhe des Gemisches auftreten. Durch die inhomogene Trocknungsgeschwindigkeit in lateraler Richtung (vgl. Abb. 1.5 (a)) bilden sich zusätzlich zu den vertikalen Temperatur- und Konzentrationsgradienten auch horizontale Gradienten aus. Im Verlauf der Trocknung ändern sich die Stoffeigenschaften – Viskosität, Diffusionskoeffizient (*Schabel et al., 2007*) und Oberflächenspannung – über einen weiten Bereich, da die Stoffeigenschaft mit dem Lösemittelanteil im Gemisch variieren. Eine ausschließliche Betrachtung anhand der Ausgangssituation vor dem Start der Trocknung, wie sie von *Toussaint et al. (2008)* durchgeführt wird, ist daher nicht ausreichend. Für eine modellhafte Beschreibung der Konvektionsvorgänge während der Trocknung ist es erforderlich, die zeitliche Änderung der Kräfteverhältnisse und der verschiedenen Ausgleichsvorgängen zu berücksichtigen.

Dementsprechend ist es wichtig, die Vorgänge während der Trocknung stärker in den Fokus der Untersuchungen zu rücken. So müssen die Ausbildung von Konzentrationsgradienten, die Abkühlung durch die Verdunstung des Lösemittels und auch die Veränderung der Viskosität und der Oberflächenspannung genauer berücksichtigt werden. Auf dem Gebiet der Polymerfilmtrocknung gibt es sehr viele Arbeiten, die sich mit einzelnen und mehreren Teilaspekten beschäftigen. Exemplarisch sind hier die wichtigsten Arbeiten genannt: *Powers & Collier (1990), Cairncross (1994), Saure (1995), Aust (1996), Price et al. (1997), Alsoy (1998), Guerrier et al. (1998), Zielinski & Hanley (1999), Park et al. (2000), Vinjamur & Cairncross (2000), Wagner (2000), Schabel (2004).* In diesen Arbeiten werden verschiedene Ansätze zur Beschreibung des Stofftransportes in der Gasphase, dem Phasengleichgewicht und dem Stofftransport in dem trocknenden und schrumpfenden Polymerfilm betrachtet. Die Trocknung von Polymerfilmen unter homogenen Randbedingungen ist dabei in den letzten Jahren immer besser verstanden und beschrieben, aber auch noch Gegenstand laufender Forschungsarbeiten der Arbeitsgruppe in der diese Arbeit hier entstanden ist (*Siebel et al., 2012*; *Kachel et al., 2012*; *Schmidt-Hansberg et al., 2012*). Hierauf parallel aufbauend wurden weiterführende Untersuchungen zu Vorgängen während der Trocknung bei auftretenden Oberflächenspannungsgradienten angegangen.

Zusammenfassend lässt sich sagen: In der Literatur findet man Arbeiten zur Oberflächenverformung aufgrund von Konvektionsströmungen, aber die Mehrzahl der Arbeiten behandelt die Konvektion in reinen Flüssigkeiten. Untersuchungen zu Gemischen – im Speziellen zu verdunstenden Gemischen und der Einfluss der Veränderung der Zusammensetzung[1] – gibt es bisher kaum. Die wenigen Untersuchungen hierzu liefern zudem bisher keine befriedigenden Erklärungsansätze und bilden den Ausgangspunkt dieser Arbeit. Erst neuere Untersuchungen aus Folgearbeiten aufbauend auf den Ergebnissen und mittels der in-situ Visualisierungstechnik der vorliegenden Arbeit liefern inzwischen auch noch weiter- und tiefergehende Einblicke in diese Vorgänge und sind Gegenstand aktueller Forschungen (siehe *Cavadini et al., 2013*).

1.3 Zielsetzung der Arbeit

An Oberflächen wirkende Kräfte in Form von Oberflächenspannungen können unter bestimmten Voraussetzungen zur Verformung von Flüssigkeitsoberflächen führen. So entstandene Strukturen können im Falle der Trocknung einer Polymerlösung bei der Verfestigung und dem Anstieg der Viskosität bestehen bleiben und sind im Film z.B. als Oberflächenstrukturen bzw. Defekte erkennbar. Über die Dynamik und den Verlauf der Strukturentstehung während der Trocknung gibt es bis dato noch keine aufschlussreichen Erkenntnisse. In dieser Arbeit wurde der Einfluss der Trocknungsparameter auf die Ausbildung der Oberflächenstrukturen in-situ untersucht und u.a. gezeigt, dass ein schnelles Ansteigen der Viskosität, d.h. schnelle Trocknung, zu verringerten Oberflächenstrukturen führen kann.

---

[1] während der Trocknung einer Polymerlösung verdunsten die Lösemittel. Dadurch ändert sich die Konzentration und auch die Temperatur sinkt aufgrund der Verdunstungskühlung ab.

Zielsetzung dieser Arbeit war die systematische Untersuchung der dynamischen Entstehung von Oberflächenstrukturen in-situ, d.h. während der Trocknung. Die Entwicklung und der Aufbau eines geeigneten Versuchsaufbaus zur in-situ Visualisierung der sich verformenden Polymerfilmoberfläche und die Auswertung dazu waren daher ein zentraler Gegenstand der Arbeit. Mit Hilfe einer in-situ Visualisierungsmethode sollen Experimente erstmals die Möglichkeit der Verifizierung und Validierung einer modellhaften Beschreibung der Entstehung von Oberflächenstrukturen bieten. Zur Interpretation der in dieser Arbeit durchgeführten Versuche und als Vorbereitung für die geplante modellhafte Beschreibung der Konvektionsvorgänge während der Trocknung wurde ein, in Vorarbeiten aufgebautes, numerisches Simulationsprogramm zur Beschreibung der isothermen Trocknung (*Schabel et al., 2003*; *Schabel, 2004*; *Scharfer et al., 2006*) so erweitert, dass die Temperaturverteilung bei der nicht-isotherme Trocknung sowohl im Film als auch in den einzelnen Substratschichten beschrieben werden kann.

Um Oberflächenstrukturen während der Trocknung in-situ beobachten zu können, wurde eine geeignete Methode gesucht, welche einerseits die erwarteten dreidimensionalen Strukturen visualisieren kann und dabei andererseits das System während der Trocknung nicht signifikant beeinflusst. Zudem sollte die Messtechnik in einen Trocknungskanal, als geeigneter Versuchsaufbau, integrierbar sein, um die Trocknung unter definierten, einstellbaren Bedingungen durchführen und beschreiben zu können. Eine weitere Anforderung daran war eine ausreichende zeitliche Auflösung der Visualisierungstechnik, um die hohe Dynamik aufgelöst aufzeichnen zu können.

Die modellhafte Beschreibung der Konvektionsvorgänge und der Entstehung von Oberflächenstrukturen während der Trocknung stellt eine komplexe und umfangreiche Aufgabe dar. Hierbei müssen die fluiddynamischen Prozesse und die Oberflächenkräfte der freien Oberfläche beschrieben werden, wobei sich die Stoffparameter kontinuierlich verändern. Diese sind stark von der Lösemittelkonzentration abhängig, wobei das Lösemittel nicht homogen im trocknenden Film verteilt ist. Das Lösemittel entweicht über die freie Oberfläche, an der auch die Oberflächenkräfte wirken, in die Gasphase. Aufgrund der Komplexität und der Vielzahl der gleichzeitig ablaufenden Mechanismen ist die eingeschlagene Zielsetzung der Arbeit im Bereich der experimentellen Visualisierung und einer diesbezüglich vereinfachten modellhaften Beschreibung auf einige Erweiterungen der bestehender Trocknungsmodell beschränkt. Eine Beschreibung der Trocknung unter sich ändernden Temperaturbedingungen sowohl im Film als auch im Substrat ist notwendig, um auftretende Gradienten, welche die Triebkraft für die Konvektion darstellen, abschätzen zu können. Nicht Gegenstand dieser Arbeit ist die modellhafte Beschreibung der Entstehung der Oberflächenstrukturen, z.B. durch eine fluiddynamische Betrachtung der Stoffströme im Film während der Trocknung. Aufbauend auf diesen Arbeiten zur Visualisierung der Entstehung von Oberflächenstrukturen wird es möglich sein, zukünftige modelhaften Beschreibungen in diesem Forschungsgebiet zu validieren.

2 Versuchsstand und Aufbau einer in-situ Oberflächenvisualisierungstechnik

Zur Untersuchung der Mechanismen, die zu einer Deformation der Filmoberfläche während der Trocknung führen, sind definierte Trocknungsbedingungen notwendig. Zudem sollte ein Versuchsaufbau derart gestaltet sein, dass eine theoretische Betrachtung der Vorgänge zur Interpretation der Versuchsergebnisse auf einfache Weise möglich ist. Zudem dürfen die Trocknungsvorgänge durch die verwendete Messtechnik nicht beeinflusst werden. Aus diesem Grund wird ein optisches Verfahren verwendet, bei dem die Oberflächenstrukturen mittels einer hochauflösenden Kamera und einem optischen Schichtdickensensor <u>flächig</u> und <u>zeitaufgelöst</u> visualisiert werden können. Der Film wird hierbei im Strömungsfeld eines Trocknungskanals getrocknet. Die Kenntnis der Trocknungsbedingungen auf einer Substratplatte in einer Kanalströmung sind sehr wichtig und zum Teil gut untersucht, wurden aber auch im Rahmen dieser Arbeit weitergehend untersucht. Hierbei hat sich gezeigt, dass ein derartiger Versuchsaufbau für die geplanten Untersuchen geeignet ist und auch modellhaft gut beschrieben werden kann (siehe Kapitel 4 und Anhang A 5).

Die Deformation der Filmoberfläche kann durch die Beeinflussung der Trocknung und durch die Erzeugung von inhomogenen Randbedingungen induziert werden (vgl. 1.2.1). Dies kann substratseitig und / oder über die Beeinflussung der Gasphase geschehen. In dieser Arbeit wurden beide Mechanismen angewendet. Die substratseitige Beeinflussung wurde zum Einen durch ein Loch (1,2 mm) in einem Aluminiumsubstrat und zum Zweiten durch den Werkstoffübergang zwischen Aluminium und einem schlechter wärmeleitenden Kunststoff in einer zusammengesetzten Substratplatte realisiert. Es hat sich Teflon dafür als geeignet erwiesen. Ein dünnes Glassubstrat (150 µm) wird oben aufgelegt und bietet eine homogene und ebene Oberfläche, um Schichtdickenunterschiede beim Ausstreichen des Films durch z. B. Benetzungsunterschiede zu verhindern (siehe Abb. 2.1 links und Mitte). Die Beeinflussung der Trocknung über die Gasphase erfolgte über eine halbseitige Abdeckung des Films, die zu einer Anreichung des Lösemittels in der Gasphase führt und somit die Verdunstung des Lösemittels aus dem Film unterhalb der Abdeckung deutlich verlangsamt (siehe Abb. 2.1 rechts).

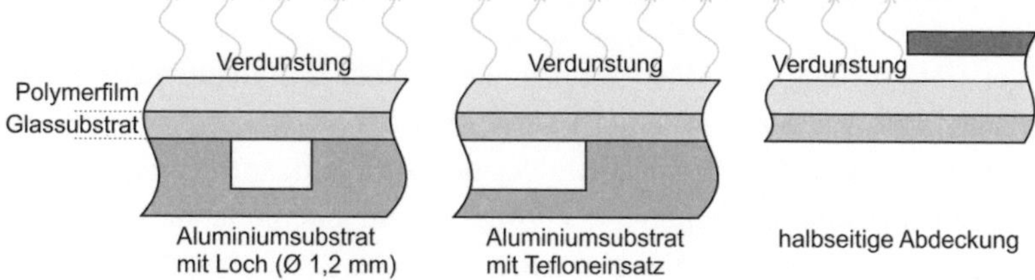

Abb. 2.1: Verschiedene Versuchsaufbauten zur Induzierung von inhomogenen Randbedingungen während der Trocknung, die zur Ausbildung von Oberflächendeformationen führen können. Die „Störung" der Trocknungsbedingungen kann zum einen substratseitig (links und Mitte) oder durch die Beeinflussung der Gasphase (rechts) herbeigeführt werden. Das dünne Glassubstrat (150 μm) bietet eine homogene und ebene Oberfläche, um Schichtdickenunterschiede beim Ausstreichen des Films zu verhindern.

In den folgenden Abschnitten werden der Versuchsaufbau, die Visualisierungstechnik und die dafür notwendige, zum Teil sehr komplexe und aufwendige Auswertung beschrieben.

2.1 Versuchsaufbau

Die Versuche sollen unter definierten Randbedingungen durchgeführt werden. Dafür wurde ein temperierter Strömungskanal aufgebaut. Eine Vortemperierung des Trocknungsgases in Kombination mit dem in Doppelmantelbauweise realisiertem Trocknungskanal ermöglicht die Trocknung der Polymerlösung bei unterschiedlichen Temperaturen, wobei die höchste Trocknungstemperatur aufgrund der Empfindlichkeit der eingesetzten Messgeräte auf max. 50°C begrenzt werden muss. Die Gasgeschwindigkeit wird über ein Ventil eingestellt und im Kanal mit einem Hitzdrahtanemometer kontrolliert. Durch die Überströmungsgeschwindigkeit kann die Trocknung gasseitig beeinflusst werden. In dem Trocknungskanal wird der zu untersuchende Polymerfilm auf einer Substratplatte ausgestrichen.

Die Integration der Visualisierungstechnik in den Trocknungskanal ist aufgrund der notwendigen Randbedingungen mit besonderen Schwierigkeiten verbunden. Für das Visualisierungsverfahren sind die Ausrichtung der Substratplatte zur benötigten Kamera sowie die ausreichende und gleichmäßige Beleuchtung der Probe während des gesamten Versuches von sehr großer Bedeutung und notwendig. Eine Schemazeichnung der Versuchsanlage mit integrierter Visualisierungstechnik ist in Abb. 2.2 dargestellt. Die zur Trocknung benötigte Luft, wird hierbei zunächst in einem Wärmeübertrager vortemperiert und strömt dann über eine isolierte Schlauchverbindung in den dargestellten, temperierten Strömungskanal ein. Hier wird die Luftströmung über metallische Gleichrichter verteilt und strömt in einer Vorlaufstrecke auf die Substratplatte / Messstrecke zu. Die Doppelmantelbauweise des Strömungskanals sowie die Messungen der Gastemperatur und der Gasgeschwindigkeit ermöglichen eine Versuchsdurchführung bei definierten Randbedingungen. Dies ist notwendig, da der Einfluss der Randbedingungen auf die Entstehung von Oberflächenstrukturen während der Polymerfilmtrocknung untersucht werden sollen.

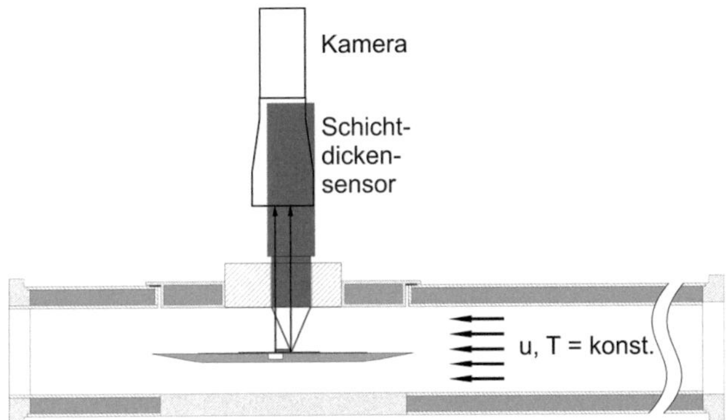

Abb. 2.2: Schemazeichnung der Versuchsanlage zur optischen Visualisierung der Oberflächenverformung während der Trocknung. Die Technik besteht aus einer hochauflösenden Kamera (PixeLINK™ CMOS Kamera 6,6 Megapixel) und einem optischen Schichtdickensensor(KEYENCE LT 9030M). Konstante Randbedingungen werden durch die Luftkonditionierung und die Temperierung des Kanals mittels Doppelmantelbauweise realisiert.

Die Visualisierung der Oberflächendeformation des Films während der Trocknung wird mittels einer hochauflösenden Kamera (PixeLINK™ CMOS Kamera 6,6 Megapixel) und einem optischen Schichtdickensensor (KEYENCE

LT 9030M) durchgeführt. Die Optik des Schichtdickensensors ist bündig mit der Innenseite des Strömungskanals abschließend eingebaut. Der erforderliche Arbeitsabstand des eingesetzten Schichtdickensensors (30 mm +/- 1 mm) definiert somit die Abmessungen des Gasraum oberhalb der Substratplatte. Die zur Visualisierung der Oberflächendeformation notwendige Kamera ist mittels einer biegesteifen Halterung so positioniert, dass die in Strömungsrichtung vordere Kante des Beobachtungsfeldes auf Höhe des Messpunktes des Schichtdickenmessgerätes liegt. Eine optimale Anordnung, bei der die Schichtdickenmessung innerhalb des Beobachtungsfeldes der Kamera liegt, ist aufgrund der Baugrößen der Geräte nicht möglich. Durch den symmetrischen Aufbau des Strömungskanals wurde sichergestellt, dass die Trocknung, abgesehen von den Filmrändern, quer zur Strömungsrichtung vergleichbar und gleichmäßig verläuft. Querprofilmessungen im trockenen Film haben dies bestätigt. Die Filmhöhen an der Messstelle des Schichtdickensensors und an der Vorderkante des Beobachtungsfeldes der Kamera sind im Rahmen der Messgenauigkeit gleich. Die Lage des Beobachtungsfeldes der Kamera und der Ort der Schichtdickenmessung sind für die hauptsächlich eingesetzte Substratplatte in Abb. 2.3 dargestellt.

Die für die Bildaufnahmen notwendige Helligkeit im Kanal wird über 4 Hochleistungs-LEDs erreicht, die kreisförmig um die Blicköffnung der Kamera in den Deckel des Trocknungskanals eingebaut sind. Die Blicköffnung der Kamera im Deckel des Trocknungskanals muss offen bleiben, da das Einbringen eines Schauglases zu Problemen bei der Visualisierung der Filmoberfläche führt. Ist das Schauglas nicht senkrecht zum Strahlengang und damit parallel zur Kamera und der Substratplatte ausgerichtet, bricht sich das Licht im Schauglas zusätzlich. Diese Lichtbrechung ist aufgrund der nicht genau bestimmbaren Ausrichtung des Schauglases nicht nachvollziehbar und würde ein Auswerten der Versuchsergebnisse mit einem großen Fehler behaften bzw. auch zum Teil nicht möglich machen. Ein Ausrichten des Schauglases ließ sich konstruktiv nicht mit der gewollten Präzision ermöglichen. Die Blicköffnung wurde daher als kleinstmögliche Durchgangsbohrung von nur Ø 20 mm realisiert. Eine Beeinflussung der Kanalströmung und somit der Trocknung der Polymerfilme durch diese kleine Öffnung im Deckel des Strömungskanals konnte anhand von Trocknungsvorversuchen nicht beobachtet werden und stellt eine sehr gute konstruktive Lösung des Problems dar.

20

Bei den Versuchen mit offener Blicköffnung ergaben sich keine signifikanten Unterschiede der gemessenen Querprofile der trockenen Filme zu den Versuchen unter gleichen Trocknungsbedingungen mit geschlossener Bohrung.

In den Strömungskanal (vgl. Abb. 2.2) können unterschiedliche Substratplatten eingesetzt werden. Bei den Versuchen im Strömungskanal wurden die inhomogenen Randbedingungen, die zur Ausbildung von Oberflächendeformationen führen sollen, substratseitig während der Trocknung induziert (vgl. Abb. 2.1 links und Mitte). Der Hauptteil der Versuche wurde mit einer Substratplatte aus Aluminium durchgeführt, in die quer zur Anströmrichtung ein Teflonstreifen eingesetzt ist (siehe Abb. 2.3). Eine detaillierte Konstruktionszeichnung findet sich im Anhang A 5.6. Teflon hat eine geringere Wärmeleitfähigkeit als Aluminium, wodurch es aufgrund der auftretenden Verdunstungskühlung während der Trocknung zur Ausbildung von lateralen Temperaturgradienten im Film kommt.

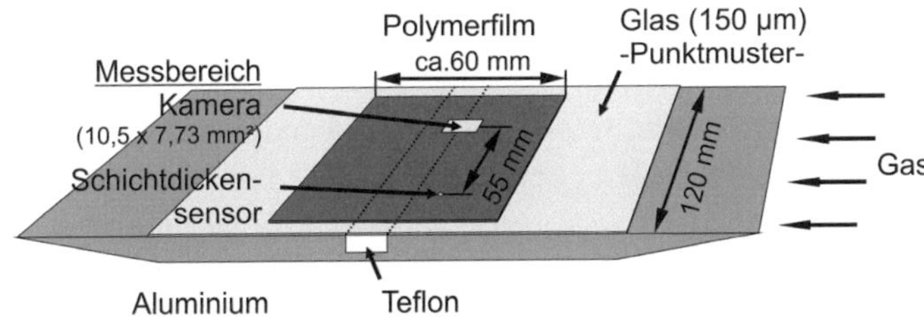

Abb. 2.3: Schematische Darstellung der Substratplatte zur Erzeugung von inhomogenen Randbedingungen während der Trocknung von Polymerlösungen, die zur Ausbildung von Oberflächendeformationen führen sollen. Die „Störung" wird durch einen Teflonstreifen in der Aluminiumplatte erzeugt, dessen Oberfläche sich aufgrund der Verdunstungskühlung stärker abkühlt. Eingezeichnet sind zusätzlich der maximale Beobachtungs-/ Messbereich der Kamera und Messpunkt des Schichtdickensensors.

Die dünne Glasplatte (150 µm) bietet eine homogene und ebene Oberfläche, zusätzlich befindet sich auf deren Unterseite ein für die Visualisierung notwendiges Punktmuster (dazu später im Kapitel 2.2.1). Die Glasplatte wird während des Versuches über einen umlaufenden Kanal in der Substratplatte von einer Vakuumpumpe angesaugt, so dass es zu keiner Verschiebung der Glasplatte und somit des Punktmusters kommen kann.

Die verwendeten Substratplatten sind in Strömungsrichtung beidseitig auf 10° abgeschrägt. Dies ist das Ergebnis einer durchgeführten Optimierung der Substratplatte bezüglich der Strömungsverhältnisse (siehe Anhang A 5.5). Bei älteren Versuchsaufbauten mit einem 45°-Anströmwinkel und einem stumpfen Plattenende wurde eine ungleichmäßige Trocknung des Polymerfilms beobachtet, welche auf Wirbel an den Plattenenden zurückzuführen ist (*Zhou, 2007*). Dies konnte durch die fluiddynamische Simulation der Gasströmung im Trocknungskanal bestätigt werden, die im Rahmen dieser Arbeit durchgeführt wurde (*Krenn et al. 2011*; *Baesch, 2012*). Eine ausführliche fluiddynamische Beschreibung der Gasphase und die daraus gewonnenen, neuen Erkenntnisse sind im Anhang dieser Arbeit A 5 dargestellt. Unter anderem wurden hierzu neue Modellansätze publiziert und entwickelt, die jedoch nicht im Fokus dieser Arbeit zur Oberflächendeformation liegen und daher im Anhang zusammengefasst wurden.

2.2 In-situ Visualisierung von Oberflächendeformationen

Zur Untersuchung der Oberflächendeformation und zur Klärung der zugrundeliegenden Mechanismen war es die Aufgabe und erforderlich, die Verformung der Oberfläche <u>ohne Beeinflussung</u> des Prozesses selbst, <u>zeitlich aufgelöst</u> und <u>flächig</u> zu beobachten. Optische Methoden schienen hierfür besonders gut geeignet und wurden für die Auswahl in Betracht gezogen.

Vielversprechende Techniken basieren hier auf dem Prinzip der Lichtreflexion oder Lichtstreuung von gebündeltem / fokussiertem Licht und sind eher punktuelle Messtechniken (*Tober et al, 1973*; *Liu et al., 1993*) mit nur einem sehr kleinen lateralen Auflösungsfeld. Es gibt Möglichkeiten mittels sehr schneller Abrasterungsmethoden den Fokuspunkt zwar räumlich zu verschieben, allerdings wurde dies mit räumlich genügender Genauigkeit bis dahin nur an einer Linie durchgeführt (*Savalsberg et al., 2006*).

Anstelle von gebündeltem Licht kann auch Streulicht verwendet werden, welches durch die zu vermessende Oberfläche hindurchtritt. Hierbei muss allerdings berücksichtigt werden, dass das Messergebnis von der Schichtdicke <u>und</u> der Oberflächenneigung abhängt. Ein erster Ansatz, die Oberflächenverformung mittels Streulicht, das durch eine Grenzfläche tritt, zu visualisieren, wird von *Kurata et al. (1990)* vorgeschlagen. Später greifen *Moisy et al.*

(2009) das Prinzip auf und visualisieren mit Hilfe eines unstrukturierten Musters, welches an der Unterseite der lichtdurchlässigen Schicht aufgebracht ist, die Oberflächenverformung einer Wasseroberfläche bei periodischer Anregung. Dabei konnten sie zeigen, dass für die verwendeten Wasserschichten (ca. 10 mm Wasserhöhe), die Rekonstruktion der zeitlich veränderlichen Oberfläche mit einer hohen Genauigkeit prinzipiell möglich ist.

Aufgrund der Möglichkeiten mittels Streulicht, dreidimensionale Strukturen zeitlich aufgelöst visualisieren zu können, wurde die von *Moisy et al. (2009)* vorgestellte Methode entsprechend den Anforderungen der Fragestellung hier in der Arbeit auf <u>dünne</u> und <u>schrumpfende</u> Polymerschichten angepasst. Die entscheidenden Änderungen die hierfür durchgeführt und realisiert werden mussten, sind die Verwendung einer telezentrischen Kameraoptik, die eine höhere Abbildungsgenauigkeit ermöglicht, und – ganz wichtig – die Messung einer Referenzhöhe, die aufgrund der zeitlichen Veränderung der Schichtdicke durch die Schrumpfung des Films notwendig ist. Die simultane Schichtdickenmessung der Referenzhöhe wurde mittels eines kommerziell verfügbaren Schichtdickensensors, basierend auf einem oszillierenden, fokussierten Laser, realisiert.

Die theoretischen Grundlagen zu dem aufgebauten Visualisierungsverfahren werden im folgenden Abschnitt näher beschrieben.

2.2.1 Grundlagen zur Visualisierungsmethode

Die zur Visualisierung der Oberflächendeformation verwendete Methode basiert auf der Lichtbrechung von Streulicht an Phasengrenzen. Die Oberflächenverformung wird dabei an der optischen Verzerrung des Punktmusters unterhalb des zu beobachtenden Films abgelesen. Abb. 2.4 zeigt schematisch die Versuchsmethodik. Die verwendete hochauflösende Kamera und der Schichtdickensensor sind oberhalb des trocknenden und sich verformenden Films angebracht. Der Film wird auf einer Substratplatte getrocknet, die zu inhomogenen Randbedingungen und somit zur Ausbildung der Oberflächenverformung führen soll (vgl. Abb. 2.1 links und Mitte). Das zur Visualisierung benötigte <u>unregelmäßige</u> Punktmuster ist auf der Rückseite des dünnen Glassubstrates (150 µm) aufgebracht und dient als „Messgröße". Das Punktmuster muss entsprechend der Schichthöhe und der zu erwartenden Strukturen feine Strukturen mit möglichst vielen Grauabstufungen besitzen.

Die optische Verschiebung des Punktmusters aufgrund der Oberflächenverformung ist anhand dreier Strahlengänge verdeutlicht. Die tatsächliche Lage des Punktmusters befindet sich senkrecht unter der Kamera. Eine optische Verschiebung des Punktmusters ist dann zu beobachten, sobald die Filmoberfläche nicht parallel zur Kamera bzw. zum Substrat ist. Dies ist bei den beiden Strahlen rechts und links der Fall. Die Unregelmäßigkeit des Punktmusters ist notwendig, da es sonst bei der optischen Verschiebung der Punkte zu nicht eindeutigen Abbildungen kommen kann.

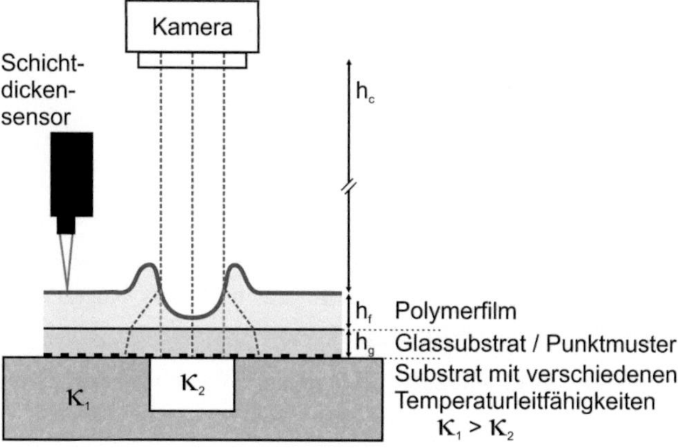

Abb. 2.4: Skizze der zur Visualisierung der Oberflächenstrukturen aufgebauten Technik bestehend aus einer Kamera und einem Schichtdickenmessgerät. Zur Rekonstruktion der Oberflächenverformung werden Bilder eines unregelmäßigen Punktmuster durch die zu vermessende Oberfläche hindurch aufgenommen.

Die flächige Visualisierung der sich verformenden Oberfläche während der Trocknung / Schrumpfung des Polymerfilms läuft in mehreren Schritten ab:

1. Aufnahme eines Referenzbildes des Punktmusters ohne Polymerfilm und somit ohne Lichtbrechung.

2. Bildaufnahme des Punktmusters während der Trocknung und simultane Messung der Filmhöhe zur Berücksichtigung der Schrumpfung.

3. Rekonstruktion / Berechnung der lokalen Filmhöhe / Topographie des Polymerfilmes anhand der aufgenommen Daten (Bilder des Punktmusters und Referenzhöhenverlauf über der Zeit) – siehe Kapitel 2.2.2.

Die Verzerrung bzw. optische Verschiebung des unregelmäßigen Punktmusters unterhalb des Polymerfilms, aufgrund der Lichtbrechung an der verformten Oberfläche, wird aus dem Vergleich von Bildern während der Verformung und einem Referenzbild des Punktmusters ohne Polymerfilm ermittelt (zweidimensionale Kreuzkorrelation – siehe Kapitel 2.2.2).

Die optische Verschiebung ist abhängig von der lokalen Krümmung der Oberfläche <u>und</u> der Höhe des Films bzw. von der Länge des Strahlengangs in der Schicht. Daher ist neben der hochauflösenden Kamera auch ein Schichtdickensensor notwendig, der die Schrumpfung des Filmes während der Trocknung detektiert. Hierzu wird ein kommerzieller Schichtdickensensor verwendet, der an einem Punkt die Schrumpfung der Schicht aufzeichnet. Die Funktionsweise des verwendeten Schichtdickensensors ist in Abb. 2.5 schematisch dargestellt.

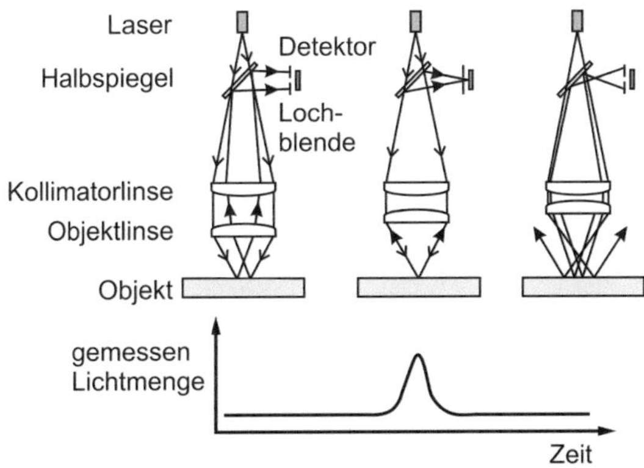

Abb. 2.5: Funktionsweise des Schichtdickensensors (LT 9030M von KEYENCE). Der Fokuspunkt des Lasers wird mittels einer oszillierenden Linse räumlich verschoben, aus dem Helligkeitssignal der Reflektion kann der Abstand zum Objekt bestimmt werden. Arbeitsabstand des LT9030M von Keyence sind 30 mm mit einem Messbereich von +/- 1 mm.

Der Fokus eines Lasers wird hierbei durch eine oszillierende Linse räumlich verschoben und dabei das Helligkeitssignal des reflektierten Lichtes gemessen. Aus der bekannten Geometrie des Strahlenganges, dem bekannten Ort der oszillierenden Linse und dem zeitlichen Verlauf des Helligkeitssignals kann der Ort einer Phasengrenze relativ zum Messgerät bestimmt werden.

Auf diese Weise könnte der Abstand zwischen zwei Phasengrenzflächen einer transparenten Schicht, also deren Schichtdicke, bestimmt werden. Hierzu muss allerdings der Brechungsindex des durchdrungenen Fluids bekannt sein. Da sich der Brechungsindex der Polymerlösung während der Trocknung kontinuierlich ändert, wird in der hier vorliegenden Arbeit die Abnahme der Filmdicke aus dem ersten Reflexionssignal bestimmt. Das erste Reflexionssignal ergibt sich an der Filmoberfläche und gibt somit den Abstand des Messgerätes zur Oberfläche wieder.

Für die Visualisierungsmethode wird ein telezentrisches Objektiv mit einer 1:1 Vergrößerung verwendet. Somit entspricht die maximale Beobachtungsfläche der Größe des Bildsensors der Kamera (10,5 x 7,73 mm²) (vgl. Abb. 2.3). In Kombination mit der verwendeten hochauflösenden Kamera hat ein Pixel somit die Abbildungsgröße von 3,5 µm. Hieraus ergibt sich die Genauigkeit der Visualisierung (hierzu später in Kapitel 2.2.3). Telezentrische Objektive gewährleisten durch ihren speziellen optischen Aufbau, dass nur Lichtstrahlen auf den Sensor der Kamera gelangen, die parallel zur optischen Achse einfallen. Hierdurch vereinfacht sich die Auswertung erheblich. Das eingesetzte Objektiv zeichnet sich zudem durch eine geringe optische Verzerrung im Randbereich[1] aus. Dies ist notwendig, um die geringen optischen Verschiebungen aufgrund der Verformung der Filmoberfläche bei den geringen Schichtdicken detektieren zu können. Durch die Verwendung eines telezentrischen Objektives und der senkrechten Ausrichtung der Kamera wird hierbei ein Bild des Punktmusters aufgenommen, welches bei nicht deformierter Oberfläche unabhängig von der Flüssigkeitshöhe ist.

Die ermittelte Verschiebung des Punktmusters aus den Einzelbildern zusammen mit dem zeitlichen Höhenverlauf beinhaltet die Information über die Verformung der Oberfläche während der Trocknung. Die Auswertung der Bilddaten und die Rekonstruktion der Oberfläche wird im nächsten Abschnitt dargestellt.

---

[1] ein häufig beobachteter Fehler von Objektiven, der sich aus der Geometrie der eingesetzten Linsen ergibt.

2.2.2 Mathematische Rekonstruktion der Oberfläche

Kernstück der Visualisierung der Oberflächenverformung ist die mathematische Rekonstruktion aus den aufgenommenen Daten (Bilder des Punktmusters und Referenzhöhenverlauf über der Zeit). Hierbei werden aus den aufgenommenen Bildern des Punktmusters zunächst die Verschiebungen der Punkte aufgrund der optischen Lichtbrechung an der Fluidoberfläche bestimmt. Dies erfolgt durch den Vergleich der Bilder während der Trocknung mit dem Referenzbild ohne Film. Mathematisch findet ein solcher Vergleich mittels einer zweidimensionalen Kreuzkorrelation statt. Da eine Kreuzkorrelation jedoch nicht einzelne Punkte „verfolgen" kann, muss die Verschiebung einzelner Bildbereiche (Korrelationsbereich) ausgewertet werden. Die Mittelpunkte der Bildbereiche (im Weiteren wieder als Punkte bezeichnet) sind die Stützstellen für die Rekonstruktion der Oberfläche anhand der ermittelten Verschiebung.

Zweidimensionale Kreuzkorrelationen können mit dem Softwarepaket MATLAB® durchgeführt werden. Hierzu werden die aufgenommenen Bilder in 8-bit Graustufenbilder konvertiert. Die Graustufenwerte stellen dann die korrelierbare Größe dar. Zur Durchführung der Korrelation konnte auf ein MATLAB®-Programm von Herrn Eberl vom Karlsruher Institut für Technologie (*Eberl, 2008*) zurückgegriffen werden, das aus der Verschiebung einzelner Punkte auf einer Materialoberfläche auf die Spannungszustände in Bauteilen zurückschließen lässt. Eine ausführliche Beschreibung der Änderungen zur Anpassungen des Programmes an die Gegebenheiten der Rekonstruktion der Oberfläche und der geänderte Quellcode sind im Anhang unter A 1.1 und A 6 zu finden. Das Programm nutzt die MATLAB®-Routinen findpeak.m und cpcorr.m, um die Bilder während der Trocknung bzw. Oberflächenverformung mit einem Referenzbild zu vergleichen und somit die lokale Verschiebung der einzelnen Punkte zu ermitteln.

Die in MATLAB® implementierten Routinen sind von ihrer Genauigkeit jedoch bei weitem nicht ausreichend, um die sehr kleinen Verschiebungen der Punkt zu ermitteln. Daher ist die von *Eberl (2008)* publizierte Verbesserung der Kreuzkorrelation, die die Genauigkeit von 1/10 Pixel auf 1/1000 Pixel erhöht, von entscheidender Bedeutung. Erst durch die Veränderung der beiden MATLAB®-Routinen ist es möglich, die kleinen Verschiebungen des

Punktmusters aufgrund der Lichtbrechung an der sich verformenden Oberfläche der Polymerlösung hier zu detektieren. Die hierzu notwendigen Änderungen in den MATLAB®-Routinen cpcorr.m und findpeak.m sind im Anhang A 1.2 detailliert beschrieben. Prinzipiell kann die Genauigkeit auch über 1/1000 Pixel erhöht werden, allerdings steigt dabei der Rechenaufwand erheblich. Zudem würde eine höhere Genauigkeit an dieser Stelle zu keiner Verbesserung des Ergebnisses führen, da die systembedingten Fehler, wie z. B. Vibrationen der Anlage und Rauschen des Kamerasignals, einen größeren Einfluss haben. Die Genauigkeit von 1/1000 Pixel der Kreuzkorrelation ermöglicht in Kombination mit der verwendeten Kamera / Objektiv Konstellation (1 Pixel = 3,5 µm) die Detektion von Verschiebungen des Punktmusters, die größer als 3,5 nm sind.

Zur Durchführung der zweidimensionalen Kreuzkorrelation muss zunächst festgelegt werden, an welchen Stützstellen (= Markern) die Korrelation durchgeführt werden soll und wie viele Pixel (Korrelationsbereich / corrsize) um den Marker herum für den Vergleich hinzugezogen werden sollen. Die Lage der Marker wird über die Kreuzungspunkte eines Gitters (grid) vorgegeben.

In Abb. 2.6 (oben) ist die Vergrößerung eines aufgesprühten Punktmusters (Einzelpunkten Ø ca. 10-30 µm) auf der Unterseite des dünnen Glassubstrates dargestellt. Die Vergrößerung ist notwendig um die Korrelationsbereiche einzeichnen zu können und wurde aus der Aufnahme der jeweiligen Punktmusterbilder entnommen. Mittig ist exemplarisch der Korrelationsbereich um einen Marker für ein corrsize von 10 eingezeichnet. Dies bedeutet, dass die Seitenkanten des Korrelationsbereiches 10 Pixel (px) von der Mitte / Stützstelle entfernt sind und der Bereich aufgrund der verwendeten Kamera / Objektiv Kombination 70 x 70 µm² groß ist. An jedem Marker wird die zweidimensionale Kreuzkorrelation zur Ermittlung der jeweiligen Verschiebung durchgeführt. Hierzu muss die Größe des Korrelationsbereiches in der Matlab-Routine cpcorr.m festgelegt werden. Die Größe kann über corrsize (Zeile 76 in cpcorr.m) frei gewählt werden. Allerdings muss hierbei auf folgende Punkte geachtet werden:

- Der Korrelationsbereich muss größer sein als die zu erwartende Verschiebung, da sonst keine Übereinstimmung gefunden wird.

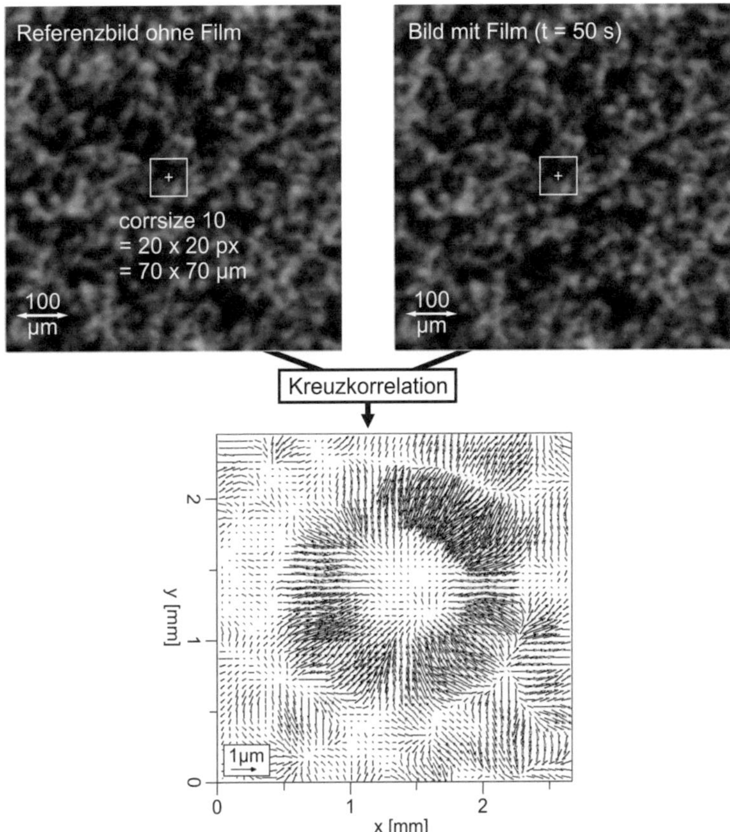

Abb. 2.6: Darstellung der Kreuzkorrelation für <u>ein</u> exemplarisch ausgewähltes Bild aus einem Trocknungsversuch auf einem Aluminiumsubstrat mit einer kreisförmigen Störung (Loch Ø 1,2 mm) (vgl. Abb. 2.1 links und Abb. 2.4).
<u>Oben:</u> Vergrößerung der aufgenommen Punktmusterbilder unterhalb des dünnen Glassubstrates (<u>links</u> Referenzbild ohne Film, <u>rechts</u> Bild durch den verformten Film zum Zeitpunkt t = 50 sec). Mittig eingezeichnet ist der Korrelationsbereich <u>eines</u> Markers (corrsize von 10). Die Kreuzkorrelation / Vergleich der Punktmuster wird im Korrelationsbereich an jedem Marker durchgeführt. Die Marker sind gitterförmig über das Bild verteilt, hier nicht eingezeichnet.
<u>Unten:</u> Ergebnis der Kreuzkorrelation, die optischen Verschiebungen des Punktmusters, für den Zeitpunkt t = 50 sec. Die Verschiebungen sind als Pfeile entsprechender Länge und Richtung dargestellt. Der Übersichtlichkeit wegen sind nur ausgewählte Marker abgebildet.

- Die Verschiebungen im Korrelationsbereich müssen „gleich" sein, ein „Verzerren" des Musters im Korrelationsbereich wird nicht berücksichtigt, daher darf der Korrelationsbereich nicht zu groß sein.

- Das Muster im Korrelationsbereich muss eindeutig sein, Verschiebungen dürfen zu keiner Mehrdeutigkeit führen können. Ein Problem stellen daher regelmäßige Muster dar.

Ist die Korrelation aus einem der oben genannten Gründe nicht möglich, dann wird die ermittelte Verschiebung zu Null gesetzt. Für einzelne Stellen ist es unproblematisch, sofern genügend Marker verwendet werden. Dies wurde durch ein sehr feines Gitter (kleiner Markerabstand) sichergestellt.

Die Variation der Größe des Korrelationsbereichs (corrsize) und des Markerabstands (grid) wurde anhand eines Validierungsversuches überprüft. Die Ergebnisse hierzu sind in Kapitel 2.2.3 dargestellt. Für die gesamten Auswertungen der Arbeit wurde ein corrsize von 10 als optimaler Wert verwendet. Bei dieser Größe des Korrelationsbereiches können die bei der Filmtrocknung auftretenden Strukturen, die größer als 70 x 70 µm sind, am besten wiedergegeben werden. Die Abstände der Marker wurden zwischen 2 und 5 Pixeln gewählt, um kleine Strukturen auflösen zu können. Je kleiner die Abstände der Marker sind, desto besser ist die Darstellung. Allerdings erhöht sich dabei gleichzeitig der Rechenaufwand quadratisch mit der Verkleinerung des Markerabstands.

Die in Abb. 2.6 (oben) dargestellten Punktmusterbilder (Vergrößerungen) wurden aus dem Validierungsversuch ausgewählt, bei dem der Film auf einer dünne Glasplatte oberhalb einer kreisrunden Störung in der Substratplatte (Durchmesser 1,2 mm) getrocknet wurde (vgl. Abb. 2.1 links und Abb. 2.4). Die Kreuzkorrelation des exemplarisch ausgewählten Bildes (t = 50s) mit dem Referenzbild wurde mit einer Größe des Korrelationsbereiches corsize = 10 und einem Abstand der Marker von 2 x 2 Pixel (grid) durchgeführt. Mit der zweidimensionalen Kreuzkorrelation wird in jedem Korrelationsbereich die Verschiebung zwischen den beiden Punktmusterbildern berechnet und dem jeweiligen Marker zugewiesen. Damit erhält man die lokalen Verschiebungen des Punktmusters aufgrund der Lichtbrechung an der sich verformenden Oberfläche. Diese sind in Abb. 2.6 (unten) für den Zeitpunkt t = 50s der Trocknung dargestellt. Die ermittelte Verschiebung wird hierbei als Pfeil entsprechender Länge und Richtung dargestellt. Der Übersichtlichkeit wegen sind nicht alle Marker dargestellt. Es ist gut zu erkennen, an welchen Orten sich die Oberfläche verformt hat. Die Orte der größten Verschiebungen geben den Rand des 1,2 mm großen Loches wieder.

Die auf diese Weise ermittelten Verschiebungen der Punkte können jedoch nicht direkt in die lokale Topographie der verformten Oberfläche umgerechnet werden. In Abb. 2.7 ist der Strahlengang eines Lichtstrahles durch eine verformte Oberfläche dargestellt, der vom telezentrischen Objektiv aufgefangen und von der Kamera aufgezeichnet wird.

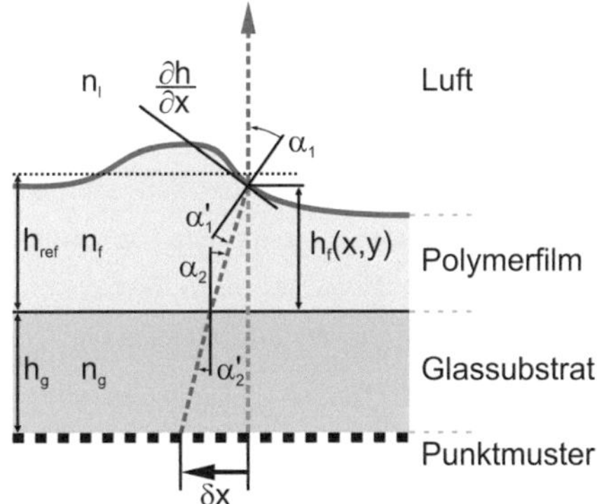

Abb. 2.7: Schematische Darstellung des Strahlengangs durch eine deformierte Oberfläche und die daraus resultierende optische Verschiebung des Punktmusters δx (für die Betrachtung in x-Richtung).

Dabei wird deutlich, dass die optische Verschiebung δx von Winkel α <u>und</u> von der Lauflänge des Stahls in der Schicht und somit der <u>Höhe der Schicht</u> abhängt. Durch die Verwendung eines telezentrischen Objektivs werden nur Lichtstrahlen zur Kamera weitergeleitet, die senkrecht auf das Objektiv fallen. Somit ist der in Abb. 2.7 dargestellte Strahlenverlauf der einzige, der für die Herleitung der mathematischen Zusammenhänge betrachtet werden muss. Die <u>wahre Lage des Punktmusters</u>, welche durch die senkrechte Linie dargestellt ist, wird durch die Referenzaufnahme <u>ohne</u> Polymerfilm wiedergegeben. Bei einer ebenen Filmoberfläche erhält man keine optische Verschiebung. Aus der geometrischen Betrachtung des Strahlengangs kann somit eine Beziehung zwischen der lokalen Steigung und der ermittelten optischen Verschiebung unter Berücksichtigung der Polymerfilmhöhe hergeleitet werden.

Die mathematische Beschreibung der optischen Verschiebung eines Punktes wurde aus dem Brechungsgesetz nach Snellius und trigonometrischen Beziehungen hergeleitet. Die Herleitung der Gleichungen wird im Folgenden nur für die x-Richtung gezeigt. Für die y-Richtung kann analog vorgegangen werden. Ausgehend von der Kamera ist die mathematische Beschreibung des Strahlenganges einfacher. Da sich die wahre Lage des Punktmusters senkrecht unter der Kamera befindet, ergeben sich im Film einfache geometrische Zusammenhänge. An der Filmoberfläche ergibt sich somit für den zum Lot gemessenen Einfallswinkel folgender Zusammenhang zur Krümmung der Oberfläche:

$$\alpha_1 = -\tan^{-1}\left(\frac{\partial h}{\partial x}\right) \tag{2.1}$$

Für einen Lichtstrahl, der über eine Phasengrenze zweier optisch unterschiedlich dichter Medien tritt, kann das Brechungsgesetz nach Snellius angesetzt werden. Somit erhält man den Zusammenhang zwischen dem Winkel α_1 und dem Winkel α_1' als Funktion der Brechungsindices der beiden Phasen.

$$n_l \cdot \sin(\alpha_1) = n_f \cdot \sin(\alpha_1') \tag{2.2}$$

Da es sich um einen geschlossenen Strahlengang handelt, muss der Einfallswinkel ins Glassubstrat α_2 von den beiden vorangegangen Winkeln und somit von den Brechungsindices der beiden bisher durchdrungenen Medien abhängen. Aus trigonometrischen Betrachtungen lässt sich der Zusammenhang sehr leicht herleiten. Unter Zuhilfenahme der Gleichung (2.2) ergibt sich:

$$\alpha_2 = -(\alpha_1 - \alpha_1') = \alpha_1' - \alpha_1 = \sin^{-1}\left(\frac{n_l}{n_f} \cdot \sin(\alpha_1)\right) - \alpha_1 \tag{2.3}$$

Beim Übergang des Lichtstrahls vom Polymerfilm ins Glas, kann wiederum das Brechungsgesetz nach Snellius angesetzt werden.

$$n_f \cdot \sin(\alpha_2) = n_g \cdot \sin(\alpha_2') \tag{2.4}$$

Die optische Verschiebung des Punktmusters in x-Richtung δx kann zusammengesetzt werden aus dem Anteil der Lichtbrechung im Film und dem

Anteil der Lichtbrechung im Glassubstrat. Damit ergibt sich für die optische Verschiebung folgende Gleichung:

$$\delta x = h_f(x,y) \cdot tan(\alpha_2) + h_g \cdot tan(\alpha_2') \tag{2.5}$$

Die Winkel können nun anhand der zuvor hergeleiteten Beziehungen eliminiert werden. Der Winkel α_2' lässt sich mit Gleichung (2.4) ersetzen, wobei für den Winkel α_2 die Gleichung (2.3) herangezogen werden kann. Der letzte verbleibende Winkel α_1 kann dann entsprechend Gleichung (2.1) eliminiert werden. Somit ergibt sich für die optische Verschiebung folgender Zusammenhang:

$$\delta x = h_f(x,y) \cdot tan\left\{sin^{-1}\left[\frac{n_l}{n_f} \cdot sin\left(-tan^{-1}\left(\frac{\partial h}{\partial x}\right)\right)\right] + tan^{-1}\left(\frac{\partial h}{\partial x}\right)\right\} + \tag{2.6}$$

$$h_g \cdot tan\left(sin^{-1}\left[\frac{n_f}{n_g} \cdot sin\left\{sin^{-1}\left[\frac{n_l}{n_f}sin\left(-tan^{-1}\left(\frac{\partial h}{\partial x}\right)\right)\right] + tan^{-1}\left(\frac{\partial h}{\partial x}\right)\right\}\right]\right)$$

Analysiert man die Gleichung, ist zu erkennen, dass die optische Verschiebung sowohl von der lokalen Filmhöhe $h_f(x,y)$ als auch von der lokalen Steigung der Oberfläche $\partial h/\partial x$ (= Krümmung) abhängt.

$$\delta x = h_f(x,y) \cdot \Phi\left(\frac{\partial h}{\partial x}\right) + h_g \cdot \Psi\left(\frac{\partial h}{\partial x}\right) \tag{2.7}$$

mit

$$\Phi\left(\frac{\partial h}{\partial x}\right) = tan\left\{tan^{-1}\left(\frac{\partial h}{\partial x}\right) - sin^{-1}\left[\frac{n_l}{n_f} \cdot sin\left(tan^{-1}\left(\frac{\partial h}{\partial x}\right)\right)\right]\right\} \tag{2.8}$$

$$\Psi\left(\frac{\partial h}{\partial x}\right) = tan\left(sin^{-1}\left[\frac{n_f}{n_g} \cdot sin\left\{tan^{-1}\left(\frac{\partial h}{\partial x}\right) - sin^{-1}\left[\frac{n_l}{n_f} \cdot \right.\right.\right.\right. \tag{2.9}$$

$$\left.\left.\left.\left. sin\left(tan^{-1}\left(\frac{\partial h}{\partial x}\right)\right)\right]\right\}\right]\right)$$

In dieser Form lässt sich das Differentialgleichungssystem, welches zusätzlich noch für die zweite Raumrichtung (y-Richtung) aufgestellt werden muss, nur sehr schwer numerisch lösen. Dadurch ist es auf eine große Datenmenge nicht anwendbar. Aus diesem Grund schlagen *Moisy et al. (2009)* für die trigonometrischen Funktionen eine Linearisierung erster Ordnung vor. Aufgrund der bei den Argumenten vorkommenden Größen ist dies gerechtfertigt. Vereinfacht gesprochen, können alle in der Gleichung vorkommenden trigonometrischen Funktionen durch ihre Argumente ersetzt bzw. weggelassen werden. Somit erhält man die nachfolgende Gleichung:

$$\delta x = h_f(x,y) \cdot \left(\frac{\partial h}{\partial x} - \frac{n_l}{n_f} \cdot \frac{\partial h}{\partial x} \right) + h_g \cdot \frac{n_f}{n_g} \cdot \left(\frac{\partial h}{\partial x} - \frac{n_l}{n_f} \cdot \frac{\partial h}{\partial x} \right) \tag{2.10}$$

Nach einigen mathematischen Umformungen ergibt sich eine einfache, handhabbare Differenzialgleichung für die optische Verschiebung:

$$\delta x = \frac{n_f - n_l}{n_f} \cdot \left(h_f(x,y) + \frac{n_f}{n_g} \cdot h_g \right) \cdot \frac{\partial h}{\partial x} \tag{2.11}$$

Analog zur x-Richtung kann dies für die y-Richtung aufgestellt werden. Für das zweidimensionale Verschiebungsfelder $\boldsymbol{\delta r}$ des Punktmusters ergibt sich somit folgender mathematischer Zusammenhang:

$$\boldsymbol{\delta r} = \begin{pmatrix} \delta x \\ \delta y \end{pmatrix} = \frac{n_f - n_l}{n_f} \cdot \left(h_f(x,y) + \frac{n_f}{n_g} \cdot h_g \right) \cdot \boldsymbol{\nabla h} \tag{2.12}$$

Aus dem Verschiebungsfeld des Punktmusters ist es auf diese Weise möglich die lokale Filmhöhe und somit die Topographie des trocknenden und sich verformenden Polymerfilms zu jedem Zeitpunkt bei einer bekannten Referenzhöhe h_{ref} zu bestimmen. Die Gleichung zur Berechnung bzw. Rekonstruktion der Oberfläche aus den ermittelten Daten lautet:

$$h_f(x,y,t) =$$

$$h_{ref}(t) - \left(\frac{n_f - n_l}{n_f} \left(h_{ref}(t) + \frac{n_f}{n_g} \cdot h_g \right) \right)^{-1} \nabla^{-1} \boldsymbol{\delta r}(x,y,t) \tag{2.13}$$

Hierbei wird der inverse, „integrierte" Gradient des Verschiebungsfeldes $\nabla^{-1} \boldsymbol{\delta r}$ numerisch nach *Errico (2008)* berechnet.

Eine weitere Schwierigkeit bei der Anwendung der Visualisierungsmethode ergibt sich aus der sich zeitlich ändernden Konzentration der Polymerlösung und dem sich hierbei ändernden Brechungsindex n_f. In Gleichung (2.13) müsste der lokale Brechungsindex der Polymerlösung eingesetzt werden. Da dieser jedoch nicht zugänglich ist, wird der „mittlere" Brechungsindex des

Polymerfilmes aus der mittleren Zusammensetzung berechnet. Die mittlere Zusammensetzung zu jedem Zeitpunkt kann aus dem Verlauf der Referenzhöhe bei bekannter Anfangskonzentration der Polymerlösung ermittelt werden.

Der hierbei auftretende Fehler wird bei der Interpretation der Ergebnisse diskutiert werden. Der maximal mögliche Fehler kann jedoch sehr leicht anhand der Brechungsindices der Ausgangslösung und des trockenen Polymers abgeschätzt werden, da eine größere Abweichung nicht auftreten kann. Für das Stoffsystem Methanol-Polyvinylacetat kann eine maximale Abweichung im Brechungsindex von 6 % auftreten. Bei Toluol sind Abweichungen geringer (vgl. Anhang A 3.4). Bei der Betrachtung der extremsten Kombination aus Krümmung (4,5°) und Filmdicke (150 µm) würde das zu einem Fehler von max. 18 % führen. Dies wird aber während der Trocknung nie erreicht. Somit ist die Verwendung eines mittleren Brechungsindexes gerechtfertigt.

Zur Ermittlung des mittleren Brechungsindexes wird die mittlere Beladung des Lösemittels zum jeweiligen Zeitpunkt der Trocknung benötigt. Deren zeitlicher Verlauf kann aus der gemessenen Referenzhöhe folgendermaßen berechnet werden:

$$X_{LM}(t) = \frac{m_{LM}}{m_P} = \frac{\rho_{LM}}{\rho_P} \cdot \left(\frac{h_{ref}(t)}{h_{ref,end}} - 1 \right) \tag{2.14}$$

Der Brechungsindex einer Polymerlösung lässt sich entsprechend der Volumenanteile aus den Reinstoffbrechungsindices in erster Nährung ermitteln zu:

$$n_f = (1 - \varphi_{LM}) \cdot n_P + \varphi_{LM} \cdot n_{LM} \tag{2.15}$$

wobei sich der Volumenanteil φ_{LM} für eine binäre Polymerlösung aus der Massenbeladung X_{LM} des Lösemittels wie folgt berechnet:

$$\varphi_{LM}(t) = \frac{\rho_P}{\rho_{LM}} \cdot X_{LM}(t) \cdot \left(\frac{\rho_P}{\rho_{LM}} \cdot X_{LM}(t) - 1 \right)^{-1} \tag{2.16}$$

Mittels dieser Gleichungen ((2.13) bis (2.16)) kann anhand der ermittelten Verschiebungsfelder der Punktmusterbilder und der jeweiligen Referenzfilmdicke die Form der Oberfläche während der Trocknung rekonstruiert und zeitaufgelöst verfolgt werden. Die gemessene Referenzhöhe wird bei der flächigen Integration des Verschiebungsfeldes (vgl. Gleichung (2.13)) als Fixpunkt angesetzt, der möglichst nahe am realen Messpunkt des Schichtdickenmessgerätes liegt.

Für das exemplarisch ausgewählte Beispiel (siehe Abb. 2.6) ist dies der Eckpunkt (x_{max} / y_{max}) des Beobachtungsfeldes. Von diesem Fixpunkt (x_{max} / y_{max}) aus startet die Integration des ermittelten Verschiebungsfeldes, woraus sich die Form der Oberfläche ergibt. Das entsprechende Verschiebungsfeld und die daraus rekonstruierte Oberfläche der Polymerlösung zum Zeitpunkt t = 50 s der Trocknung ist in Abb. 2.8 dargestellt. Aufgrund der kreisförmigen Störung unterhalb des dünnen Glassubstrates ist an der rekonstruierten Oberfläche (Abb. 2.8 rechts) eine deutliche Vertiefung im Polymerfilm zu erkennen. Zusätzlich sind Sekundärstrukturen an der Filmoberfläche in Form von kleinen Hügeln zu erkennen.

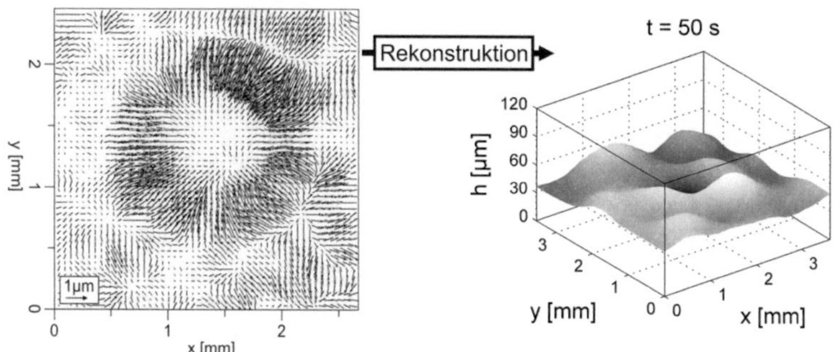

Abb. 2.8: Mathematische Rekonstruktion einer Oberfläche anhand eines aus Punktmusterbildern ermittelten Verschiebungsfeldes (vgl. Abb. 2.6) mittels der Gleichungen (2.13) bis (2.16). Das Beispiel zeigt das Ergebnis für ein exemplarisch ausgewähltes Bild aus einem Validierungsversuch auf einem Aluminiumsubstrat mit einer kreisförmigen Störung (Loch Ø 1,2 mm).

Im folgenden Kapitel werden anhand von Validierungsversuchen, aus denen die bisherigen Beispielbilder ausgewählt wurden, die Genauigkeit der Visualisierungsmethode, der Einfluss der Korrelationsparameter und beobachtete Artefakte dargestellt.

2.2.3 Validierung der Visualisierungsmethode

Zur Validierung wurden gezielt Versuche durchgeführt, bei denen eine eindeutige Struktur erzeugt wurde. Eine derartige, geeignete Struktur ist z. B. eine kreisrunde Störung. Hierbei treten Verschiebungen in alle Raumrichtungen auf und die rekonstruierte Verformung am gesamten Umfang muss gleich sein. Auf diese Weise können Artefakte und Auswertungsfehler erkannt werden[1]. Für die Validierungsversuche wurde daher die Trocknung einer Methanol-Polyvinylacetat-Lösung oberhalb einer runden Störung (Ø 1,2 mm) im Aluminiumsubstrates beobachtet, wobei sich die Störung unterhalb der Glasplatte befindet (siehe Abb. 2.9 links). Die Störung zeichnet sich während der Trocknung aufgrund von Abkühlungseffekte im Film ab.

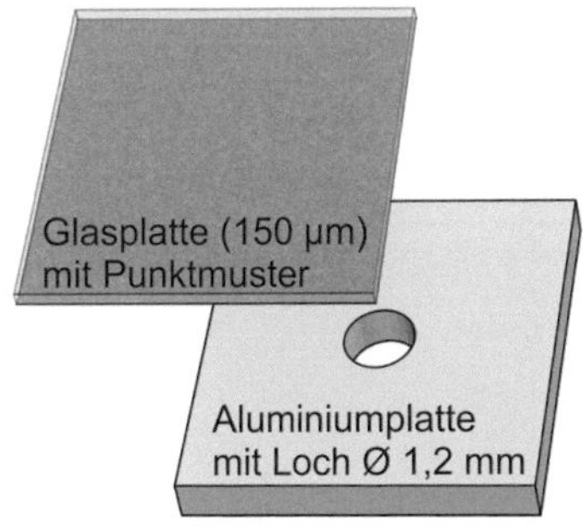

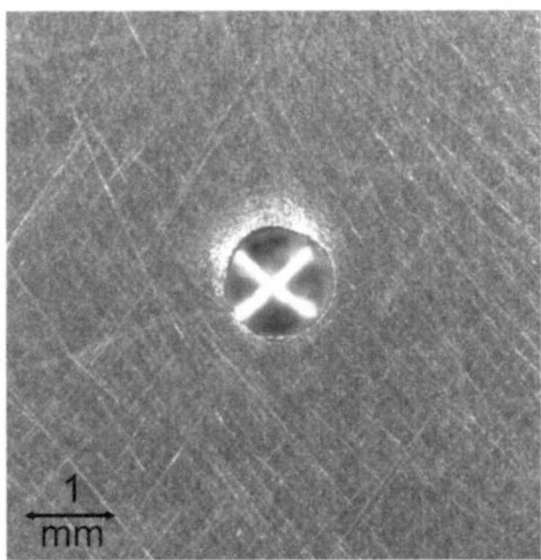

Abb. 2.9: <u>Links:</u> Skizze des Substrates zur Durchführung der Validierungsversuche. Unter das dünne Glassubstrat (150 µm) mit dem Punktmuster auf der Unterseite wird eine Aluminiumplatte mit einem 1,2 mm großen Loch gelegt. <u>Rechts:</u> Bild der Aluminiumplatte, aufgenommen mit der Kamera des optischen Aufbaus bevor die Glasplatte mit Punktmuster aufgelegt wurde.

Die Aluminiumplatte wurde entsprechend zur Kamera ausgerichtet, so dass die 1,2 mm große Bohrung in der Mitte des Beobachtungsfeldes der Kamera lag. Das Bild, welches vor dem Auflegen der dünnen Glasplatte aufgenommen wurde, ist in Abb. 2.9 rechts gezeigt. Zur Auswertung wurde nur ein kleiner Bildausschnitt (3,5 x 3,5 mm²) aus der Mitte des Aufnahmebereichs

---

[1] Ein Fehler in der Auswerteroutine zur Rekonstruktion der Oberfläche wurde erst bei der Auswertung dieser Validierungsversuche festgestellt, da sich der Vorzeichenfehler bei linearen Störungen, z. B. am Werkstoffübergang zwischen Teflon und Aluminium (vgl. Abb. 2.3), nicht eindeutig erkennen ließ.

der Kamera verwendet. Das dünne Glasplatte (150 µm) mit dem Punktmuster auf der Unterseite wurde am äußeren Rand auf der Substratplatte fixiert, die notwendigen Referenzbilder aufgenommen und der Versuch durch Ausstreichen der Polymerlösung gestartet. Die Polyerlösung hatte eine Anfangskonzentration des Lösemittels von 66,6 Masse-% ($X_0 = 2\ g_{Methanol}/g_{PVAc}$). Der Versuch wurde im Trocknungskanal bei einer konstanten Temperatur von 30°C ohne Gasströmung durchgeführt.

Während des Versuches wurden kontinuierlich Bilder des Punktmusters aufgenommen und simultan der Referenzhöhenverlauf mittels des Schichtdickensensors aufgezeichnet. Der Verlauf der Referenzhöhe für den Validierungsversuch ist in Abb. 2.10 dargestellt. Am Verlauf der Referenzhöhe ist zu erkennen, dass die Polymerlösung wie erwartet zunächst mit einer konstanten Trocknungsgeschwindigkeit trocknet, sich die Trocknung dann verlangsamt und schließlich eine konstante Endfilmdicke erreicht wird.

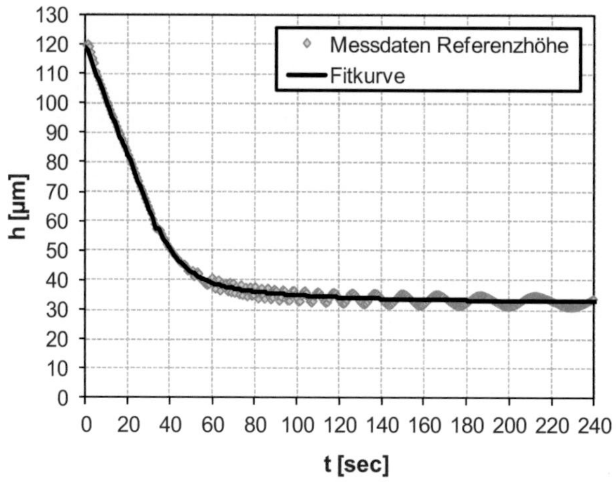

Abb. 2.10: Verlauf der gemessenen Referenzhöhe über der Trocknungszeit für den Validierungsversuch (Methanol-Polyvinylacetat, $X_0 = 2\ g_{Methanol}/g_{PVAc}$, $\vartheta = 30°C$, ohne Anströmung). Die lokale Schichtdickenmessung wurde mit einem optischen Sensor der Firma KEYENCE (LT9030M) durchgeführt.

Die Messdaten des Schichtdickenmessgerätes fangen gegen Ende der Trocknung an sinusförmig zu schwingen, wobei diese Schwingung ihre Amplitude beibehält, während sich die Schwingungsfrequenz weiter verringert. Diese Schwingungen treten bei allen durchgeführten Messungen auf, die Amplitude ist jedoch teilweise etwas kleiner. Die Amplituden bewegen sich im Bereich von 3-6 µm. Der Grund für diese Schwankungen konnte, auch in Zusammenarbeit mit dem Gerätehersteller KEYENCE, nicht abschließend geklärt werden. Unabhängige Messungen der Trockenfilmdicke zeigen, dass der Mittelwert dieses sinusförmig schwingenden Signals mit einer gemessenen Schichtdicke eines trockenen Films übereinstimmt. Aus diesem Grund wurde der gemessene schwingende Referenzhöhenverlauf für die Auswertung geglättet. In allen Darstellungen der Schichtdickenmessung werden nachfolgend die Messpunkte und die geglätteten Werte des Schichtdickensensors (im Folgenden „Fitkurve" genannt) dargestellt. Für die Rekonstruktion der dreidimensionalen Oberfläche wurden die entsprechenden Werte der Fitkurve verwendet.

Aus den Bildern des Punktmusters wurde, wie in Kapitel 2.2.2 beschrieben, mittels zweidimensionaler Kreuzkorrelation die lokale, optische Verschiebung des Punktmusters bestimmt (vgl. exemplarisch: Abb. 2.6). Aus dem Referenzhöhenverlauf (vgl. Abb. 2.10) und den Verschiebungsfeldern der einzelnen Verformungszustände während der Trocknung kann nach den Gleichungen (2.13) bis (2.16) die Topographie des Polymerfilms zu jedem Zeitpunkt berechnet werden (vgl. exemplarisch: Abb. 2.8). Zu Beginn der Trocknung wurden die Bilder in 0,5 s Abständen aufgenommen, gegen Ende der Trocknung wurde die Aufnahmerate der Trocknungsgeschwindigkeit angepasst. Bei der Auswertung wurde ein Korrelationsbereich von 20x20 Pixeln Größe (= corrsize 10) und ein Markerabstand von 2 Pixeln verwendet. Für ausgewählte Zeitpunkte während der Trocknung sind die rekonstruierten Oberflächen in Abb. 2.11 dargestellt.

In den ersten drei Bildern der Abb. 2.11 „schwanken" die rekonstruierten Oberflächen stark. Lediglich der Eckpunkt (x_{max} / y_{max}) bleibt stehen, da hier die flächige Integration des Verschiebungsfeldes vom gemessenen Wert der Referenzhöhe startet. Die „Schwankungen" der rekonstruierten Oberfläche sind jedoch nicht real, sondern ergeben sich aus kleinen Vibrationen der Versuchsanlage, verursacht durch das Ausstreichen der Polymerlösung mittels der Rakel und das Schließen des Strömungskanaldeckels. Die Vibrationen der Anlage resultieren bei der Momentaufnahme des Punktmusters (Bild) in einer gerichteten Verschiebung. Diese liegt in der Größenordnung von wenigen Mikrometern. Allerdings summiert sich eine gerichtete Verschiebung bei der flächigen Integration des Verschiebungsfeldes auf und lässt die rekonstruierte Oberfläche kippen. Die Auswertung wird hierdurch signifikant beeinflusst und liefert bis zum Abklingen der Vibrationen keine verwertbaren Informationen. Diese ersten Sekunden der Trocknung sind für die Untersuchungen jedoch nicht relevant, da die erste Verformung der Oberfläche zu einem späteren Zeitpunkt auftritt. Nachdem die Schwingung der Versuchsanlage abgeklungen ist, ermöglicht die Visualisierungstechnik eine gute Rekonstruktion der Oberfläche während der Trocknung. Der Zeitpunkt der ersten Deformation und die Ausbildung der Vertiefung oberhalb der kreisrunden Störung im Aluminiumsubstrat sind ebenso gut erkennbar, wie das Entstehen von Sekundärstrukturen im Verlaufe der Trocknung.

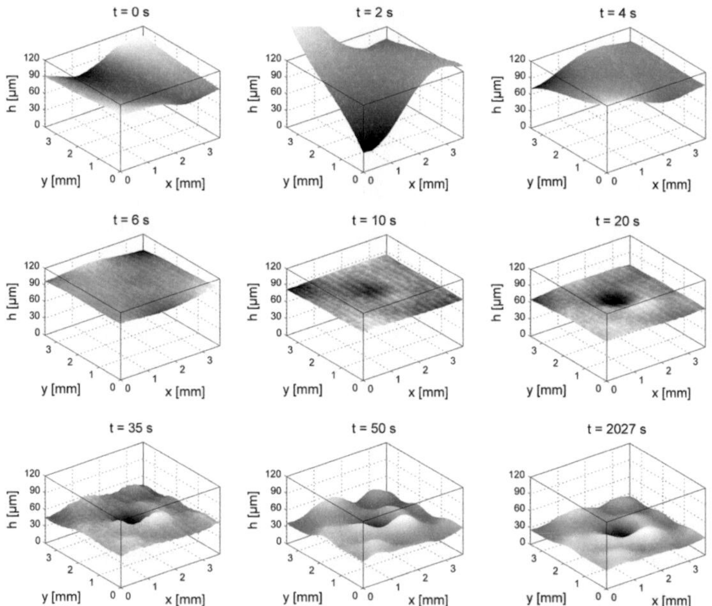

Abb. 2.11: Rekonstruierte Topographie der Polymerlösung Methanol-Polyvinylacetat während der Trocknung bei einer Trocknungstemperatur von 30°C zu ausgewählten Zeitpunkten. Die Trocknung wurde beeinflusst durch eine kreisförmige Störung (Loch Ø 1,2 mm) unterhalb eines 150 µm dicken Glassubstrates.

Anhand von Querschnitten aus den Bildern der in-situ Visualisierung kann die Entstehung der Vertiefung oberhalb der kreisförmigen Störung im Substrat sehr gut nachverfolgt werden. Die entsprechenden Querschnitte durch die Mitte der entstehenden Vertiefung in x-Richtung sind in Abb. 2.12 dargestellt. Die ersten Querschnitte wurden aufgrund der bereits diskutierten Schwankungen der rekonstruierten Oberflächen weggelassen. Ausgehend von einer leichten Vertiefung der Oberfläche bildet sich am Rand der kreisrunden Störung ein erhöhter Randwulst aus, der jedoch im weiteren Verlauf der Trocknung wieder schrumpft wird. In der Mitte der Vertiefung entwickelt sich ein kleiner Hügel, welcher in der dreidimensionalen Darstellung nicht dargestellt werden kann.

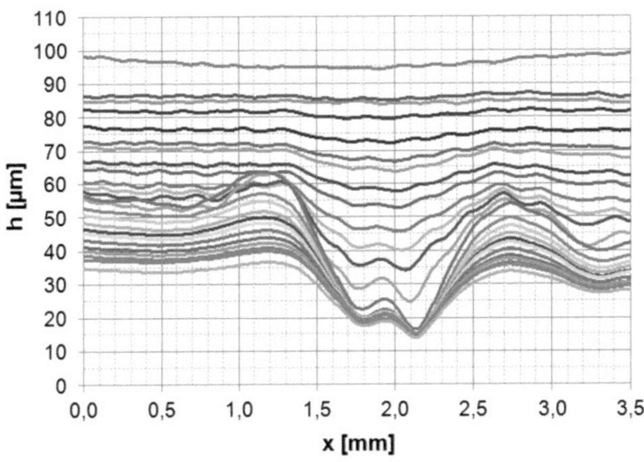

Abb. 2.12: Querschnitte aus den rekonstruierten Oberflächen (vgl. Abb. 2.11) über Trocknungsverlauf (Methanol-Polyvinylacetat, $X_0 = 2\,g_{Methanol}/g_{PVAc}$, $\vartheta = 30°C$, ohne Anströmung). Die Trocknung wurde beeinflusst durch eine kreisförmige Störung (Loch Ø 1,2 mm) unterhalb eines 150 µm dicken Glassubstrates. Die Querschnitte laufen durch die Mitte der entstandenen Vertiefung und entlang der x-Richtung der rekonstruierten Oberfläche.

Zur Validierung der Ergebnisse wurde das Querprofil des trockenen Films mit einem kommerziellen Profilometer (Dektak M6, Veeco) vermessen. Hierbei wird eine feine Diamantnadel über die Oberfläche geführt und die Auslenkung der Nadel gemessen. Die Ausrichtung des Films wurde hierbei in der Art gewählt, dass die Messung entlang der x-Achse der rekonstruierten

Oberflächen durch die Mitte der entstandenen Vertiefung ging. Das Ergebnis der Querprofilmessungen mit dem Profilometer wird in der Abb. 2.13 mit Querschnitten aus den letzten, rekonstruierten Oberflächen verglichen.

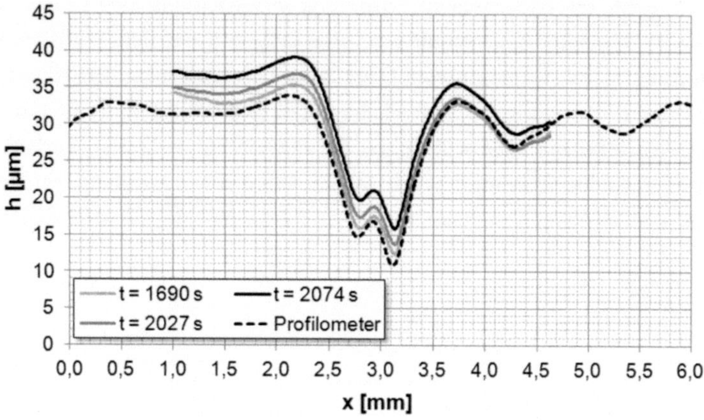

Abb. 2.13: Vergleich einer Querprofilmessung (Profilometermessung, Dektak M6, Veeco) im trockenen Film mit den Querschnitten aus den letzten Bildern der in-situ Visualisierungsmethode (vgl. Abb. 2.11). Die Querschnitte laufen durch die Mitte der entstandenen Vertiefung und entlang der x-Richtung der rekonstruierten Oberfläche.

Der Vergleich der Querprofile zeigt die gute Abbildung der Oberflächendeformationen durch die aufgebaute in-situ Visualisierung. Die Querschnitte der rekonstruierten Oberfläche sind allerdings gekippt, wobei die Abweichungen auf der rechten Seite geringer sind als diejenigen auf der linken Seite. Dies hängt damit zusammen, dass die numerische Berechnung von $\nabla^{-1}\delta r$ nach *Errico (2008)* (flächige Integration des Verschiebungsfeldes) Fehler summiert, so dass sich Abweichungen vom Startpunkt der Auswertung aus vergrößern. Der Startpunkt bzw. Fixpunkt für die Auswertung ist der Eckpunkt (x_{max} / y_{max}) auf der rechten Seite. Da der Film für die dargestellten Querschnitte in Abb. 2.13 bereits vollständig getrocknet ist, sind die Abweichungen auf minimale Vibrationen der Versuchsanlage zurückzuführen. Die Vibration, die zum Zeitpunkt der Aufnahme des Bildes festgehalten ist, resultiert in einer kleinen, gerichteten Verschiebung. Diese Verschiebung bewirkt bei der flächigen Integration ein Kippen der Fläche. Hierdurch kann die rekonstruierte Oberfläche in beide Raumrichtungen kippen. Die geringere Abweichung der absoluten Höhe der Querschnitte auf der rechten Seite resultiert daher aus einem geringen Abstand zum Fixpunkt. Je länger der Abstand zum Fix- / Referenzpunkt ist, umso stärker wirkt sich das Kippen der Oberfläche aus. Die Form der Oberfläche wird durch das Kippen aufgrund von Vibrationen während der Versuchsdurchführung nicht beeinflusst.

Eine genaue Bestimmung der absoluten Filmhöhe ist aufgrund der Vibrationen und der flächigen Aufsummierung der Fehler mit der hier vorgestellten Methode zur in-situ Visualisierung der Oberflächenstrukturen nicht möglich. Für die hier vorliegende Arbeit sind jedoch der zeitliche Verlauf der Strukturbildung und die Form der Oberfläche von Bedeutung, um daraus Rückschlüsse auf die ablaufenden Mechanismen zu ziehen. Dies ist mit der Visualisierungsmethode trotz der dargestellten Unzulänglichkeiten gut möglich.

Wie bereits angeführt, kann bei der Auswertung der optischen Verschiebung aus den Bildern mittels der zweidimensionalen Kreuzkorrelation der Korrelationsbereich (= corrsize) und der Markerabstand (= grid) variiert werden. Die Variation der Größe des Korrelationsbereiches kann dazu führen, dass entweder das Muster nicht mehr eindeutig ist oder die Verschiebung größer ist als der Korrelationsbereich und somit keine Übereinstimmung des Musters gefunden werden kann.

In Abb. 2.14 sind die Querschnitte des letzten Bildes der in-situ Visualisierung bei unterschiedlichen Größen des Korrelationsbereiches dargestellt. Zum Vergleich ist zusätzlich die Querprofilmessung mit dem Profilometer dargestellt. Bei der Darstellung der Querschnitte aus dem Bild (t = 2074 s) mit einem Markerabstand von 2 x 2 Pixeln (grid) ist deutlich sichtbar, dass die Größe des Korrelationsbereiches von 4 x 4 Pixeln (corrsize = 2) nicht ausreichend ist, um die auftretenden optischen Verschiebungen richtig zu erkennen. Die starken Schwankungen weisen darauf hin, dass die Kreuzkorrelation oft keine Übereinstimmung findet und deshalb von Marker zu Marker starke Abweichungen hat. Die Vergrößerung des Korrelationsbereiches auf ein corrsize von 3 führt zu einer deutlichen Verbesserung, aber auch hier führen fehlende Übereinstimmungen während der Kreuzkorrelation zu Ungenauigkeiten. Ab einem corrsize von 6 ist kein Unterschied in der Auswertung mehr zu erkennen. Allerdings besteht die Gefahr bei der Wahl eines zu großen Korrelationsbereichs, dass kleine Strukturen geglättet und somit unterdrückt werden. Deshalb wurde für die gesamten Versuche dieser Arbeit ein corrsize von 10 (20 x 20 Pixel / 70 x 70 μm^2) gewählt.

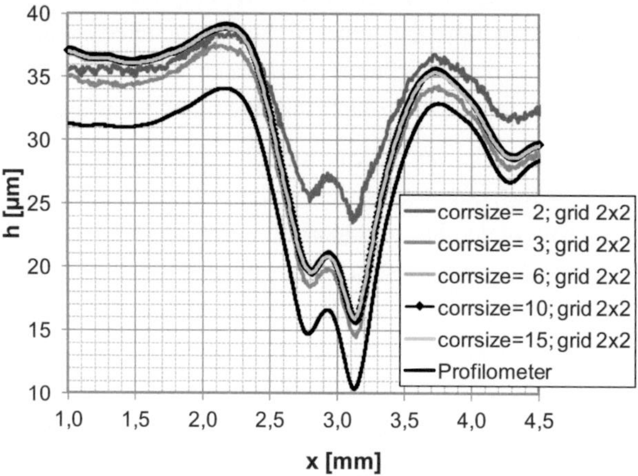

Abb. 2.14: Variation der Größe des Korrelationsbereiches (corrsize) bei der Auswertung. Für den Vergleich wurde das Bild bei t = 2074 s (vgl. Abb. 2.11) verwendet und der Markerabstand (grid) konstant gehalten. Zum Vergleich ist die Profilometermessung im trockenen Film mit dargestellt.

Neben der Größe des Korrelationsbereiches wurde auch der Markerabstand variiert (siehe Abb. 2.15). Dabei zeigte sich erst ab einem Markerabstand von 10 Pixeln eine geringe Abweichung in der Auswertung. Das Ergebnis für den Markerabstand von 10 Pixeln ist in Punkten dargestellt, da man daran sehr gut erkennen kann, dass die Marker in diesem Fall weit auseinanderliegen und dadurch kleinere Strukturen nicht mehr aufgelöst werden. Da der Rechenaufwand mit einer Halbierung des Markerabstandes quadratisch zunimmt, wurde entsprechend der Größe des Bildes entweder ein Markerabstand von 2 Pixeln (7 μm) oder von 5 Pixeln (17,5 μm) gewählt. Dies ist für die in dieser Arbeit zu erwartenden Strukturen ausreichend.

Die optimalen Parameter für die in-situ Visualisierung von Oberflächendeformationen während der Trocknung einer Polymerlösung bzw. für die hierbei benötigte zweidimensionale Kreuzkorrelation sind ein Korrelationsbereich 20 x 20 Pixel (corrsize 10) und eine Markerabstand / grid von 2 Pixel bzw. 5 Pixel entsprechend der Größe des Bildes.

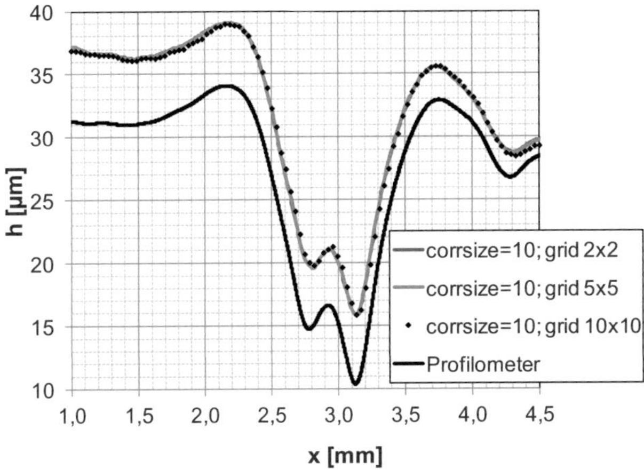

Abb. 2.15: Variation des Markerabstandes (grid). Für den Vergleich wurde das Bild bei t = 2074 s verwendet und die Größe des Korrelationsbereiches (corrsize) konstant gehalten. Zum Vergleich ist die Profilometermessung im trockenen Film mit dargestellt.

Die <u>Genauigkeit</u> der Visualisierung hängt ganz entscheidend von der Anzahl der zur Verfügung stehenden Pixel der Kamera (pro Fläche) ab, jedoch auch von der Punktgröße des Punktmusters. Für die in dieser Arbeit evaluierte Konfiguration aus Kamera, Objektiv (3,5 µm / Pixel) und Punkmuster können bei den optimalen Einstellungen Strukturen mit einer <u>flächigen Ausdehnung von 70 x 70 µm²</u> aufgelöst werden. Die Detektion von Höhenunterschieden hängt direkt mit der Genauigkeit der zweidimensionalen Kreuzkorrelation zusammen, die über Veränderungen von standardmäßig zur Verfügung stehenden Matlab®-Routinen auf 1/1000 Pixel (Standard: 1/10 Pixel) erhöht wurde (*Eberl, 2008*). Somit ist es möglich, die optische Verschiebung des Punktmusters mit einer Genauigkeit von 3,5 nm zu detektieren. Allerdings kann diese Genauigkeit nur bedingt auf die Rekonstruktion der lokalen Höhe übertragen werden, da die optischen Verschiebungen flächig integriert und dabei mit optischen und geometrischen Größen verrechnet werden. Strukturen mit einer <u>Höhe von 1 µm</u> können mit der hier vorgestellten Konfiguration sehr gut visualisiert werden. Die Bestimmung der lokalen, absoluten Fluidhöhe ist allerdings aufgrund von Vibrationen der Versuchsanlage und optischen Verzerrungen im Randbereich des Objektivs und daraus resultierenden Störungen mit dem optischen Verfahren nicht möglich. Die zeitliche Auflösung des Visualisierungsverfahrens hängt von der Geschwindigkeit der Kamera ab. Die maximale Bildfrequenz liegt bei der verwendeten Kamera bei 4 Bildern pro Sekunde bei maximaler Auflösung. Zu Beginn der Trocknung wurde aufgrund der hohen Dynamik mit einer Frequenz von 2 Bildern pro Sekunde gearbeitet. Die Frequenz der Bilder wurde dann im Laufe der Trocknung sukzessive reduziert und der Trocknungsgeschwindigkeit angepasst.

Die in-situ Visualisierung reagiert sehr sensible auf Störungen während des Versuches und auf Unzulänglichkeiten des Versuchsaufbaus. Dies ist hauptsächlich darauf zurückzuführen, dass sich Fehler bei der Auswertung vom Startpunkt aus summieren. Insbesondere bei der Verwendung des gesamten Beobachtungsfeldes der Kamera werden die Auswirkungen deutlich sichtbar, da sich Fehler über einen größeren Bereich summiert werden (siehe Anhang A 2.6). Vibrationen der Versuchsanlage, die Verzerrung des Bildrandes durch den Objektivaufbau und eine evtl. Wölbung des Substrats führen zur Beeinflussung der Basisline der rekonstruierten Oberfläche und deren Querschnitte. Hierbei kippen und / oder wölben sich die rekonstruierten Oberflächen in beide Raumrichtungen. Die Form einzelner Strukturen wird hingegen kaum verändert. Aus diesem Grund ist die in-situ Visualisierung trotz der dargestellten Unzulänglichkeiten gut geeignet, die Deformation der Polymerfilmoberfläche während der Trocknung zu verfolgen. Dabei kann der zeitliche Verlauf, der Ort und die Art der Oberflächenstrukturen gut wiedergegeben werden. Eine exakte Bestimmung der lokalen, absoluten Höhe des Polymerfilms ist hingegen aufgrund der Aufsummierung kleiner Abweichungen bei der flächigen Integration des Verschiebungsfeldes und dem daraus resultierenden Kippen und Wölben der Oberfläche nicht möglich. Filmhöhen, die zur Interpretation der Versuchsergebnisse nötig sind, werden daher ausschließlich aus den Messungen der Referenzhöhe verwendet.

3 Visualisierung von Oberflächendeformationen

Die Untersuchungen dieser Arbeit dienen dazu die Ausbildung von Oberflächenstrukturen zu analysieren. Diese Fragestellung wird mit Hilfe einer Visualisierungsmethode in experimentellen Versuchen und einer modellhaften Beschreibung der Trocknung (Kapitel 4) auch theoretisch bewertet. Als Modellstoffsysteme wurden das Polymer Polyvinylacetat (PVAc) mit dem Lösemittel Methanol bzw. Toluol verwendet.

Die im Rahmen dieser Arbeit aufgebaute Visualisierungstechnik bietet hier erstmals die Möglichkeit, einen trocknenden Polymerfilm und die Oberflächenstrukturausbildung in-situ und zeitaufgelöst zu beobachten. Hierdurch ist es möglich die Entstehung der Oberflächenstrukturen in den Verlauf der Trocknung einzuordnen und Rückschlüsse auf die ablaufenden Mechanismen zu ziehen. Es wurden Versuche mit den beiden Stoffsystem im Trocknungskanal bei definierten Randbedingungen durchgeführt und die Entstehung der Oberflächenstruktur aufgrund substratseitig induzierter Temperaturgradienten visualisiert und analysiert. Die Versuche wurden auf der in dieser Arbeit strömungsoptimierten Substratplatte mit Tefloneinsatz durchgeführt (siehe Abb. 2.3). Am Werkstoffübergang zwischen Teflon und Aluminium bilden sich aufgrund der Verdunstungskühlung des Lösemittels und der schlechteren Wärmeleitfähigkeit des Teflons Temperaturunterschiede aus, die die Trocknung der Polymerlösung beeinflussen und zur Ausbildung von Oberflächenstrukturen führen können.

Zur besseren Interpretation der Versuchsresultate wurden zu jedem Versuch eindimensionale Trocknungssimulationen (Kapitel 4) durchgeführt. Durch separate Trocknungssimulationen auf einem Teflon- bzw. Aluminiumsubstrates können für den jeweiligen Versuch die maximal möglichen Temperaturgradienten am Werkstoffübergang zwischen Aluminium und Teflon der eingesetzten Substratplatte (siehe Abb. 2.3) während der Trocknung abgeschätzt werden. Die Messung der Oberflächentemperatur wurde mittels einer Wärmebildkamera und auch mittels dünner Thermoelemente getestet. Die Messdaten der Wärmebildkamera konnten jedoch nicht ausgewertet werden, da sich die Reflektion und Emission der Polymerfilmoberfläche während der Verdunstung des Lösemittels kontinuierlich ändert und daher keine Zuordnung der Temperaturen möglich ist. Die dünnen Thermoelemente (Ø 0,3 mm) wurden zur Messung der Oberflächentemperatur des Substrates in eine dünne Nut in der Aluminium- bzw. Teflonoberfläche mit Wärmeleitpaste eingelegt und dann mit dem dünnen Glassubstrat abgedeckt. Bei dem Versuch konnte eine deutliche Abkühlung der Teflonoberfläche gegenüber der Aluminiumoberfläche gemessen werden. Allerdings bildeten sich die Thermoelemente in Form von Oberflächenstrukturen im trockenen Film ab. Dies ist ein deutliches Zeichen für die Beeinflussung der Trocknung der Polymerlösung durch die Wärmekapazität und – leitfähigkeit der Thermoelemente. Der gemessene Temperaturunterschied war jedoch vergleichbar mit dem Wert, der aus den beiden separat durchgeführten Trocknungssimulationen auf dem Aluminium- bzw. Teflonsubstrat errechnet wurde.

Ausgehend von Referenzversuchen für jedes Modellstoffsystem wurde jeweils ein Parameter variiert. Somit kann ein großer Parameterbereich sinnvoll abgedeckt werden. Variiert wurden die Anströmgeschwindigkeit und die Versuchstemperatur als die beiden wichtigsten Einflussparameter bei dem gewählten Versuchsaufbau. Die beiden Modellstoffsysteme unterscheiden sich in ihrem Trocknungsverhalten aufgrund der unterschiedlichen Abhängigkeit des Lösemitteldiffusionskoeffizienten von der Zusammensetzung. Das Stoffsystem Toluol-Polyvinylacetat zeigt eine wesentlich stärkere Abhängigkeit und neigt aufgrund der sehr niedrigen Diffusionskoeffizienten bei geringen Lösemittelkonzentrationen zu einer sog. „Hautbildung". In einer Studie hierzu wurde der Einfluss der Vorbeladung auf die Hautbildung und deren Beeinflussung der Trocknung untersucht. Hierbei konnte zum Beispiel bei *Krenn et al. (2009)* gezeigt werden, dass diese Hautbildung zu einer sehr schnellen „Versiegelung" der Oberfläche führen kann, wodurch die Trocknung deutlich verlangsamt wird (siehe Anhang A 4). Durch diese Hautbildung sollte die Ausbildung von lateralen Konzentrationsgradienten an der Filmoberfläche verringert bzw. unterbunden werden. Dies müsste somit einen starken Einfluss auf die Ausbildung von Oberflächenstrukturen während der Trocknung haben.

3.1 Versuchsvorbereitung und Durchführung der Versuche

Zur Vorbereitung der <u>Polymerlösungen</u> wird Polyvinylacetat (reinst, 55-70 kg/mol) mit dem jeweiligen Lösemittel Methanol (99,9 % Reinheit) bzw. Toluol (97,8 % Reinheit) angesetzt. Um eine Undichtigkeit der Probengefäße ausschließen zu können, werden die Gefäße vor und nach dem mehrtägigen Lösevorgang des Polymers gewogen.

Für die Visualisierungsmethode wird ein <u>Punktmuster</u> als Messgröße benötigt. Dieses wird für die Versuche auf die Unterseite dünner Glassubstrate (150 μm dick, 115 x 115 mm²) mit Hilfe einer Airbrush-Pistole mit schwarzer Farbe aufgesprüht. Eine geringe Farbzugabe und ein hoher Sprühgasdruck erzeugen einen feinen Sprühnebel. Auf diese Weise entsteht ein Punktmuster mit kleinen Einzelpunkten (Ø ca. 10-30 μm). Eine weiße Grundierung, die nachträglich flächig aufgebracht wird, verstärkt den Kontrast und verhindert Reflektionen auf der Metalloberfläche der Substratplatte.

Vor jedem Versuch wird der <u>Trocknungskanal</u> vorbereitet. Die Substratplatte mit dem schlechter wärmeleitenden Kunststoffeinsatz (Teflon) im Kanal und die Messtechnik ist in Abb. 3.1 dargestellt (siehe auch Kapitel 2.1). Der Kanal hat eine lichte Weite von 158 mm, die anderen wichtigen Längenangaben sind in Abb. 3.1 angegeben.

Die Doppelmantelbauweise des Trocknungskanals ermöglicht die Temperierung des Versuchsaufbaus. Vor jedem Versuch wurde der Trocknungskanal über den wasserdurchströmten Doppelmantel mittels eines Thermostaten auf die entsprechende Temperatur eingestellt und die Gasströmung eingeschaltet. Sobald die Temperatur des Kanals und der Luft konstant ist, kann die Gasgeschwindigkeit an einem Hitzdrahtanemometer gemessen und mittels eines Nadelventils eingestellt werden. Das Hitzdrahtanemometer wird danach aus dem Trocknungskanal entfernt, um die Gasströmung auf der Substratplatte nicht zu stören. Die LED-Lampen für eine gleichmäßige Beleuchtung, die Kamera und das Schichtdickenmessgerät müssen einige Zeit vor dem Versuch angeschaltet werden, damit sie eine konstante Betriebstemperatur erreichen.

Die inhomogenen Randbedingungen, die zur Ausbildung der Oberflächendeformation notwendig sind, wurden substratseitig durch Ausnutzung von Abkühleffekten unterschiedliche wärmeleitender Materialen induziert. Hierzu wurde eine Substratplatte aus Aluminium mit Tefloneinsatz (weißes Rechteck in Abb. 3.1) verwendet (siehe auch Kapitel 2.1). Ein dünnes Glassubstrat (150 µm) mit dem notwendigen Punktmuster auf der Unterseite wird oben aufgelegt, um eine homogene und ebene Oberfläche zum Ausstreichen der Polymerlösung zu gewährleisten. Das Glassubstrat ist jedoch so dünn, dass es die entstehenden Temperaturunterschiede nicht ausgleicht. Es wird mittels Unterdruck an der umlaufenden Nut auf der Substratplatte fixiert.

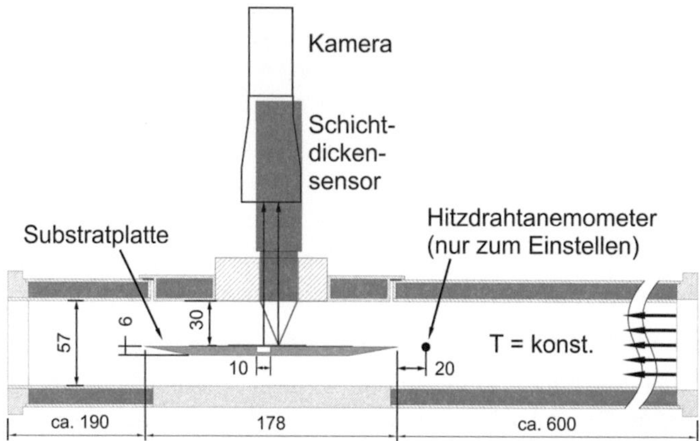

Abb. 3.1: Schemazeichnung der Versuchsanlage zur in-situ Visualisierung der Oberflächendeformation während der Trocknung. Konstante Randbedingungen werden durch die Luftkonditionierung und die Temperierung des Kanals mittels Doppelmantelbauweise realisiert. Die Anströmgeschwindigkeit kann mit einem Hitzdrahtanemometer direkt vor der Anströmkante der Substratplatte (siehe Abb. 2.3) gemessen und über ein Nadelventil eingestellt werden. (Längenangaben in Millimetern).

Bei konstanten Versuchsbedingungen werden bei verschlossenem Kanal die benötigten Referenzbilder des Punktmusters aufgenommen. Generell wird für die Auswertung nur ein Referenzbild benötigt. Da jedoch für das Erstellen des Auswertegitters (grid) und als Kontrollbild jeweils ein separates Bild verwendet wird, erfolgt bei jedem Versuch die Aufnahme von drei Bildern des Punkmusters vor dem Ausstreichen der Polymerlösung. Kurz vor dem Ausstreichen der Polymerlösung werden die Aufzeichnung der Bilderserie und die Messung der Referenzhöhe mittels Schichtdickensensor gestartet. Das Ausstreichen der Polymerlösung legt den Start des Versuches fest. Während des Schließens des Kanaldeckels kommt es zu leichten Erschütterungen der

Versuchsanlage, wodurch die Aufnahme der Bilder gestört wird. Dies wurde bereits im Abschnitt 2.2.3 diskutiert. Aus diesem Grund werden im Anschluss in den Versuchsergebnissen die Bilder der ersten Sekunden während der Trocknung nicht berücksichtigt.

3.2 Grundlegende Diskussion anhand des Referenzversuches

Zunächst werden anhand des Referenzversuches für das Stoffsystem Methanol – Polyvinylacetat (PVAc) die aus der Visualisierung erhaltenen Ergebnisse aufgezeigt und grundlegende Beobachtungen diskutiert. Anschließend werden die Einflüsse bei der Variation der Versuchsparameter erläutert.

Als Referenzversuche wurde die Trocknung einer Methanol-Polyvinylacetat-Lösung mit einer Anfangskonzentration von $X_0 = 2\, g_{\mathrm{Methanol}}/g_{PVAc}$ (66,6 Ma-% Methanol) bei einer Temperatur des Strömungskanals und der Gasströmung von 30°C und einer Anströmung der Substratplatte von $u_0 = 0,5\, m/s$ gewählt. In den nachfolgenden Abbildungen (Abb. 3.2 und Abb. 3.3) sind die ausgewerteten Ergebnisse in Form der gemessenen Referenzhöhe und der dreidimensional rekonstruierten Oberfläche während der Trocknung dargestellt. In Abb. 3.2 sind hierzu die Messpunkte des Schichtdickenmessgerätes LT9030 von KEYENCE und die sogenannte „Fitkurve" dargestellt, welche einzelne Ausreißer und Messartefakte[1] glättet. Zusätzlich sind die Zeitpunkte der in Abb. 3.3 dargestellten rekonstruierten Oberflächen und die zur Auswertung verwendeten Referenzhöhen markiert. Dies vereinfacht die Einordnung der rekonstruierten Oberflächen (siehe Abb. 3.3) in den Filmhöhen- (siehe Abb. 3.2) und somit Trocknungsverlauf. Die Referenzhöhe wurde in Strömungsrichtung 5 mm vor dem Tefloneinsatz oberhalb des Aluminiumteils und somit auf Höhe der Vorderkante des Beobachtungsfeldes der Kamera (Gesamtlänge 10 mm) gemessen.

Der in Abb. 3.2 gemessene Höhenverlauf stellt eine typische Trocknungskurve dar. Zunächst nimmt die Höhe des Films linear ab und läuft dann asymptotisch gegen den Wert der Trockenfilmdicke. Bei genauerer Betrachtung des Trocknungsverlaufs ist zu erkennen, dass die Messkurve nach

---

[1] Die beobachteten Messartefakte wurden bereits im Kapitel 2.2.3 diskutiert und die Notwendigkeit der Fitkurve dargelegt.

t = 30 s leicht abfällt. Diese Beschleunigung der Trocknung ist, wenn auch nicht sehr stark ausgeprägt, lässt sich mit der Modellvorstellung einer „wandernde Trocknungsfront" deuten, die sich aufgrund der Trocknung auf einer laminar überströmten Platte ausbildet (siehe hierzu Kapitel A 5.4).

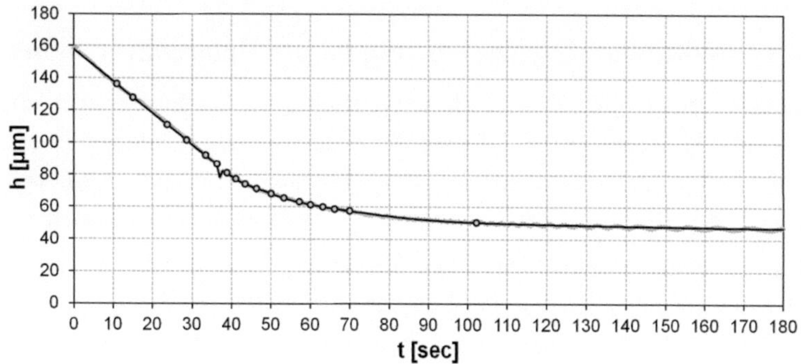

Abb. 3.2: Gemessener Filmhöhenverlauf (Schichtdickensensor) während der Trocknung einer Methanol-Polyvinylacetat-Lösung ($X_0 = 2\,g_{Methanol}/g_{PVAc}$) bei $\vartheta = 30°C$ und einer Anströmung von $u_0 = 0{,}5\,m/s$. Der Messpunkt befindet sich oberhalb des Aluminiumteils des Substrates auf Höhe der in Strömungsrichtung vorderen Kante des Beobachtungsfeldes der Kamera. Die Kreise symbolisieren die Zeitpunkte der ausgewählten Oberflächenbilder in Abb. 3.3.

Trotz der geringen Ausprägung führt diese „wandernde Trocknungsfront" zu kleinen Sekundärstrukturen an der Filmoberfläche. Diese sind erstmals in den rekonstruierten Oberflächen der Abb. 3.3 zum Zeitpunkt t = 36 s erkennbar und wandern in einer schmalen Front im Verlauf der Trocknung in Strömungsrichtung von rechts nach links über die Filmoberfläche hinweg. Das letzte Mal sichtbar sind die kleinen Strukturen zum Zeitpunkt t = 63 s, bevor sie das Beobachtungsfeld der Kamera wieder verlassen. Die kleinen Strukturen, in dieser Arbeit als „Rippling" bezeichnet, treten in einem sehr engen Bereich auf. Dies ist darauf zurückzuführen, dass sich im Bereich einer „wandernden Trocknungsfront" räumlich eng begrenzte Konzentrationsunterschiede im Film ausbilden, da sich der Stoffübergang im Anfangsbereich der Konzentrationsgrenzschicht sehr stark verändert. Diese induzierten Konzentrationsunterschiede resultieren in Oberflächenspannungsgradienten, die zu einer Verformungen der Oberfläche führen können.

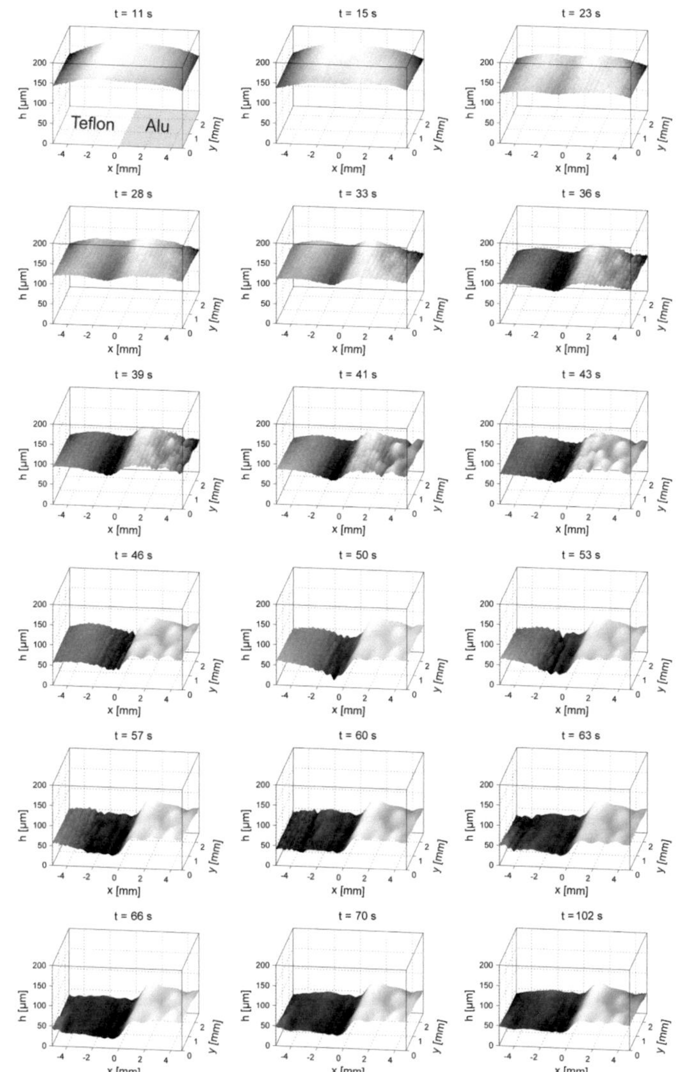

Abb. 3.3: Auswahl rekonstruierter Filmoberflächen während der Trocknung (Methanol-Polyvinylacetat, $X_0 = 2\,g(Methanol)/g(PVAc)$, $\vartheta = 30°C$) auf der Substratplatte mit Tefloneinsatz. Die Anströmung ($u_0 = 0,5\,m/s$) erfolgte von rechts. Die Darstellungen zeigen einen kleinen Bereich des Films oberhalb des Werkstoffübergangs zwischen Teflon ($x < 0$) und Aluminium ($x > 0$).

Die Gestalt des Ripplings aufgrund der „wandernden Trocknungsfront" unterscheidet sich im ersten Teil ($x > 0$) des Beobachtungsfeldes der Kamera oberhalb der Aluminiumplatte grundsätzlich von den Strukturen im zweiten Teil ($x < 0$) oberhalb des Tefloneinsatzes. Im ersten Teil hat das Rippling die Form von einzelnen „Hügeln" und im zweiten Teil von eng aufeinanderfolgenden Wellen. Der Grund für diese unterschiedliche Ausprägung der Strukturen kann anhand der durchgeführten Messungen nicht abschließend geklärt werden. Es könnte auf die unterschiedliche Schichtdicke in beiden Bereichen und / oder auf überlagerte Stoffströmungen oberhalb des Werkstoffübergangs zurückzuführen sein. Die Sekundärstrukturen glätten sich im weiteren Verlauf der Trocknung teilweise wieder. Der Einfluss der Trocknungsfront und die damit verbundenen Deformationen der Oberfläche (hier: Rippling) sind auch im Verlauf der gemessenen Referenzhöhe (vgl. Abb. 3.2 und Abb. 3.5) an einem Knick im Kurvenverlauf (t = 36 s) zu erkennen. Die hier in-situ während der Trocknung gemessenen Oberflächendeformationen sind ein weiterer Anhaltspunkt für das Auftreten einer Konzentrationsfront in der Gasphase, die entlang der Strömungsrichtung wandert und untermauert die im Rahmen dieser Arbeit entstandene Theorie der „wandernden Trocknungsfront".

Oberhalb des Werkstoffübergangs zwischen Tefloneinsatz ($x < 0$) und Aluminiumplatte ($x > 0$) ist in der Bilderfolge in Abb. 3.3 die Entstehung einer Oberflächenwelle deutlich zu erkennen. Der zu Beginn der Trocknung plane Film[1] verformt sich oberhalb des Werkstoffübergangs im Verlaufe der Trocknung immer stärker und es bildet sich eine deutliche Welle aus. Die erste Verformung der Oberfläche ist hierbei nach einer Trocknungszeit von 22 s sichtbar. Dies lässt sich dadurch erklären, dass sich zunächst ausreichende Temperaturunterschiede aufgrund der Verdunstungskühlung ausbilden müssen. Die schlechtere Wärmeleitfähigkeit des Teflons im Vergleich zur restlichen Substratplatte aus Aluminium führt zu einer ungleichmäßigen Abkühlung der Oberfläche der Substratplatte durch die Verdunstung des Lösemittels, wodurch der Film oberhalb des Tefloneinsatzes kühler ist als der Rest des Filmes. Hierdurch wird die Trocknung der Polymerlösung beein-

---

[1] Rekonstruktionsfehler (z. B. Wölbung der Oberflächen) wurden bereits im Kapitel 2.2.3 diskutiert und sind für den Fall der Substratplatte aus Aluminium mit Tefloneinsatz ausführlich im Anhang A 2.6 beschrieben.

flusst, da kühlere Bereiche des Films langsamer trocknen. Dies kann bzw. führt hier zur Ausbildung von Oberflächendeformationen.

Die Entstehung der Oberflächenwelle oberhalb des Werkstoffübergangs zwischen dem Tefloneinsatz und der restlichen Aluminiumplatte kann gut an Querschnitten der rekonstruierten Oberflächen verfolgt werden. Die in Abb. 3.4 dargestellten Querschnitte wurden aus der Mitte der rekonstruierten Oberfläche (vgl. Abb. 3.3) in Strömungsrichtung genommen. Die senkrechte Linie soll den Ort oberhalb des Werkstoffübergangs hervorheben.

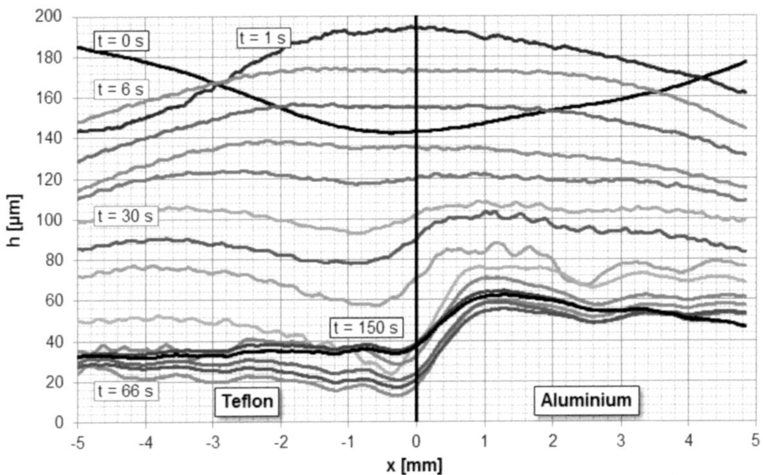

Abb. 3.4: Ausgewählte Querschnitte aus den rekonstruierten Oberflächen während der Trocknung auf der Aluminiumplatte mit Tefloneinsatz. (Methanol-Polyvinylacetat, $X_0 = 2\,g(Methanol)/g(PVAc)$, $\vartheta = 30°C$) Die Anströmung ($u_0 = 0,5\,m/s$) erfolgte von rechts. Die Querschnitte zeigen den Film in Strömungsrichtung oberhalb des Materialübergangs zwischen Tefloneinsatz ($x < 0$) und Aluminiumplatte ($x > 0$) in der Mitte des Beobachtungsfeldes.

Die ersten beiden Querschnitte (t = 0 und 1 s) verdeutlichen noch einmal die scheinbare Schwankung der rekonstruierten Oberfläche aufgrund der Vibrationen der Versuchsanlage beim Ausstreichen des Films und Schließen des Kanaldeckels. An den Querschnitten ist deutlich einfacher zu erkennen, wie der Film im Verlaufe der Trocknung schrumpft und sich links und rechts des Werkstoffübergangs ein Tal und eine Welle bildet. Dies zeigt, dass ein Stofftransport von der linken Seite oberhalb des Tefloneinsatzes zur rechten

Seite oberhalb der Aluminiumplatte stattfinden muss. Auf die zugrundeliegenden Transportmechanismen wird im nachfolgenden Kapitel 3.2.1 eingegangen.

Im weiteren Verlauf der Trocknung steigen die Querprofile hauptsächlich auf der linken Seite des Werkstoffübergangs wieder an. Ob es sich hierbei um ein real existierendes Verfließen des noch lösemittelreicheren Films oberhalb des Tefloneinsatzes handelt, wäre durchaus möglich und denkbar, allerdings kann es anhand der Untersuchungen nicht abschließend geklärt werden. Es besteht die Vermutung, dass sich das dünne Glassubstrat aufgrund von aufkommenden Spannungen im trocknenden Film gegen Ende der Trocknung trotz des angelegten Haltevakuums von der Substratplatte abhebt und wölbt (siehe Anhang A 2.6). Dies würde ebenfalls zu einer leichten Veränderung der rekonstruierten Oberfläche führen. Eventuell überlagern sich beide Effekte.

Wie bereits in der Einleitung zu diesem Kapitel erwähnt konnten die Temperaturverläufe während des Versuches nicht ohne Beeinflussung des Versuches selbst gemessen werden. Um einen Eindruck für die entstehenden Temperaturgradienten an der Filmoberfläche zu erhalten und die ablaufenden Trocknungsprozesse in den Bereichen oberhalb des Tefloneinsatzes und der restlichen Substratplatte aus Aluminium besser zu verstehen, wurden separate, eindimensionale Trocknungssimulationen durchgeführt. In Abb. 3.5 sind die Simulationsergebnisse der beiden separat betrachteten Filmtrocknungen auf einem Aluminium- bzw. Teflonsubstrat dargestellt (siehe Kapitel 4). Aus der Trocknungssimulation sind neben den Oberflächentemperaturen der Filme auch die Höhenverläufe während der Trocknung auf den beiden Substraten dargestellt. Somit ist ein Vergleich mit dem gemessenen Referenzhöhenverlauf des entsprechenden Versuches möglich. Die gemessene Referenzhöhe wurde oberhalb des Aluminiumteils der Substratplatte in Strömungsrichtung 5 mm vor dem Tefloneinsatz gemessen. Durch die senkrechten Linien sind die aus der Betrachtung der rekonstruierten Oberflächen relevanten Zeitpunkte markiert, zu denen wichtige Veränderungen der Oberflächendeformation im Beobachtungsfeld der Kamera beobachtet werden.

Die Simulation der Trocknung beschreibt den Trocknungsvorgang der Polymerlösung bis zum Einsetzen der ersten Deformation (I: $t = 22$ s) sehr gut. Dies ist an der Übereinstimmung des Verlaufs der gemessenen Referenzhöhe (Messpunkt oberhalb des Aluminiumteils der Substratplatte) mit der Simulation der Trocknung auf einem Aluminiumsubstrat zu erkennen. Nach dem Einsetzten der ersten Oberflächenverformung kann die Simulation den realen Zustand nicht mehr beschreiben, da die auftretenden lateralen Stoffströme nicht in die Simulation implementiert sind.

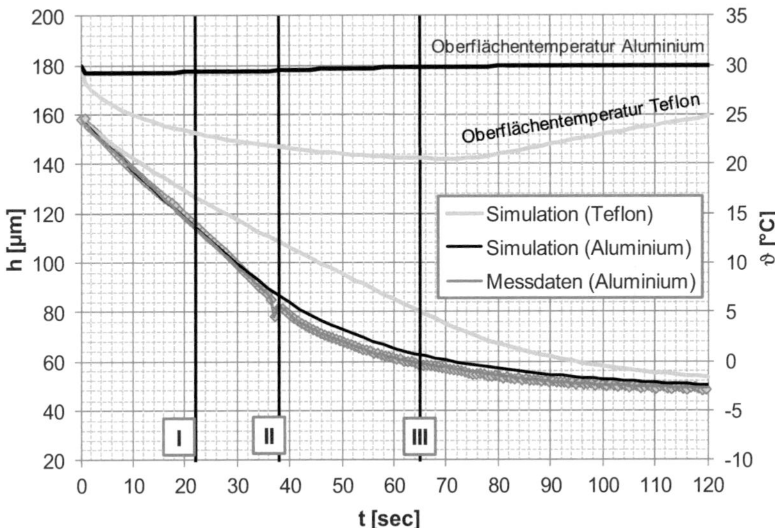

Abb. 3.5: Simulierter Trocknungsverlauf einer Methanol-Polyvinylacetat-Lösung auf einem Aluminium- bzw. Teflonsubstrat ($X_0 = 2\,g_{Methanol}/g_{PVAc}$, $u_0 = 0{,}5\,m/s$, $T = 30°C$) zur Abschätzung der Einflüsse bei der Trocknung auf der Substratplatte aus Aluminium mit Tefloneinsatz. Zum Vergleich ist die oberhalb des Aluminiumsubstratteils gemessene Referenzhöhe bei dem entsprechenden Trocknungsversuch dargestellt. Die senkrechten Linien markieren die Zeitpunkte, bei denen Veränderungen der Oberfläche im Beobachtungsfeld der Kamera (Field Of View) sichtbar werden (vgl. Abb. 3.3):
I: Auftreten der ersten Oberflächendeformation am Werkstoffübergang
II: Das „Rippling" aufgrund der Trocknungsfront tritt ins FOV ein.
III: Das „Rippling" aufgrund der Trocknungsfront läuft aus dem FOV.

Die dargestellten Verläufe der Oberflächentemperaturen aus den separaten Trocknungssimulationen zeigen, dass sich die Oberfläche der Substratplatte mit der schlecht wärmeleitenden Zwischenschicht aus Teflon aufgrund der Lösemittelverdunstung wie erwartet abkühlt. Die Oberflächentemperatur des

Films oberhalb des Aluminiums bleibt hingegen aufgrund der höheren Wärmeleitfähigkeit des Aluminiums annähernd konstant. An den beiden Temperaturverläufen der getrennt voneinander durchgeführten Simulationen wird deutlich, wie stark sich die Oberflächentemperatur eines schlecht wärmeleitenden Materials (hier: Teflon) aufgrund der Verdunstungskühlung verringern kann. Zum Zeitpunkt der ersten Deformation der Filmoberfläche oberhalb des Werkstoffübergangs (I: t = 22 s) hat sich die Filmoberfläche oberhalb des Teflonsubstrats laut dem Simulationsergebnis um ca. 7 K abgekühlt. Die Temperaturunterschiede werden unter den realen Umständen am Werkstoffübergang zwischen dem Tefloneinsatz und der restlichen Aluminiumplatte aufgrund lateraler Ausgleichsströmungen geringer sein als aus dem Vergleich der Ergebnisse der eindimensionalen Trocknungssimulation abgeleitet. Allerdings hatte auch die in der Einleitung dieses Kapitels erwähnte Temperaturmessung mittels dünner Thermoelemente eine Abkühlung von ca. 6 K ergeben. Die hierbei beobachtete Beeinflussung des Versuchs durch die Thermoelemente selbst lässt hier allerdings auch keine exakte Aussage über die Temperatur zu.

Um die einzelnen Versuche miteinander vergleichen zu können und unter dem Gesichtspunkt, dass für das Einsetzen einer Konvektionsströmung eine ausreichende Triebkraft vorhanden sein muss, wurde in den Versuchen als ein Maß für die Triebkraft die Schrumpfung des Films betrachtet. Diese hängt direkt mit der Verdunstung des Lösemittels und dadurch mit der Ausbildung des Temperaturgradienten zusammen. An dem gemessenen Höhenverlauf (vgl. Abb. 3.5) ist zu erkennen, dass die Polymerlösung des Referenzversuches bis zum Zeitpunkt der ersten Deformation (I: t = 22 s) um ca. 28 % geschrumpft ist. Die Schrumpfung des Films kann unter Berücksichtigung der Verdampfungsenthalpie auf die Energiemenge umgerechnet werden, die dem Substrat durch die Verdunstung des Lösemittels bis zu diesem Zeitpunkt entzogen wurde. Somit ist es möglich auch die unterschiedlichen Stoffsysteme miteinander zu vergleichen. Für den Referenzversuch mit Methanol ergibt sich eine Verdunstungskühlung von ca. 38 kJ/m². Bei der Variation der Versuchsparameter und auch des Stoffsystems wird interessant sein, ob eine Veränderung der Energiemenge bzw. der Schrumpfung zu beobachten ist.

Im nächsten Kapitel werden anhand der Beobachtungen des vorgestellten Referenzversuches und Untersuchungen in Zusammenarbeit mit einer

Arbeitsgruppe vom 'Institut für Mechanische Verfahrenstechnik und Mechanik' die Transportmechanismen bei der Oberflächenverformung untersucht.

3.2.1 Transportmechanismen bei der Oberflächenverformung

Damit eine Oberflächenwelle entstehen kann, muss Material (Polymer) im Film lateral transportiert werden. Die Analyse der Bilderfolge aus Abb. 3.3 und des zeitliche Verlauf der extrahierten Querschnitte aus Abb. 3.4 zeigt, dass die Oberflächenwelle oberhalb des Werkstoffübergangs zwischen dem Tefloneinsatz und der restlichen Aluminiumplatte durch einen Stoffstrom des Polymers von der „Teflonseite" zur „Aluminiumseite" entstanden ist. Aufgrund der Verdunstung des Lösemittels und der unterschiedlichen Wärmeleitfähigkeit der Substratabschnitte ist der Film oberhalb des Tefloneinsatzes im Verlaufe der Trocknung kälter als oberhalb der Aluminiumplatte. Eine niedrigere Temperatur des Films resultiert in einer verlangsamten Trocknung, wodurch sich eine höhere Lösemittelkonzentration im Film auf der „Teflonseite" im Vergleich zur „Aluminiumseite" ergibt. Somit wird für die Entstehung der Oberflächenwelle Polymer aus der kühleren Region des Filmes zur Wärmeren transportiert. Von dieser Analyse der Situation ausgehend leiten sich die in Tab. 3.1 zusammengestellten Überlegungen für den resultierenden Stoffstrom des Polymers ab.

Tab. 3.1: Transportmechanismen bei der Oberflächenverformung oberhalb eines Werkstoffübergangs zwischen einem schlecht wärmeleitenden Material (Teflon) und einem besser wärmeleitenden Material (Aluminium). Hauptkriterium ist die Richtung des resultierenden Polymerstoffstroms.

Situation: Mechanismus:	Richtung des Stoffstroms (Polymer)	Einfluss des Stoffstroms auf die Welle
Diffusion	Teflon ←Alu	falsche Richtung
Schleppströme	Teflon→ Alu	richtige Richtung
Gravitation (Dichte)	(nur vertikal)	treten nicht auf
Gravitation (Höhe)	(Teflon→ Alu)	treten nicht auf
Oberflächenspannung (Temperatur)	Teflon ←Alu	falsche Richtung
Oberflächenspannung (Konzentration)	Teflon→ Alu	richtige Richtung

In Tab. 3.1 sind die, für die einzelnen, Mechanismen resultierenden, Stoffstromrichtungen des Polymers entsprechend der gegebenen Situation aufgeführt und beurteilt. Entsprechend dieser einfachen Betrachtung scheiden einige Mechanismen bereits aufgrund der falschen Strömungsrichtung für den resultierenden Stoffstrom des Polymers aus. Andere Mechanismen können aufgrund der geometrischen Gegebenheit der Polymerfilme ausgeschlossen werden.

Die beiden Mechanismen „Schleppströme" und „Konvektion aufgrund konzentrationsinduzierte Oberflächenspannungsgradienten" können entsprechend dieser Überlegung für die Entstehung der Oberflächenstrukturen ursächlich sein. Der Materialtransport aufgrund von Schleppströmen, die durch das verdunstende und im Film quer diffundierende Lösemittel auftreten, sollte wegen der stark unterschiedlichen Molmassen (32 g/mol Lösemittel zu ca. 70000 g/mol Polymer) vernachlässigbar sein. Die Oberflächenspannungsgradienten, welche sich aus den Konzentrationsunterschieden der unterschiedlich schnell trocknenden Regionen ergeben, sind somit die relevante treibende Kraft für die Entstehung der Welle oberhalb des Werkstoffübergangs zwischen dem Tefloneinsatz und der Aluminiumplatte.

Der Oberflächenspannungsgradient aufgrund der Konzentrationsunterschiede wird durch den Einfluss der Temperatur reduziert. Da jedoch die Abhängigkeit der Oberflächenspannung von der Konzentration sehr viel stärker ausgeprägt ist als ihre Abhängigkeit von der Temperatur, resultieren Oberflächenspannungsgradienten von der lösemittelreicheren Region oberhalb des Teflonseinsatzes zur Region oberhalb der Aluminiumplatte. Daher wird, zur Minimierung der Oberflächenenergie, Material von der lösemittelreicheren Region „angesaugt". Die Tatsache, dass die Welle nur am sehr lokal am Werkstoffübergang entsteht und nicht „weiter" fließt, lässt sich mit der ansteigenden Viskosität der trocknenden Polymerlösung erklären. Das Material „erstarrt" aufgrund der fortschreitenden Trocknung. Diese wird hierbei zusätzlich beschleunigt, da die Konvektionsströmung die Oberfläche stetig erneuert und das Material oberflächennah transportiert wird.

Die entstehenden Strukturen könnten durch diffusive Stoffströme und durch das Verfließen aufgrund von Gravitationskräften minimiert werden. Für das Verfließen der Strukturen aufgrund der Gravitationskraft sind die Schichten zu dünn (*Pearson, 1958*) und unterhalb einer Mindestschichtdicke.

Aus diesem Grund kann der Einfluss des sog. „Levelings" (= Verfließen von Störungen im Film aufgrund der Gravitation) vernachlässigt werden. Um den Einfluss von diffusiven Strömen abzuschätzen, wurde folgende Überlegung angestellt: Wie lange braucht ein Diffusionsstrom, um das Polymervolumen der Welle über die Distanz der beobachteten Geometrie zu bewegen? Die hierzu durchgeführte Abschätzung findet sich im Anhang A 2.1. Hierbei ergab sich eine Zeit von circa 42 Minuten, die ein diffusiver Stoffstrom benötigen würde, die Welle abzutragen. Diese Abschätzung zeigt deutlich, dass diffusive Ströme des Polymers nur eine sehr untergeordnete Rolle bei der Strukturbildung während der Trocknung besitzen.

Um die Strömungen im Film zu visualisieren, wurde gegen Ende meiner Arbeit in einer Zusammenarbeit mit einer Arbeitsgruppe des 'Institut für Mechanische Verfahrenstechnik und Mechanik – Bereich Angewandte Mechanik' in Karlsruhe eine in der Mikrorheologie bereits häufig eingesetzte „Multi-Particle-Tracking" Messtechnik (*Breuer, 2005*; *Wirtz, 2009*; *Squires & Mason; 2010*) für die Visualisierung von Konvektionsströmungen angewendet. Der Versuchsaufbau ermöglicht anhand fluoreszierender Nanopartikel, die in die Polymerlösung dispergiert werden, die auftretenden Strömungsgeschwindigkeiten in der Konvektionsströmung lokal zu messen.

Die nachfolgend aufgeführten Messungen sind im Rahmen Co-betreuten Diplomarbeit von Herrn *Sachsenheimer (2011)* entstanden. Der Versuchsaufbau basiert auf einem inversen Fluoreszenzmikroskop (Observer D1, Carl Zeiss). Die Beobachtung der Tracer-Partikel erfolgt durch ein transparentes Substrat (150 µm) von unten. Aus diesem Grund müssen die notwendigen Konzentrationsgradienten im Film gasseitig induziert werden. Hierzu wurde der Film während der Trocknung halbseitig abgedeckt. Dadurch verlangsamt sich die Trocknung aufgrund der Anreicherung der Gasphase mit Lösemittel, so dass unterhalb der Abdeckung eine höhere Lösemittelkonzentration im Polymerfilm vorliegt. Die, hierzu während des Ausstreichens des Films, aufgeschobene Abdeckung hat einen Abstand von 500 µm zum Substrat. Profilometermessungen im trockenen Film zeigen, dass es durch die halbseitige Abdeckung des Films zu dem erwarteten Stofftransport gekommen ist. Die entsprechende Querprofilmessung ist in Abb. 3.6 dargestellt. Außerhalb der Abdeckung hat sich eine deutliche Welle entlang der Abdeckung gebildet.

Der Polymerfilm wurde mit einer Anfangsfilmdicke von ca. 150 μm ausgestrichen. Verwendet wurde das Stoffsystem Methanol-Polyvinylacetat mit einer Lösemittelanfangskonzentration von 66,7 Ma-%. Zur Detektion wurden 2 % einer Dispersion fluoreszierender Tracer-Partikeln (Firma: Bangs Laboratories, 1 % Feststoffgehalt, $d_p = 520\ nm$) zugegeben.

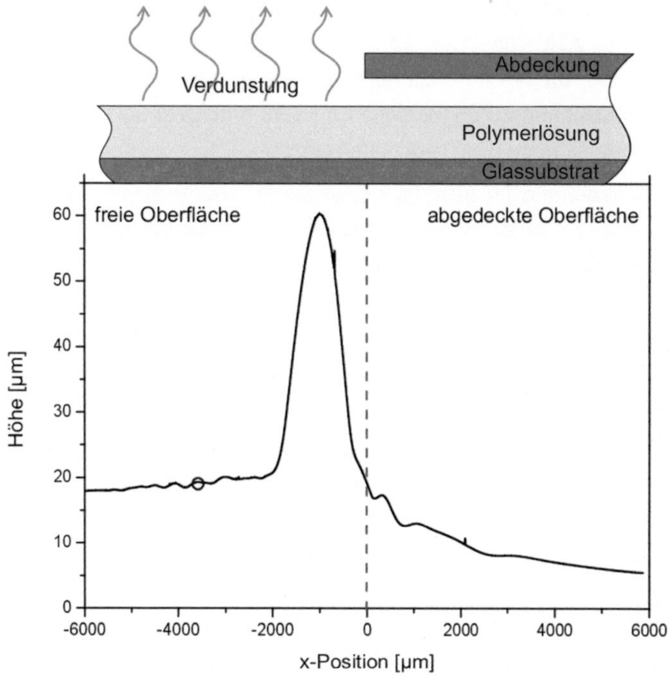

Abb. 3.6: Versuchsanordnung zur Messung von Konvektionsströmungen aufgrund von Konzentrationsunterschieden während der Trocknung einer Polymerlösung (Methanol-Polyvinylacetat, $X_0 = 2\ g_{Methanol}/g_{PVAc}$). Die Trocknung wird hierbei gasseitig mittels einer Abdeckung beeinflusst. Im Diagramm dargestellt ist das Oberflächenprofil des trockenen Films (Mitte des Films).

Nach dem Ausstreichen des Films wird die Geschwindigkeit der Tracer-Partikel mit Hilfe des inversen Fluoreszenzmikroskops und der entsprechenden Auswertung an unterschiedlichen Positionen im Film ermittelt. Hierzu wird der Fokus des Mikroskops schrittweise von unten durch den Film verschoben und an jeder Position mehrere Bilder (Videosequenz) aufgenommen. Bei Erreichen der Gasphase wird erneut von unten gestartet. Durch Auswertung der Bilder, bei der die Verschiebung der Tracer-Partikel pro Zeit (Framerate) bestimmt wird, kann die Geschwindigkeit der Partikel örtlich ermittelt werden. In den nachfolgenden Diagrammen sind die gemessenen Geschwindigkeiten unterhalb der Abdeckung (ca. 4 mm vor der offenen Kante) dargestellt. Die Intervalle geben hierbei die Start- und Endzeiten eines Tiefenscans wieder.

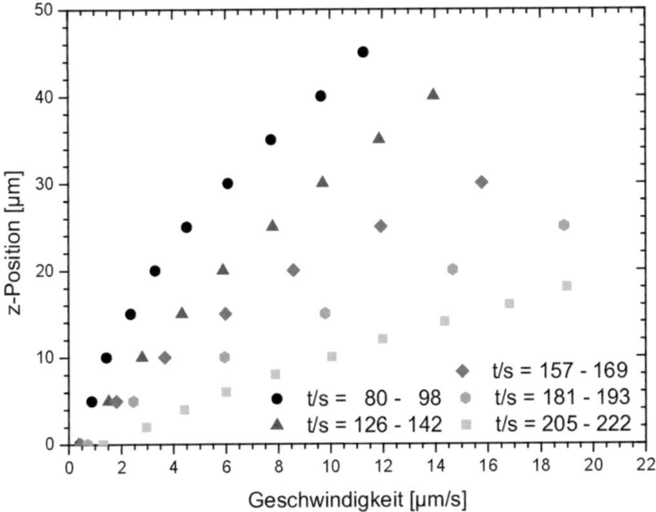

Abb. 3.7: Lokale Geschwindigkeiten der Tracer-Partikel in Richtung der offenen Kante der Abdeckung während der Trocknung der Methanol-Polyvinylacetat-Lösung ($X_0 = 2\,g_{Methanol}/g_{PVAc}$). Der Messort ist unterhalb der Abdeckung ca. 4 mm vor der offenen Kante. Zu erkennen sind die Beschleunigung der Strömung und das Schrumpfen des Films mit zunehmender Zeit.

Nach einer gewissen Zeit (ca. 80 s) ist eine deutliche Beschleunigung der Partikel in der Nähe der Oberfläche mit gleichzeitiger Zunahme der Geschwindigkeit im restlichen Film zu beobachten (siehe Abb. 3.7). Zu erkennen ist das deutliche Schrumpfen des Films. Dies ist auf einen Abtransport von Polymerlösung und das Verdunsten des Lösemittels zurückzuführen. Bei den Untersuchen wurde eine rein laterale Ausgleichsströmung beobachtet. Es kam zu keiner Ausbildung von Konvektionszellen im Film. Dies bestätigt die Beobachtungen von *Burguete et al. (2001)*, die bei ihren Untersuchen mit horizontalen Temperaturunterschieden in reinen Fluiden ausschließlich laterale Ausgleichsströmungen bei Schichtdicken unter 1 mm festgestellt haben. In einem weiteren Abschnitt der Trocknung schrumpft der Film weiter, allerdings verlangsamen sich die Geschwindigkeiten wieder. Dies ist an den Geschwindigkeitsprofilen in der Abb. 3.8 zu erkennen. Die Abnahme der Strömungsgeschwindigkeit ist einerseits auf den Anstieg der Viskosität mit fortlaufender Trocknung, andererseits mit der Abnahme der Konzentrationsgradienten zum Ende der Trocknung hin zu erklären.

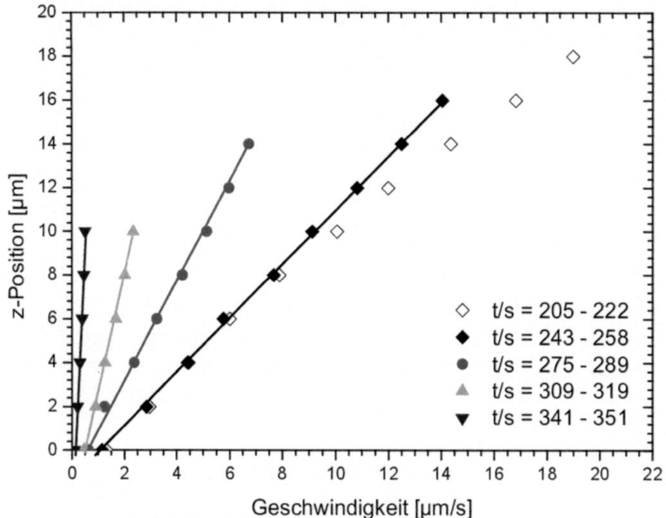

Abb. 3.8: Lokale Geschwindigkeiten der Tracer-Partikel in Richtung der offenen Kante der Abdeckung während der Trocknung der Methanol-Polyvinylacetat-Lösung ($X_0 = 2\ g_{Methanol}/g_{PVAc}$). Der Messort ist unterhalb der Abdeckung ca. 4 mm vor der offenen Kante. Zu erkennen sind die Verlangsamung der Strömung und das Schrumpfen des Films mit zunehmender Zeit.

Die Messungen der lokalen Geschwindigkeiten bestätigen eindeutig, dass es sich bei den Strömungen, die zur Ausbildung der Oberflächenstrukturen führen, um oberflächenspannungsgetriebene Konvektionsvorgänge handelt. Zudem zeigen die gemessen Geschwindigkeiten, dass der Materialtransport vergleichsweise schnell stattfindet. Die Konvektion aufgrund von konzentrationsinduzierten Oberflächenspannungsunterschieden ist demnach ausreichend, die notwendige Polymermasse zu bewegen.

3.3 Variation der Trocknungstemperatur

In diesem Kapitel wird der Einfluss der Temperatur auf die Trocknung und die Strukturbildung gezeigt. Die Änderung der Temperatur wirkt sich auf mehrere Parameter gleichzeitig aus. So wird die Geschwindigkeit der Trocknung durch den Dampfdruck des Lösemittels und durch den Diffusionskoeffizienten beeinflusst. Beide Parameter sind stark temperaturabhängige Größen. Andererseits hat die Temperatur auch direkten Einfluss auf die Oberflächenspannung und die Viskosität. Ziel der Versuche ist es herauszufinden, wie die Entstehung der unterschiedlichen Oberflächenstrukturen oder die Strukturen selbst durch die Variation der Trocknungstemperatur beeinflusst werden.

3.3.1 Versuche mit dem Stoffsystem Methanol-Polyvinylacetat

Die Versuche wurden mit dem Stoffsystem Methanol-Polyvinylacetat mit einer Anfangsbeladung von $X_0 = 2\,\mathrm{g_{Methanol}/g_{PVAc}}$ durchgeführt. Die Anströmung der Substratplatte betrug bei den Versuchen $u_0 = 0{,}5\,m/s$. Trotz der Erhöhung der Temperatur von 30 auf 40°C und der dabei beobachteten deutlichen Beschleunigung der Trocknung ist keine Veränderung der Oberflächenstruktur im trockenen Film zu erkennen. Die entsprechenden Profilometermessungen in den trockenen Filmen sind in der Abb. 3.9 dargestellt.

Die einzelnen Profile der trockenen Filme unterscheiden sich nur sehr gering. Diese Abweichungen, die sich hauptsächlich auf den ersten Teil des Films ($x > 0$) beziehen, sind aber auch bei verschiedenen Messungen in einem Film erkennbar. Der Grund hierfür ist die Hügelstruktur aufgrund der „wandernden Trocknungsfront", die sich nach dem Durchwandern der Trocknungsfront nicht vollständig ebnet (vgl. 3.2). Die Oberflächenwelle oberhalb des Werkstoffübergangs zwischen Tefloneinsatz und restlicher Substratplatte aus Aluminium hat im trockenen Film eine maximale Höhendifferenz von ca. 20 µm, gemessen vom tiefsten bis zum höchsten Punkt des Oberflächenprofils.

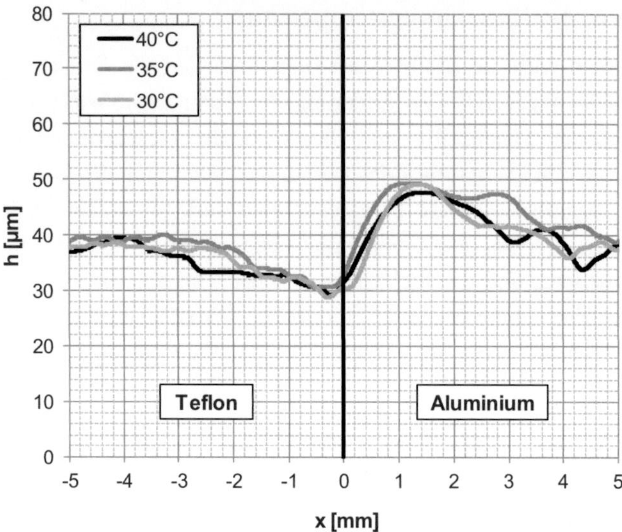

*Abb. 3.9: Querschnitte (Profilometer) entlang der Strömungsrichtung von tro-
ckenen Filmen (Methanol-Polyvinlyacetat, $X_0 = 2\,g_{Methanol}/g_{PVAc}$) getrocknet
auf der Substratplatte aus Aluminium mit Tefloneinsatz bei unterschiedlichen
Temperaturen. Die Anströmung ($u_0 = 0,5\,m/s$) erfolgte von rechts.*

Bei der Betrachtung der Entstehung der Oberflächenwelle ist zu erkennen,
dass bei steigender Temperatur die Trocknung und die Entwicklung der
Oberflächenwelle schneller ablaufen. Die unterschiedlichen Strukturen lassen
sich jedoch in den einzelnen Trocknungsabschnitten bei allen Versuchen
identifizieren. Die entsprechenden rekonstruierten Oberflächen (3D-
Darstellung) sind im Anhang A 2.4 dargestellt. In der Abb. 3.10 sind die
gemessenen und auf die Anfangshöhe normierten Referenzfilmhöhen der
Versuche dargestellt. An der Darstellung ist zu erkennen, dass sich die
Trocknung bei der Erhöhung der Temperatur deutlich beschleunigt. Die
senkrechten Linien markieren den jeweiligen Zeitpunkt der ersten Oberflächendeformation oberhalb des Werkstoffübergangs. Die Referenzhöhen
sind deshalb auf die Anfangshöhe normiert, da es beim Ausstreichen der
Filme geringe Abweichungen in den Anfangsschichtdicken gibt und diese
beim Vergleich der Kurven störend sind. Die einzelnen Verläufe der Refe-
renzhöhenmessungen sind im Anhang A 2.4 dargestellt. In den jeweiligen

Diagrammen sind die Zeitpunkte der Oberflächenveränderungen und die entsprechenden eindimensionalen Simulationen ohne laterale Ausgleichsströme zusammengefasst.

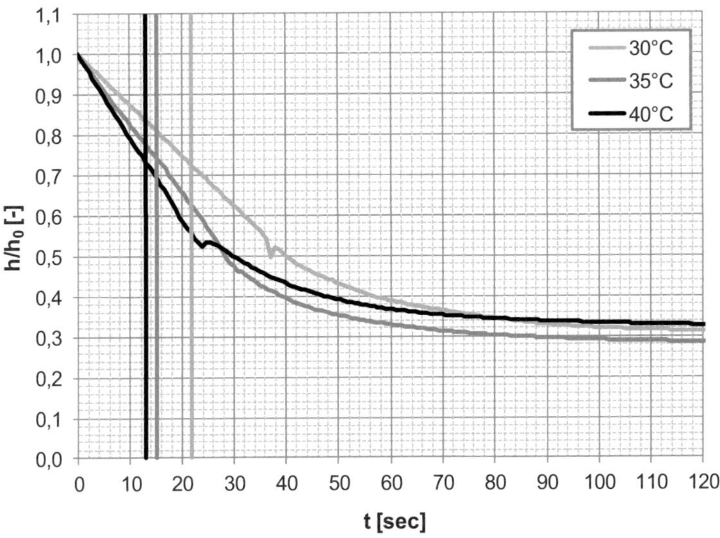

Abb. 3.10: Gemessene Referenzhöhen – normiert auf die Anfangshöhe – bei den Versuchen mit variierter Trocknungstemperatur getrocknet auf der Substratplatte aus Aluminium mit Tefloneinsatz. Der Messpunkt liegt 5 mm vor dem Tefloneinsatz oberhalb der Aluminiumplatte. Die senkrechten Linien markieren den Zeitpunkt der ersten Oberflächendeformation oberhalb des Werkstoffübergangs für den jeweiligen Versuch. (Methanol-Polyvinylacetat, $X_0 = 2\,g_{Methanol}/g_{PVAc}$, $u_0 = 0{,}5\,m/s$).

An der normierten Darstellung der Referenzhöhe sieht man sehr deutlich, dass alle Filme bis zum Einsetzen der ersten Deformation der Oberfläche ca. 28 % geschrumpft sind. Dies macht deutlich, dass nicht die Zeit, sondern die Menge an verdunstetem Lösemittel für die Entstehung der Oberflächenstruktur entscheidend ist. Die bis zu diesem Zeitpunkt verdunstete Lösemittelmenge entspricht einer Verdunstungskühlung von ca. 38 kJ/m². Auch die Absenkung der Oberflächentemperatur des Polymerfilms oberhalb des Tefloneinsatzes ist bei der Betrachtung der Ergebnisse der jeweiligen eindimensionalen Simulation für alle Versuche gleich und beträgt ca. 7 K. Wie bereits erläutert, sind die Temperaturunterschiede an dem Werkstoffübergang im realen Versuch aufgrund lateraler Ausgleichsströmungen etwas geringer.

Der gemessene Verlauf der Referenzhöhen des Versuchs bei $\vartheta = 35°C$ zeigt im Vergleich mit den anderen beiden Versuchen Unterschiede nach dem Auftreten der ersten Oberflächendeformation. Um darauf genauer einzugehen, ist in Abb. 3.11 der Referenzhöhenverlauf für den Versuch zusammen mit den eindimensionalen Simulationsergebnissen und den Zeitpunkten der Oberflächendeformation dargestellt.

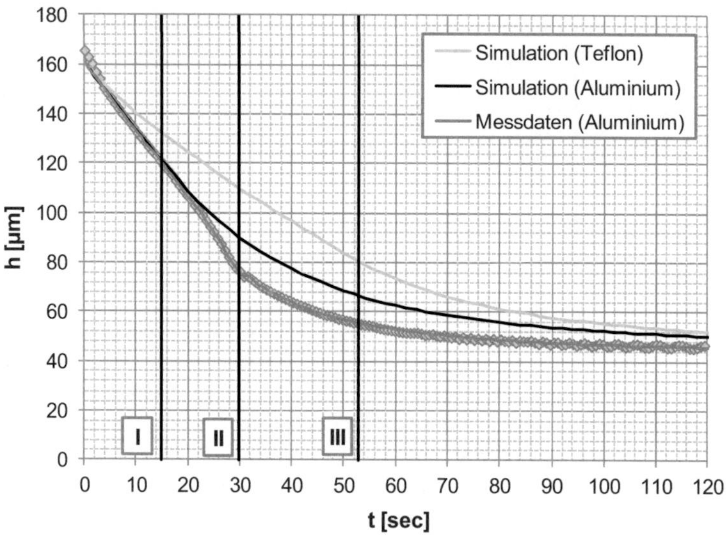

Abb. 3.11: Gemessene Referenzhöhe beim Versuch (Methanol-Polyvinylacetat, $X_0 = 2\,g(Methanol)/g(PVAc)$, $T = 35°C$, $u_0 = 0,5\,m/s$) getrocknet auf der Substratplatte aus Aluminium mit Tefloneinsatz im Vergleich zu der durchgeführten Simulation für eine Polymerfilmtrocknung auf einem reinen Aluminium bzw. Teflon Substrat. Der Messpunkt liegt 5 mm vor dem Tefloneinsatz oberhalb der Aluminiumplatte. Die senkrechten Linien markieren die Zeitpunkte bei denen sich Veränderungen der Oberfläche im Beobachtungsfeld (Field Of View) ergeben:
I: Auftreten der ersten Oberflächendeformation.
II: Das „Rippling" aufgrund der Trocknungsfront tritt ins FOV ein.
III: Das „Rippling" aufgrund der Trocknungsfront läuft aus dem FOV.

Es ist deutlich zu erkennen, dass der gemessene Verlauf ab ca. 20 sec vom simulierten Höhenverlauf hin zu kleineren Werten abweicht. Eine geringe Abweichung ist bei allen Versuchen erkennbar, da die eindimensionale Trocknungssimulation die Ausgleichsströme, lateralen Stoffströme und die Deformation der Oberfläche nicht berücksichtigt. Der deutliche Abfall der lokal gemessenen Referenzfilmhöhe und der fehlende Anstieg kurz nach dem Durchwandern der Strukturen aufgrund der „wandernden Trocknungsfront" („Rippling") lassen darauf schließen, dass der Messpunkt des Schichtdickenmessgerätes bei diesem Versuch in einem sich bildenden „Tal" der Hügelstruktur gemessen hat. Es wäre auch denkbar, dass sich in dem Versuch das dünne Glassubstrat während der Trocknung verformt hat, allerdings kann dies nicht überprüft werden. Da der Verlauf der Referenzhöhe jedoch nur bis zum Auftreten der ersten Deformation der Oberfläche für die Interpretation der Versuchsergebnisse verwendet wird und die rekonstruierten Oberflächen durch eine eventuelle Verformung des Glassubstrates kaum beeinflusst wird (vgl. Anhang A 2.6), ist die beobachtete Abweichung für den Versuch nicht von entscheidender Bedeutung.

Die Variation der Temperatur in dem untersuchten Bereich von 30 bis 40°C führt für das Stoffsystem Methanol-Polyvinylacetat zu keiner Veränderung der Oberflächenwelle. Die Entstehung der Welle ist ebenso wie der gesamte Trocknungsprozess mit steigender Temperatur beschleunigt. Die Schrumpfung des Filmes bis zum Auftreten der ersten Verformung der Oberfläche, die als Maß für die notwendige Triebkraft angesehen werden kann, ist bei allen Versuchen mit ca. 28 % konstant. Dies zeigt, dass es im variierten Temperaturbereich zu keiner Verschiebung des Verhältnisses zwischen den treibenden und hemmenden Kräften aufgrund der Temperaturveränderung kommt.

3.3.2 Versuche mit dem Stoffsystem Toluol-Polyvinylacetat

Die Versuche wurden mit dem Stoffsystem Toluol-Polyvinylacetat mit einer Anfangsbeladung von $X_0 = 2\,g_{Toluol}/g_{PVAc}$ durchgeführt. Die Anströmung der Substratplatte betrug bei den Versuchen $u_0 = 0,5\,m/s$. Die Variation der Temperatur bei den Versuchen mit dem Stoffsystem Toluol-Polyvinylacetat beeinflusste die Oberflächenstrukturen im trockenen Film geringfügig, dies war bei den Versuchen mit dem Lösemittel Methanol nicht beobachtet worden. Die beiden Stoffsysteme unterscheiden sich hauptsächlich im

Dampfdruck und in der Konzentrationsabhängigkeit des Diffusionskoeffizienten in Polyvinylacetat. Das Stoffsystem Toluol-Polyvinylacetat neigt während der Trocknung aufgrund der sehr niedrigen Diffusionskoeffizienten bei geringen Lösemittelkonzentrationen zur sogenannten „Hautbildung" (siehe Anhang A 4). Eine These ist, dass sich aufgrund der Hautbildung, die an der Oberfläche zu einem sehr schnellen Viskositätsanstieg führt und in einer dünnen, aber nahezu trocknen Oberfläche resultiert, sich nur geringere, laterale Konzentrationsgradienten an der Oberfläche ausbilden können. Hierdurch müsste die Strukturbildung deutlich reduziert oder gar unterdrückt sein.

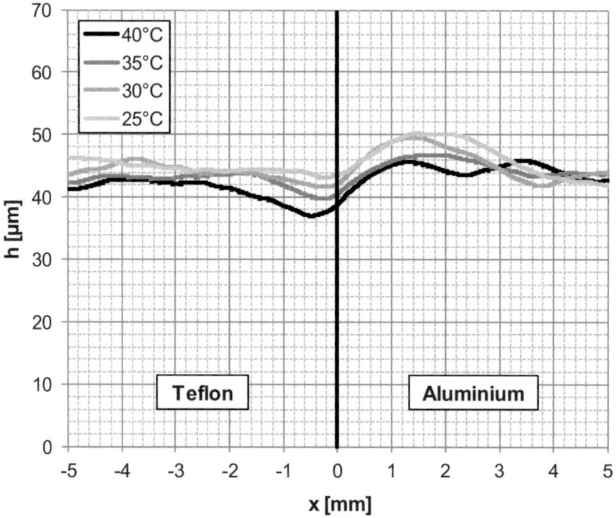

Abb. 3.12: Querprofilmessungen (Profilometer) entlang der Strömungsrichtung von trockenen Filmen (Toluol-Polyvinylacetat, $X_0 = 2\,g_{Toluol}/g_{PVAc}$) getrocknet auf dem Substratplatte aus Aluminium mit Tefloneinsatz bei unterschiedlichen Temperaturen. Die Anströmung ($u_0 = 0{,}5\,m/s$) erfolgte von rechts.

An den Querprofilen des trockenen Films in Abb. 3.12 ist zu erkennen, dass die entstanden Strukturen deutlich geringer sind als bei den Versuchen mit dem Stoffsystem Methanol-Polyvinylacetat (vgl. Abb. 3.9). Die Strukturen haben im trockenen Film einen maximalen Höhenunterschied von 8 µm, wohingegen sie bei den Versuchen mit dem Stoffsystem Methanol-

Polyvinylacetat einen Höhenunterschied von circa 20 µm aufweisen. Die These hat sich bestätigt, dass bei einem Stoffsystem, welches aufgrund der Limitierung des diffusiven Stofftransportes zur Verfestigung der Filmoberfläche neigt, die Konvektion behindert wird und dadurch die Strukturen an der Oberfläche geringer ausfallen. Der Einfluss der Temperatur ist nur wenig ausgeprägt, wobei leichte Unterschiede in den gemessenen Querprofilen zu erkennen sind. Bei steigender Temperatur erhöht sich die Beweglichkeit des Lösemittels im Film, allerdings trocknet die Oberfläche aufgrund des höheren Dampfdruckes auch schneller aus. Beide Effekte scheinen sich auszugleichen oder sind durch einen anderen Effekt überlagert, welcher zum derzeitigen Stand nicht bekannt ist.

Die Beschleunigung der Trocknung bei steigender Temperatur ist an den gemessenen Referenzfilmhöhen in Abb. 3.13 zu sehen. Der Zeitpunkt der ersten Deformation, verdeutlicht durch die senkrechten Linien, ist ebenso wie bei den Versuchen mit dem Stoffsystem Methanol-Polyvinylacetat mit steigender Temperatur zu kürzeren Zeiten hin verschoben. Dies verdeutlicht, dass die Strukturbildung ebenfalls beschleunigt abläuft. Die Schrumpfung der Filme ist bis zum Einsetzen der ersten Deformation im Vergleich zum Stoffsystem Methanol-Polyvinylacetat deutlich größer und beträgt ca. 40 %. Beim Versuch bei $\vartheta = 25°C$ erreicht die Deformation sogar einen Wert von 46 %. Die Verdunstungsenergie ist jedoch mit max. 26 kJ/m² im Vergleich zu den Versuchen mit dem Stoffsystem Methanol-Polyvinylacetat um ca. 32 % geringer. Dies liegt an der deutlich niedrigeren Verdampfungsenthalpie des Toluols im Vergleich zum Methanol. Daraus resultiert ein geringerer Temperaturunterschied zwischen dem Film oberhalb des Teflons und des Aluminiums. Dies führt in Kombination mit der Hautbildung zu geringeren Strukturen an der Filmoberfläche im Vergleich zu den Versuchen mit Methanol.

Auffällig bei den Versuchen mit dem Stoffsystem Toluol-Polyvinylacetat ist, dass der Zeitpunkt der ersten Deformation der Oberfläche oberhalb der Werkstoffübergang sehr dicht an dem Eintritt der „wandernden Trocknungsfront" in das Beobachtungsfeld liegt. Dies ist an der Lage des Knicks im Kurvenverlauf der gemessenen Referenzhöhe (Abb. 3.13), der durch das Durchwandern der kleinen Hügel hervorgerufen wird, erkennbar.

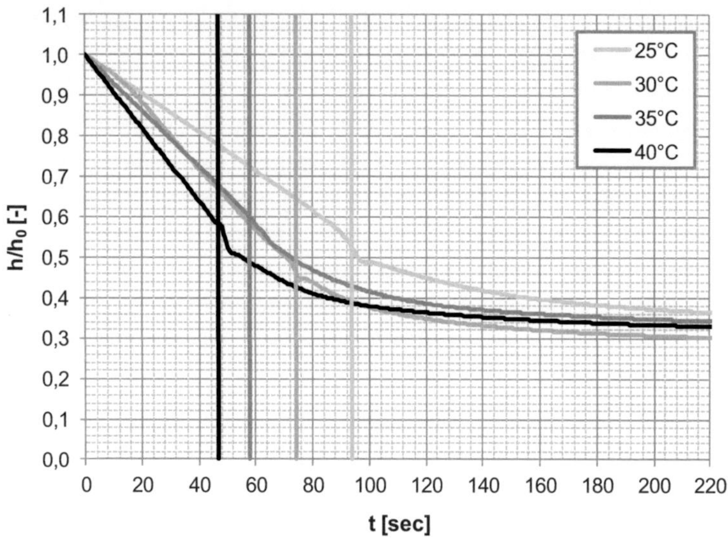

Abb. 3.13: Gemessene Referenzhöhen bei den Versuchen mit variierter Trocknungstemperatur getrocknet auf dem Aluminiumsubstrat mit Tefloneinsatz (Toluol-Polyvinylacetat, $X_0 = 2\,g_{Toluol}/g_{PVAc}$, $u_0 = 0{,}5\,m/s$). Der Messpunkt liegt 5 mm vor dem Tefloneinsatz oberhalb des Aluminiumsubstrats. Die senkrechten Linien markieren die Zeitpunkte bei denen, in den jeweiligen Versuchen, die ersten Oberflächendeformationen an dem Werkstoffübergang auftraten.

Beim Betrachten der rekonstruierten Oberflächen (siehe Anhang A 2.5) scheinen erst die zusätzlichen Oberflächenspannungsgradienten der, über den Film wandernden, Trocknungsfront eine Verformung der Filmoberfläche oberhalb des Werkstoffübergangs zwischen dem Tefloneinsatz und der Aluminiumplatte auszulösen. Diese Annahme wird bei der Betrachtung der Versuche bei variierter Überströmungsgeschwindigkeit durchaus bestätigt. Bei erhöhter Strömungsgeschwindigkeit wird eine Verformung der Oberfläche oberhalb des Randes des Tefloneinsatzes erst beim „Durchwandern" der Trocknungsfront sichtbar (vgl. Kapitel 3.4.2). Das „Anstoßen" der Oberflächenverformung durch die wandernde Trocknungsfront erklärt auch, dass die Filme bei höherer Versuchstemperatur weniger stark geschrumpft sind bis zum Erkennen der ersten Oberflächenverformung. Dies ist darauf zurückzuführen, dass die Trocknungsfront bei höherer Temperatur zu einem, relativ zur Trocknungszeit, früheren Zeitpunkt über die Filmoberfläche wandert. Die stärkere Temperaturabhängigkeit des Dampfdrucks gegenüber dem Diffusionskoeffizienten begünstigt die Hautbildung bei höheren Trocknungstemperaturen, wodurch die Oberflächendeformation bei höhere Temperatur auch etwas geringer ausfällt.

Anhand der durchgeführten Versuche kann nicht eindeutig abgeschätzt werden, wie groß die Triebkraft für das Entstehen der Oberflächenwelle aufgrund der Abkühlung des Tefloneinsatzes sein muss. Allerdings zeigt sich bei den Versuchen mit dem Stoffsystem Toluol-Polyvinylacetat, dass zusätzliche Gradienten und / oder eine Störung der Oberfläche, wie zum Beispiel durch die wandernde Trocknungsfront die Entstehung einer Oberflächenstruktur „anstoßen" können.

Die beiden Stoffsysteme zeigen bei den Versuchen mit variierter Trocknungstemperatur deutliche Unterschiede bei der Entstehung der Oberflächenstrukturen. Bei den Versuchen mit dem Stoffsystem Toluol-Polyvinylacetat bilden sich aufgrund der geringeren Verdunstungsenthalpie des Toluols im Vergleich zum Methanol geringere Temperaturunterschiede zwischen dem Tefloneinsatz und der restlichen Substratplatte aus Aluminium aus. Die Ausbildung der Welle oberhalb dieses Werkstoffübergangs startet bei dem Stoffsystem Methanol-Polyvinylacetat spontan. Die Verdunstungskühlung von 38 kJ/m², die bis zum Zeitpunkt der ersten Verformung der Oberfläche für das Verdunsten des Methanols benötigt wird, kühlt das Teflon ab, wodurch die Trocknung des Films verzögert wird. Die Konzentrationsunterschiede, die daraus im Film oberhalb des Werkstoffübergangs entstehen, resultieren in einem Oberflächenspannungsgradienten, der ausreichend ist die Konvektion zu starten, die zur Ausbildung der Oberflächenwelle führt. Trotz einer um ca. 1/3 geringeren Verdunstungskühlung kommt es auch bei dem Stoffsystem Toluol-Polyvinylacetat zu einer Verformung der Oberfläche aufgrund der Abkühlung des Tefloneinsatzes. Hierfür scheinen jedoch die zusätzlichen Gradienten der wandernden Trocknungsfront notwendig zu sein. Diese zusätzliche Störung der Oberfläche initiiert die Ausbildung der Welle oberhalb des Werkstoffübergangs bei dem Stoffsystem Toluol-Polyvinylacetat. Ob die Ausbildung der Welle durch ein Verhindern der Trocknungsfront ausbleiben würde, ist eine interessante Fragestellung für weiterführende Arbeiten. Dies könnte zum Beispiel durch die Trocknung des Polymerfilms in einem homogen Düsenfeld auf eine aus unterschiedlichen

Werkstoffen bestehenden Substrat realisiert werden. Der Grund für die unterschiedliche Ausprägung der Oberflächenwellen bei dem Stoffsystem Toluol-Polyvinylacetat kann an der unterschiedlichen „Festigkeit" der sich während der Trocknung ausbildenden Haut liegen. Dies konnte allerdings an den Versuchen bei variierter Temperatur nicht eindeutig verifiziert werden.

3.4 Einfluss der Anströmgeschwindigkeit

In diesem Kapitel werden die Ergebnisse für die Versuche mit den beiden verwendeten Stoffsystemen Methanol bzw. Toluol mit Polyvinylactat bei unterschiedlichen Anströmgeschwindigkeiten vorgestellt und diskutiert. Eine Erhöhung der Gasgeschwindigkeit verringert die hydrodynamische Grenzschicht über dem angeströmten Substrat und beschleunigt dadurch den Stoff- und Wärmetransport zwischen der Filmoberfläche und dem strömenden Trocknungsgas. Die Oberflächenspannung und die Viskosität des Stoffsystems werden hingegen von der Gasgeschwindigkeit nicht direkt beeinflusst. Eine höhere Gasgeschwindigkeit verstärkt aufgrund des höheren Stoffübergangs zur Gasphase bei dem Stoffsystem Toluol-Polyvinylacetat die Hautbildung, wodurch deren Einfluss auf die Strukturbildung deutlicher ausgeprägt sein sollte.

3.4.1 Versuche mit dem Stoffsystem Methanol-Polyvinylacetat

Zunächst werden die Versuchsergebnisse mit dem Stoffsystem Methanol-Polyvinylacetat bei einer Anfangsbeladung von $X_0 = 2\,g_{Methanol}/g_{PVAc}$ vorgestellt. Alle Versuche wurden bei einer Trocknungstemperatur $\vartheta = 30°C$ durchgeführt. Die Anströmgeschwindigkeit der Substratplatte wurde bei den einzelnen Versuchen von 0,5 m/s auf 1,5 m/s erhöht. Die Versuchsergebnisse sind so dargestellt, dass die Anströmungsrichtung jeweils von rechts erfolgt.

Die mittels Profilometer gemessen Oberflächentopographien der trockenen Filmen der jeweiligen Versuche sind in Abb. 3.14 dargestellt. Zur Verdeutlichung der Position der einzelnen Strukturen ist die Lage des Werkstoffübergangs zwischen dem Tefloneinsatz und der restlichen Substratplatte aus Aluminium als senkrechte Linie eingezeichnet. Die entstanden Oberflächenstrukturen sind in allen drei Versuchen deutlich ausgebildet und es lassen sich sowohl bei der Betrachtung der gemessenen Querprofile im trockenen Film (siehe Abb. 3.14) aus auch bei der Betrachtung der rekonstruierten Oberfläche (siehe Anhang A 2.4) keine Besonderheiten erkennen.

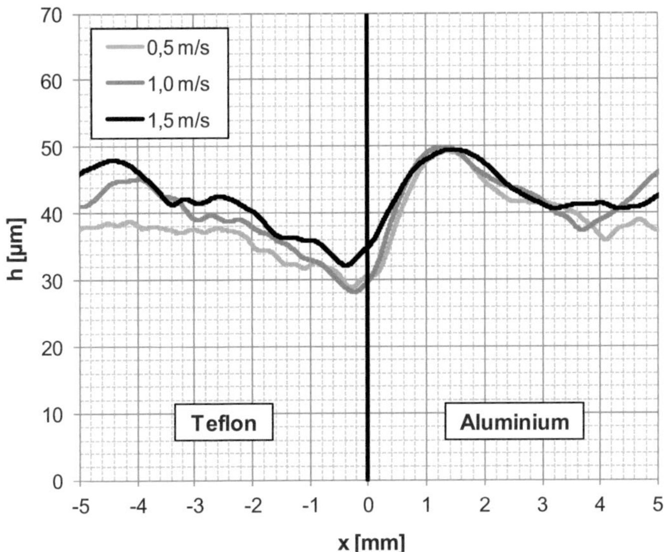

Abb. 3.14: Querprofilmessungen (Profilometer) entlang der Strömungsrichtung von trockenen Filmen (Methanol-Polyvinylacetat, $X_0 = 2\,g_{Methanol}/g_{PVAc}$) getrocknet bei 30°C Versuchstemperatur auf angeströmten Substratplatte aus Aluminium mit Tefloneinsatz bei unterschiedlichen Gasgeschwindigkeiten. Die Anströmung erfolgte von rechts.

Bei Variation der Überströmungsgeschwindigkeit zeigt sich kein signifikanter Einfluss auf die entstandenen Oberflächenstrukturen oberhalb des Werkstoff-übergangs. Lediglich bei der höchsten Strömungsgeschwindigkeit $u_0 = 1{,}5\ m/s$ ist der Einschnitt nach der Oberflächenwelle etwas weniger stark ausgeprägt. Dies könnte darauf hindeuten, dass die Beschleunigung der Trocknung bei der hohen Gasgeschwindigkeit die Ausbildung der Oberflä-chenstruktur beeinträchtigt. Bei der Betrachtung der gemessenen Referenz-höhen und der aus den rekonstruierten Oberflächen ermittelten Zeitpunkte der ersten Deformation oberhalb des Werkstoffübergangs in Abb. 3.15 ist zu erkennen, dass die Trocknung der Polymerlösung und die Entstehung der Oberflächenstrukturen mit steigender Strömungsgeschwindigkeit deutlich beschleunigt wird. Die Schrumpfung der Filme bis zum Zeitpunkt der ersten

Deformation erhöht sich mit steigender Gasgeschwindigkeit von 28 % auf 30 %. Dies ist ein weiterer Anhaltspunkt dafür, dass für die Entstehung der Oberflächenwelle eine höhere treibende Kraft notwendig ist.

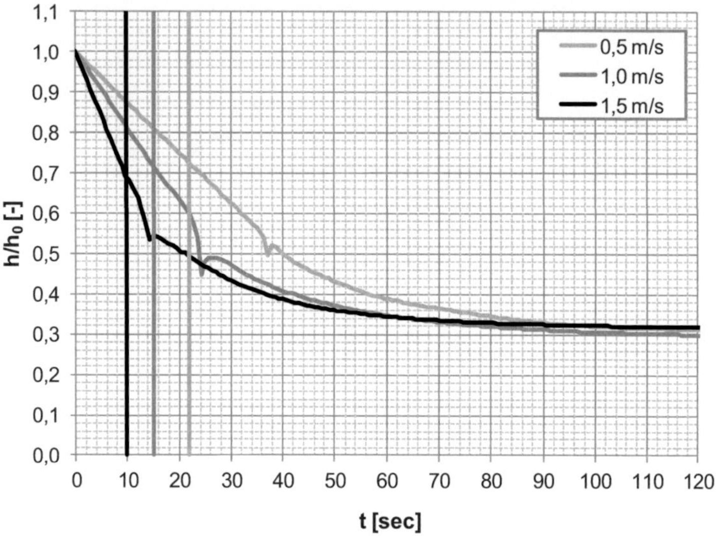

Abb. 3.15: Gemessene Referenzhöhen bei den Versuchen mit variierter Anström-geschwindigkeit (Methanol-Polyvinylacetat, $X_0 = 2\,g_{Methanol}/g_{PVAc}$, $T = 30°C$) getrocknet auf einer Substratplatte aus Aluminium mit Tefloneinsatz. Der Messpunkt liegt 5 mm vor dem Tefloneinsatz oberhalb der Aluminiumplatte. Die senkrechten Linien markieren die Zeitpunkte bei denen, in den jeweiligen Versu-chen, die ersten Oberflächendeformationen an dem Werkstoffübergang auftraten.

Den Ergebnissen der separaten eindimensionalen Simulationen der Trock-nung nach verstärken sich die Temperaturgradienten geringfügig. Zum Zeitpunkt der ersten Deformation oberhalb des Werkstoffübergangs zwischen dem Tefloneinsatz und der restlichen Substratplatte ist die Temperatur der Filmoberfläche demnach mit steigender Gasgeschwindigkeit von 23 auf 22°C gesunken (vgl. Kapitel A 2.4). Demzufolge ist für die Entstehung der Oberflächenwelle bei einer schnelleren Trocknung durch die Erhöhung der Anströmgeschwindigkeit, aber gleichbleibender Versuchstemperatur, eine höhere Triebkraft nötig um eine Verformung der Oberfläche oberhalb der Werkstoffübergangs auszulösen. Allerdings ist der Einfluss nur wenig ausgeprägt. Somit bietet sich über die Erhöhung der Gasgeschwindigkeit keine Möglichkeit, die Oberflächenstruktur deutlich zu beeinflussen oder gar zu verhindern.

3.4.2 Versuche mit dem Stoffsystem Toluol-Polyvinylacetat

Die Versuche wurden mit dem Stoffsystem Toluol-Polyvinylacetat mit einer Anfangsbeladung von $X_0 = 2\,g_{Toluol}/g_{PVAc}$ durchgeführt. Alle Versuche wurden bei einer Trocknungstemperatur $\vartheta = 30°C$ durchgeführt. Die Anströmgeschwindigkeit der Substratplatte wurde von 0,5 m/s auf 1,5 m/s erhöht. Beim Stoffsystem Toluol-Polyvinylacetat konnte bereits bei der Beschleunigung der Trocknung durch die Erhöhung der Versuchstemperatur eine geringfügige Veränderung der Oberflächendeformation beobachtet werden. Die Erhöhung der Gasgeschwindigkeit hat ebenfalls einen Einfluss auf die Deformation der Oberfläche oberhalb des Werkstoffübergangs zwischen dem Tefloneinsatz und der restlichen Substratplatte aus Aluminium.

In Abb. 3.16 sind die entsprechenden, mittels des Profilometers gemessenen Querprofile der trockenen Filme abgebildet. Mit zunehmender Gasgeschwindigkeit und somit beschleunigter Trocknung bei gleichbleibender Trocknungstemperatur werden die gemessenen Oberflächenstrukturen kleiner. Die Oberfläche des Polymerfilms nach der Trocknung mit der schnellsten Anströmung ($u_0 = 1,5$ m/s) zeigt im Gegensatz zu den anderen Versuchen eine zweite, deutlich sichtbare Oberflächenwelle in Anströmungsrichtung vor der üblicherweise Vorhandenen.

Die bereits bei den Versuchen mit variierter Trocknungstemperatur formulierte Vermutung, dass die Entstehung der Oberflächenwelle erst durch die zusätzlichen Gradienten / Störungen der „wandernden Trocknungsfront" „angestoßen" wird, scheint sich bei der Betrachtung der rekonstruierten Oberflächen bei erhöhter Gasgeschwindigkeit zu bestätigen (vgl. Anhang A 2.5). Bei der Erhöhung der Anströmgeschwindigkeit (1,0 m/s und 1,5 m/s) ist die Verformung oberhalb des Werkstoffübergangs erst nach dem Durchwandern der kleinen Strukturen aufgrund der Trocknungsfront zu erkennen.

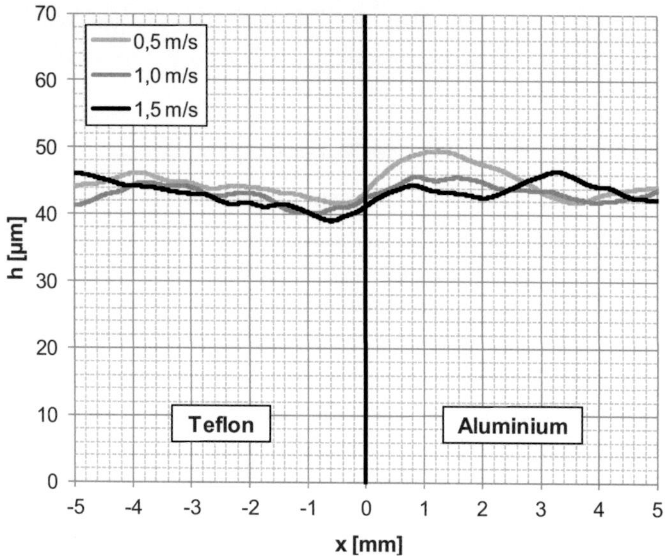

Abb. 3.16: Querschnitte (Profilometer) entlang der Strömungsrichtung von trockenen Filmen (Toluol-Polyvinylacetat, $X_0 = 2\,g_{Toluol}/g_{PVAc}$) getrocknet bei 30°C Versuchstemperatur auf der Substratplatte aus Aluminium mit Tefloneinsatz bei unterschiedlichen Überströmungsgeschwindigkeiten. Die Anströmung erfolgte von rechts. Die Gasgeschwindigkeit beeinflusst den gasseitigen Transport von Lösemittel und Wärme und somit die Trocknung sowie das Abkühlen des Substrates.

In der Abb. 3.17 sind die gemessenen Referenzhöhenverläufe mit den Zeitpunkten der ersten Deformation der Oberflächenwelle aus der Betrachtung der rekonstruierten Oberflächen dargestellt. Hierbei ist zu erkennen, dass der Zeitpunkt der ersten Deformation erst nach dem Knick in der Messkurve liegt, der auf das Durchwandern der Trocknungsfront zurückzuführen ist.

Bei der Betrachtung der Bilderfolgen der rekonstruierten Oberflächen scheint die Oberfläche vor dem Durchwandern der Trocknungsfront „unter Spannung" zu stehen (vgl. Abb. 8.23 und Abb. 8.25). Erst durch die Störung der Oberfläche aufgrund der Trocknungsfront wird die Welle oberhalb des Werkstoffübergangs zwischen dem Tefloneinsatz und der Substratplatte aus Aluminium „ausgelöst". Dies kann an der stärker ausgetrockneten Oberfläche der Filme liegen. Das Austrocknen der Oberfläche (= Hautbildung) ist durch die Erhöhung der Gasgeschwindigkeit bei gleichbleibender Temperatur deutlich stärker ausgeprägt. Dies ist darauf zurückzuführen, dass der gasseitige Stoffübergang im Gegensatz zur Diffusion im Film beschleunigt wird. Die Störungen der Oberfläche durch die wandernde Trocknungsfront brechen scheinbar die ausgetrocknete Oberfläche auf. Erst hierdurch kommt es zur spontanen Ausbildung der Oberflächenstrukturen im Film oberhalb des Werkstoffübergangs zwischen dem Tefloneinsatz und der Substratplatte aus Aluminium. Bei dem Versuch mit 1,5 m/s werden auf diese Weise beide Wellen während dem Durchwandern der Trocknungsfront über den Film initiiert (vgl. Abb. 8.25).

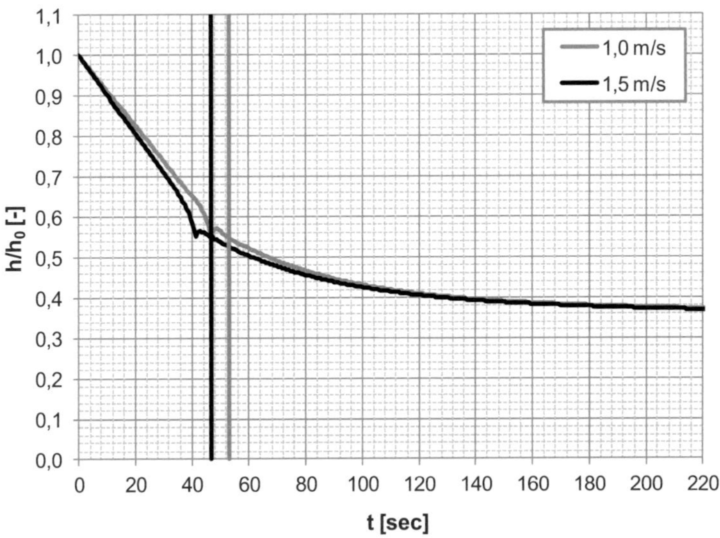

Abb. 3.17: Gemessene Referenzhöhen bei den Versuchen mit variierter Anström-geschwindigkeit (Toluol-PVAc, $X_0 = 2\ g_{Toluol}/g_{PVAc}$, $T = 30°C$) getrocknet auf der Substratplatte aus Aluminium mit Tefloneinsatz. Der Messpunkt liegt 5 mm vor dem Tefloneinsatz oberhalb der Aluminiumplatte. Die senkrechten Linien markieren die Zeitpunkte bei denen, in den jeweiligen Versuchen, die erste Oberflächendeformation oberhalb des Werkstoffübergangs auftrat.

3.5 Zusammenfassung der Versuchsergebnisse

Die Visualisierung der Oberflächenverformungen während der Trocknung haben einige erstaunliche Phänomene aufgedeckt. Die beobachteten Sekundärstrukturen (Rippling), die sich mit der „wandernden Trocknungsfront" über den Film schieben und dabei die Bildung von größeren Strukturen „lostreten" können, waren zu Beginn der Arbeit nicht erwartet worden.

Anhand der vorgestellten Versuche konnte eindeutig belegt werden, dass die Strukturbildung während der Trocknung durch Oberflächenspannungsgradienten aufgrund von Konzentrationsunterschieden getrieben ist und sich deutliche Oberflächenstrukturen aufbauen können. Die oberflächenspannungsgetriebenen Stoffströme, die zur Entstehung der Oberflächenstrukturen führen, konnten in Zusammenarbeit mit einer Arbeitsgruppe des 'Institut für Mechanische Verfahrenstechnik und Mechanik – Bereich Angewandte Mechanik' im Film während der Trocknung lokal aufgelöst visualisiert und somit bestätigt werden.

Der hemmende Einfluss der Hautbildung beim Stoffsystem Toluol-Polyvinylacetat konnte beobachtet werden, allerdings wurde die Bildung von Oberflächenstrukturen nicht gänzlich unterdrückt. Bei dem Stoffsystem Methanol-Polyvinylacetat konnte durch die Variation der Trocknungsparameter – Temperatur und Anströmgeschwindigkeit – die Ausprägung der Oberflächenstrukturen nicht signifikant verringert werden.

Die Visualisierungstechnik wurde im Rahmen der Arbeit soweit ausgebaut, dass die rekonstruierten Oberflächenprofile in ihrer Form und ihrem zeitlichen Ablauf gut wiedergegeben werden können. Aus der Analyse der einzelnen Bildfolgen konnten interessante Rückschlüsse gezogen werden. Zudem ergibt sich die Möglichkeit numerische Ergebnisse einer fluiddynamischen Betrachtung der Filmvorgänge mittels der aufgebauten in-situ Visualisierung zu evaluieren.

4 Modellhafte Beschreibung der nicht-isothermen Trocknung

Die modellhafte Beschreibung von Konvektionsströmungen in dünnen Polymerfilmen während der Trocknung ist eine komplexe Aufgabe, da sich mehrere Stoffgrößen und Parameter um Größenordnungen verändern können und dies auf unterschiedlichen Längenskalen stattfindet. So müssen zum einen Gradienten über die Filmhöhe mit hoher Auflösung im Mikrometerbereich dargestellt werden, andererseits muss aber auch die Ausbildung von Gradienten in lateraler Richtung im Film auf einer Längenskala von einigen Millimetern betrachtet werden. Aufgrund dieser Komplexität wird in dieser Arbeit nur ein Ausschnitt der numerischen Problemstellung betrachtet. Es wird Trocknung unter Vernachlässigung lateraler Stoff- und Wärmeströme beschrieben, jedoch nicht isotherm beschrieben. Die Vernachlässigung lateraler Stoffströme ist ohne bzw. bis zum Zeitpunkt des Auftretens von Konvektionsströmungen gerechtfertigt. Ziel ist es den Zustand bis dahin zu kennen und mit dem Auftreten von in-situ gemessenen oberflächenspannungsgetriebenen Strömungen zu korrelieren. Die Simulation der Trocknung wird die Ausbildung von Temperatur- und Konzentrationsprofilen im Polymerfilm senkrecht zur Oberfläche bei der Trocknung auf geschichteten Substraten darstellen. Ausgangspunkt für die Simulation der Trocknung ist das Simulationsprogramm zur Beschreibung isothermer Trocknungsvorgänge aus früheren und darauf weiterentwickelten Arbeiten (*Schabel et al., 2003*; *Schabel, 2004*; *Scharfer et al., 2008*), welches an die geänderten Randbedingungen angepasst und um neue Erkenntnisse im Bereich des Stofftransportes in der Gasphase weiterentwickelt und stetig ergänzt wurde.

In diesem Kapitel werden zunächst die Grundsätze dieser Simulation kurz beschrieben und die Besonderheiten erklärt. Für eine detaillierte Beschreibung des Grundgerüsts des Simulationsprogrammes wird auf *Schabel (2004)* und genannten Literaturstellen verweisen. Es werden die für diese Arbeit durchgeführten Änderungen im Kapitel 4.2 beschrieben.

4.1 Simulation einer isotherme Simulation

Eine isotherme Simulation eines Trocknungsvorgangs betrachtet den Film mit einer konstanten Temperatur, sowohl in axialer als auch in lateraler Richtung. Die Oberfläche ist homogen und eben. Laterale Ausgleichströme und oberflächenspannungsgetriebene Konvektionsvorgänge werden nicht berücksichtigt. Die Trocknung wird als Stofftransport des Lösemittels im Film und in der Gasphase, die über das thermodynamische Gleichgewicht an der Phasengrenze miteinander gekoppelt sind, beschrieben.

Der **<u>Stofftransport in der Gasphase</u>** wird über die Stefan-Maxwell-Gleichungen beschrieben (siehe z. B. *Bird, Stewart, Lightfoot, 1960*). Der auf molekularer Reib- und Stoßtheorie begründete Ansatz ermöglicht die Berücksichtigung von Schleppströmen und hat sich für die Beschreibung von Transportvorgängen in der Gasphase bewährt. Für binäre Systeme und einseitige Diffusion bei der Trocknung ergibt sich hierbei folgende Gleichung (*Schlünder, 1984*):

$$\dot{m}_i = \widetilde{M}_i \cdot \beta_{i,g} \cdot \tilde{\rho}_g \cdot ln\left(\frac{1-\tilde{y}_{i,\infty}}{1-\tilde{y}_{i,Ph}}\right) \tag{4.1}$$

$\widetilde{M}_i$ = molare Masse der Komponente i

$\beta_{i,g}$ = Stoffübergangskoeffizient der Komponente i in der Gasphase

$\tilde{\rho}_g$ = molare Dichte des Gases

$\tilde{y}_{i,\infty}$ = Molenbruch der Komponente i in der Glasphase außerhalb der Grenzschicht

$\tilde{y}_{i,Ph}$ = Molenbruch der Komponente i in der Gasphase an der Phasengrenze

Der Einfluss des Strömungsfeldes, der sich in der Ausbildung einer Grenzschichtdicke äußert, geht in den Stoffübergangskoeffizient $\beta_{i,g}$ ein. Eine genaue Beschreibung der Strömungsverhältnisse und somit des Stoffübergangskoeffizienten ist daher sehr wichtig. Für viele Geometrien gibt es bereits Korrelationen, die den Stoffübergangskoeffizient für den jeweiligen Aufbau in Abhängigkeit der Randbedingung beschreiben. In ausführlichen eigenen Arbeiten zu diesem Aspekt (Anhang A 5) stellte sich heraus, dass bei eher gasseitig kontrolliert trocknenden Stoffsystemen ein lokaler und evtl. korrigierter Wert die Beschreibung deutlich verbessert. Im Rahmen dieser Arbeit wurde die Geometrie der Anströmplatte dahingehend durch Modellrechnungen und Messungen optimiert (beidseitige Anschrägung der Platte auf 10°) und der Einfluss des Strömungsfeldes auf den Film mittels einer fluiddynamischen Betrachtung überprüft (Anhang A 5.5). Hieraus ergab sich, dass für die in dieser Arbeit verwendete Geometrie der Strömungsplatte die analytisch hergeleitete Sherwood-Korrelation nach *Brauer (1971)* für den <u>lokalen</u> Stofftransport an einer überströmten Platte verwendet werden kann (siehe Gleichung (8.14)). Die Überprüfung für die hier verwendeten Stoffsysteme und die Ergebnisse der fluiddynamischen Betrachtung (Anhang A 5.5) haben gezeigt, dass es kaum Abweichungen der Korrelation gibt.

Das **<u>Phasengleichgewicht</u>** der verwendeten Stoffsysteme, wurde in vorangegangen Arbeiten bereits sehr intensiv untersucht. Phasengleichgewichtsmessungen werden mit Hilfe einer Sorptionsapparatur mit Magnetschwebekupplung durchgeführt. Die experimentellen Ergebnisse konnten hierbei sehr gut mit dem prädiktiven UNIFAC-FV Modell nach *Oishi & Prausnitz (1978)* beschrieben werden. Diese erweiterte Gruppenbeitragsmethode teilt die Moleküle der Lösung in funktionelle Gruppen ein, die unterschiedliche Wechselwirkungs-, Oberflächen- und Volumenparameter haben. Da dieser Ansatz jedoch sehr aufwändig ist, wurde für das Simulationsprogramm ein einfacheres Modell bevorzugt. Um dennoch eine gute Übereinstimmung erreichen zu können, wurden die experimentellen Ergebnisse durch Anpassung des Wechselwirkungsparameters $\chi_{i,P}$ als Funktion des Volumenanteils des Lösemittels φ_i mit dem Flory-Huggins Modell (*Flory, 1958*) korreliert. Für ein binäres Polymersystem (Lösemittel „i" und Polymer „P"), bei dem die Bedingung $\tilde{V}_i \ll \tilde{V}_P$ gut erfüllt ist, gilt der nachfolgende, in der Literatur weitverbreitete Ansatz:

$$ln\, a_i = ln\, \varphi_i + (1 - \varphi_i) + \chi_{i,P} \cdot (1 - \varphi_i)^2 \tag{4.2}$$

a_i = Aktivität der Komponente i

φ_i = Volumenbruch der Komponente i

$\chi_{i,P}$ = Parameter zur Beschreibung der Wechselwirkungen der Komponente i mit dem Polymer P

Für die hier verwendeten Stoffsysteme wurden folgende Wechselwirkungsparameter $\chi_{i,P}$ (*Schabel et al., 2007*) angepasst:

Für <u>Methanol</u>-Polyvinylacetat (PVAc):

$$\chi_{Methanol,PVAc} = 1{,}1 \cdot \varphi_{Methanol}^2 - 1{,}9 \cdot \varphi_{Methanol} + 1{,}3 \tag{4.3}$$

Für <u>Toluol</u>-Polyvinylacetat (PVAc):

$$\chi_{Toluol,PVAc} = -0{,}35 \cdot \varphi_{Toluol} + 0{,}85 \tag{4.4}$$

Dieses relativ einfach konzipierte Modell kann bequem in Simulationsrechnungen implementiert werden.

Bei der Beschreibung des Films während der Trocknung wird die **Schrumpfung des Films** aufgrund der Verdunstung des Lösemittels durch die Wahl eines geeigneten (mit bewegten) Koordinatensystems berücksichtigt (*Wagner, 2000, Schabel, 2004*; *Scharfer et al., 2008*). Dabei wird das volumenbezogene Koordinatensystem durch ein polymermassenbezogenes ersetzt (*Hartley & Crank, 1949*). Dies ist sinnvoll, da die Masse des Polymers über den Verlauf der Trocknung konstant bleibt und sich nur die Masse des Lösemittels verändert. Randbedingungen, die normalerweise bei der Schrumpfung des Filmes einen ortsabhängigen Term beinhalten müssten, bleiben durch die Überführung in ein polymermassenbezogenes Koordinatensystem unverändert. Somit ist die mathematische Lösung der resultierenden gekoppelten Differentialgleichungen wesentlich vereinfacht.

Die **Diffusion im Film** wird durch die Fick'sche Diffusion beschrieben (*Fick, 1855*). Aufgrund des geänderten Koordinatensystems, muss auch die Form des Fick'schen Gesetzes angepasst werden. Für eine genaue Herleitungen sei auf die Arbeiten von *Crank (1968)* und *Wagner (2000)* verwiesen. Für ein binäres Stoffsystem ergibt sich für den diffusiven Lösemittelstrom im polymermassenbezogenen Koordinatensystem daraus folgende Gleichung:

$$j_i^P = -D_{ii}^P \cdot \frac{\partial \rho_i^P}{\partial \zeta} = -D_{ii}^P \cdot \frac{1}{\widehat{V}_P} \cdot \frac{\partial X_i}{\partial \zeta} \tag{4.5}$$

D_{ii}^P = Fick'scher Diffusionskoeff. (polymermassenbez. Koordinaten)

ρ_i^P = polymermassenbez. Dichte des Lösemittels i $\left(\rho_i^P = \frac{M_i}{V_P} = \frac{X_i}{\widehat{V}_P} \right)$

ζ = polymermassenbezogene Koordinate in Diffusionsrichtung

$\widehat{V}_P$ = spezifisches Volumen des Polymers $\left(\widehat{V}_P = konstant \right)$

X_i = Lösemittelbeladung des Polymers $\left(X_i = \frac{M_i}{M_P} \right)$

Durch diese Festlegung des Koordinatensystems ergibt sich trotz der Schrumpfung auch kein Stoffstrom des Polymers im Film, es gilt Stoffstrom und Diffusionsstrom ($j_P^P = 0$) für das Polymer ist Null. Der Zusammenhang zwischen dem Fick'schen Diffusionskoeffizient im volumenbezogenen Koordinatensystem D_{ii}^V und dem auf die Polymermasse bezogenen Diffusionskoeffizienten D_{ii}^P erhält man aus einem Vergleich der beiden Ströme j_i^V und j_i^P und anschließender Koordinatentransformation. Daraus ergibt sich für ein binäres System, welches nur eindimensional schrumpft, folgender einfacher Zusammenhang (*Hartley & Crank, 1949*):

$$D_{ii}^P = D_{ii}^V \cdot \varphi_P^2 = D_{ii}^V \cdot (1 - \varphi_i)^2 \tag{4.6}$$

Aus dem kinetischen Ansatz nach Gleichung (4.5) zusammen mit der Massenbilanz um ein infinitesimal kleines Volumenelement kann die nachfolgend dargestellte Differentialgleichung zur Beschreibung der instationären Lösemitteldiffusion hergeleitet werden:

$$\frac{\partial X_i}{\partial t} = \frac{\partial}{\partial \zeta}\left(D_{ii}^P \cdot \frac{\partial X_i}{\partial \zeta} \right) \tag{4.7}$$

Die <u>Diffusionskoeffizienten</u> wurden aus der Anfangskinetik von Sorptionsmessungen bei einer Temperatur von 40°C für die beiden verwendeten Stoffsysteme angepasst (*Mamaliga et al., 2004*). Hierbei wurde die Freie-Volumen-Theorie nach *Vrentas & Duda (1977)* verwendet. Dieses Modell benötigt für ein binäres Stoffsystem jedoch 11 freie Parameter. Durch eine geschickte Gruppierung und die Vorberechnung einiger der Parameter aus

Gruppenbeitragsmethoden, Viskositäts- und Reinstoffdaten nach *Zielinski & Duda (1992)*, bleiben immer noch 2 Parameter zur Anpassung an Messdaten übrig, deren Vorhersage allerdings mit sehr großen Unsicherheiten belegt sind. Diese beiden Parameter $D_{0,i}$ und $\xi_{i,P}$, die zudem einen großen Einfluss auf den Verlauf des Diffusionskoeffizienten haben, werden zur Anpassung an Messdaten verwendet.

$$D_{ii}^V = D_{0,i} \cdot exp\left(-\frac{x_i \cdot \hat{V}_i^* + \xi_{i,P} \cdot x_P \cdot \hat{V}_P^*}{\hat{V}^{FH}/\gamma_{1,P}}\right) \tag{4.8}$$

$D_{0,i}$ = vorexponentieller Faktor (experim. Anpassungsparameter)

x_i = Massenbruch der Komponente i (P = Polymer)

$\hat{V}_i^*$ = benötigtes (spezif. freies) Lückenvolumen der Komponente i

$\xi_{i,P}$ = Verhältnis der molaren Volumina der „jumping units"

      (experimenteller Anpassungsparameter)

$\hat{V}^{FH}$ = vorhandenes mittleres (spezifisches freies) Lückenvolumen

$\gamma_{1,P}$ = Überlappungsfaktor

Hierbei berechnet sich das vorhandene mittlere (spezifische freie) Lückenvolumen oberhalb der Glasübergangstemperatur T_g der binären Polymerlösung nach *Vrentas & Duda (1977)* wie folgt:

$$\hat{V}^{FH} = x_i \cdot \hat{V}_i^{FH} + x_P \cdot \hat{V}_P^{FH} \tag{4.9}$$

$$= x_i \cdot K_{I,i} \cdot \left(K_{II,i} - T_{g,i} + T\right) + x_i \cdot K_{I,P} \cdot \left(K_{II,P} - T_{g,P} + T\right)$$

Die zusammengesetzten Freie-Volumen-Parameter $K_{I,i}$ und $K_{II,i}$ beschreiben das Expansionsverhalten der Komponente i in Abhängigkeit der Glasübergangstemperatur $T_{g,i}$ und der Temperatur der Polymerlösung T in Kelvin.

Die Stoffwerte zur Berechnung der einzelnen Parameter und die angepassten Parameter sind im Anhang A 3.6 dargestellt. Aktuelle Messungen des Diffusionskoeffizienten von Methanol in Polyvinlyacetat wurden bei 20°C von *Müller (2009)* an gemessene Konzentrationsprofile neu ermittelt (*Peters et al., 2010*). *Müller (2009)* verwendet hierfür einen Exponentialansatz, um den Diffusionskoeffizienten anzupassen. Für 20°C ergibt sich für das binäre

Stoffsystem Methanol-Polyvinylacetat folgender Verlauf des Diffusionskoeffizienten als Funktion der Lösemittelbeladung des Polymers:

$$D^V_{Methanol}(\vartheta = 20°C)/\left(\frac{m^2}{s}\right) = exp\left(-\frac{33,2+436\cdot X_{Methanol}}{1+19,545\cdot X_{Methanol}}\right) \tag{4.10}$$

Der Diffusionskoeffizienten für den Temperaturbereich von 20 bis 40°C wurde hier vereinfachend durch eine lineare Interpolation berechnet. Dabei werden die an Messungen angepasste Diffusionskoeffizienten *Schabel (2004)* und *Müller (2009)* verwendet.

Basierend auf den vorgestellten Modellen ist es möglich, eine isotherme Polymerfilmtrocknung ohne laterale Ausgleichsströmungen und Konvektionsvorgänge zu berechnen.

Ziel der hier vorliegenden Arbeit war es, das Simulationsprogramm derart zu erweitern, um die Berechnung einer nicht-isothermen Trocknung unter Berücksichtigung der Abkühlung des Substrates zu ermöglichen, um den Einfluss der Temperatur und der Konzentration auf sich ausbildende Oberflächenspannungsgradienten auch modellhaft beschreiben zu können und mit in-situ Messungen zu vergleichen. Dies ist von besonderer Bedeutung, da die Abkühlung des Substrates und die dabei auftretenden, lateralen Temperaturunterschiede und Konzentrationsunterschiede die Triebkräfte für oberflächenspannungsgetriebene konvektive Stoffströme sind. Für diese Anforderung müssen die Transportgleichungen für den Wärme- und Stofftransport gekoppelt gelöst werden. Der hierfür notwendige Solver muss parabolische, gekoppelte Differenzialgleichungen mit impliziten Randbedingungen 3. Art und nicht äquidistanten Stützstellenverteilung lösen. Die Stützstellen müssen zur Filmoberfläche hin stark verfeinert werden, damit starke zu erwartende Konzentrationsgradienten abgebildet werden können. Ein entsprechender Solver findet sich in der NAG-Bibliothek (Numerical Algorithms Group), die am Rechenzentrum des KIT zur Verfügung steht. Die NAG-Bibliothek beinhaltet Fortran-Programme zum Lösen verschiedenster Differenzialgleichungssysteme. Für die hier vorliegende Aufgabenstellung wird der Solver *D03PPF* verwendet.

Die Implementierung des Wärmetransports in Film und Substrat während der Trocknung in das Simulationsprogramm werden im nächsten Abschnitt näher erläutert.

4.2 Implementierung des Wärmetransports – Energiegleichung

Der Wärmetransport durch Wärmeleitung wird durch das Fourier'sche Gesetz beschrieben. Der Wärmestrom in einem Material mit der Wärmeleitfähigkeit λ aufgrund eines bestehenden Temperaturgradienten $\partial T/\partial z$ wird damit wie folgt beschreiben:

$$\dot{q} = -\lambda \cdot \frac{\partial T}{\partial z} \tag{4.11}$$

Aus der Energiegleichung für ein infinitesimal kleines Volumen leitet sich daraus das zweite Fourier'sche Gesetz herleiten.

$$\rho \cdot c_p \cdot \frac{\partial T}{\partial t} = \frac{\partial}{\partial z}\left(\lambda \cdot \frac{\partial T}{\partial z}\right) \tag{4.12}$$

ρ = Dichte des wärmeleitenden Materials

c_p = Wärmekapazität des wärmeleitenden Materials

λ = Wärmeleitfähigkeit des wärmeleitenden Materials

Diese Differenzialgleichung muss zusammen mit der Gleichung für den Stofftransport (Gleichung (4.7)) gekoppelt gelöst werden. Zum besseren Verständnis der Implementierung der Differenzialgleichungen und der Randbedingungen in das Simulationsprogramm ist in Abb. 4.1 eine Skizze der Konzentrations- und Temperaturverläufen im Polymerfilm und der Substratplatte dargestellt. Aufgrund der Art des Solvers werden die beiden Differenzialgleichungen für den Wärme- und Stofftransport sowohl im Film als auch in der Substratplatte gelöst. Daher muss jedoch der Stoffstrom in der Substratplatte durch eine geschickte Wahl der Initialisierungsparameter und der Randbedingungen verhindert werden. Realisiert wird dies, indem der Diffusionskoeffizient des Lösemittels in allen Substratschichten und der Massenstrom des Lösemittels am unteren Rand der Substratplatte zu Null gesetzt werden. Die Substratplatte ist in drei Abschnitte geteilt, für die unterschiedliche Stoffwerte und somit unterschiedliche Materialien implementiert werden können. Für die modellhafte Beschreibung des verwendeten experimentellen Aufbaus (siehe Abb. 2.3) wird die Oberschicht der Substratplatte als dünnes Glassubstrat verwendet, auf dessen Unterseite beim experimentellen Aufbau das Punktmuster aufgesprüht ist. Prinzipiell kann die

Simulation so auf noch weitere Schichten erweitert werden, denen dann während der Berechnung die entsprechenden Stoffdaten zugewiesen werden.

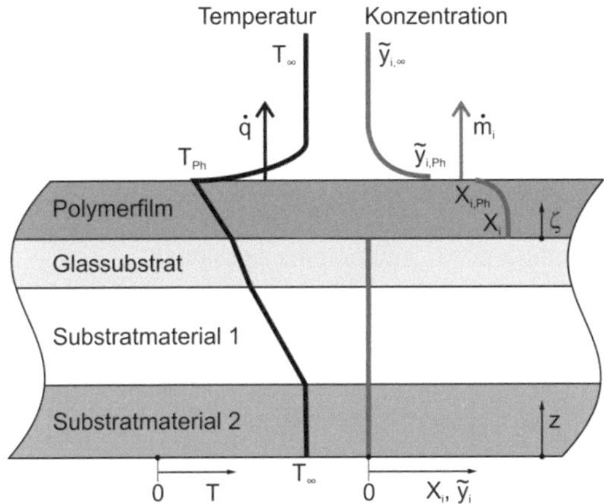

Abb. 4.1: Schematische Darstellung der Konzentrations- und Temperaturverläufe während der Trocknung in der Substratplatte und dem Polymerfilm.

Der **Wärmetransport in der Gasphase** wird in Analogie zum Stofftransport in der Gasphase über Nusselt-Korrelationen beschrieben. Mit Hilfe der Nusselt-Korrelation wird der Wärmeübergangskoeffizient α bestimmt. Ebenso wie beim Stoffübergangskoeffizienten muss hierbei eine lokale Betrachtung herangezogen werden. Es kann entsprechend der Analogie zwischen dem Wärme- und Stofftransport ($Sh \rightarrow Nu, Sc \rightarrow Pr$) die Gleichung (8.14) nach *Brauer (1971)* für die Berechnung von α verwendet werden. Somit ergibt sich ein konvektiver Wärmestrom an die Umgebung, der sich wie folgt beschreiben lässt:

$$\dot{q} = \alpha \cdot (T_{Ph} - T_\infty) \tag{4.13}$$

Die Erhöhung des konvektiven Wärmestroms aufgrund des verdunstenden Lösemittels muss jedoch beachtet werden. Dies geschieht mit Hilfe der Ackermann-Korrektur K_A (Gleichung (4.15)), welche die, durch die Wärmekapazität des verdunstenden Stoffes gespeicherte und transportierte, Energiemenge berücksichtigt. Zusätzlich zum konvektiven Wärmestrom muss auch die Energiemenge aufgebracht werden, die zur Verdunstung des Lösemittels an der Phasengrenze benötigt wird. Somit wird als Randbedingung an der Oberseite des Films folgender Gesamtwärmestrom angesetzt:

$$\dot{q} = \alpha \cdot K_A \cdot (T_{Ph} - T_\infty) + \dot{m}_i \cdot \Delta h_{v,i} \tag{4.14}$$

$$\text{mit} \quad K_A = \frac{\Phi}{1-e^{\Phi}} \quad \text{und} \quad \Phi = \frac{\dot{m}_i \cdot c_{p,i}}{\alpha} \tag{4.15}$$

Über diese Gleichung sind der Stofftransport und der Wärmetransport während der Trocknung direkt miteinander gekoppelt.

An der Unterseite der Substratplatte müsste ebenfalls ein konvektiver Wärmestrom angenommen werden. Da jedoch der Großteil der Substratplatte aus Aluminium besteht und sich Temperaturunterschiede sehr schnell ausgleichen, hat die Aluminiumplatte eine hohe „Speicherkapazität" (siehe Abb. 2.3). Zudem bedeckt der verdunstende Film nur ca. 1/3 der Oberseite der Substratplatte. Betrachtet man die Wärmekapazität der Substratplatte und die Verdampfungsenthalpie des gesamten Lösemittels im Film, so ergibt sich hieraus, dass sich die Substratplatte um maximal 3 K abkühlt. Bei dieser Betrachtung ist keine Wärmezufuhr aus dem Trocknungsgas berücksichtigt. Die eindimensionale Simulation wurde sowohl mit einem konvektiven Wärmeübergang als auch mit einer konstanten Temperatur, der Trocknungstemperatur auf der Unterseite der Substratplatte durchgeführt. Die Ergebnisse der beiden Simulationen zeigen, dass sich das Substrat bei der Annahme eines konvektiven Wärmeübergangs auf der Unterseite mit ca. 6 K deutlich stärker abkühlt als maximal abgeschätzt. Hingegen kühlt sich bei der Annahme einer konstanten Temperatur auf der Unterseite das Substrat nur um maximal 1 K ab. Dies ist entsprechend der durchgeführten Abschätzung und der Gegebenheiten des Versuchsaufbaus ein realistisches Ergebnis. Aus diesem Grund wurden die eindimensionalen Simulationen in dieser Arbeit mit der konstanten Trocknungstemperatur auf der Unterseite der Substratplatte gerechnet.

Zur Implementierung des Wärmetransports in die Trocknungssimulation müssen die beschriebenen Differenzialgleichungen für den Wärme- und Stofftransport und die entsprechenden Randbedingungen in den verwendeten Fortran-Solver *D03PPF* aus der NAG-Bibliothek in folgender Form überführt werden:

DGL:
$$\sum_{b=1}^{n} \left(P_{ab}\left(x, t, U_b, \frac{\partial U_b}{\partial x}\right) \cdot \frac{\partial U_b}{\partial t} \right) + Q_a\left(x, t, U_i, \frac{\partial U_a}{\partial x}\right) = x^{-m} \cdot \quad (4.16)$$
$$\frac{\partial}{\partial x}\left(x^m \cdot R_a\left(x, t, U_a, \frac{\partial U_a}{\partial x}\right) \right)$$

$$(4.17)$$

RB:
$$\theta_a(x, t) \cdot R_a(x, t, U, U_x) = \gamma_a(x, t, U, U_x)$$

Für jede der beiden Differenzialgleichungen ($n = 2$) muss die Gleichung (4.16) aufgestellt werden. Aus einem Parametervergleich mit den Differenzialgleichungen für den Stofftransport (4.7) und den Wärmetransport (4.12) erhält man die entsprechenden Koeffizienten zu:

Index „1" für Lösemittelbeladung des Polymers ➜ $U_1 = X_i$

Index „2" für die Temperatur ➜ $U_2 = T$

$m = 0$

Tab. 4.1: Parameter zur Implementierung der Differenzialgleichungen für den Stofftransport ($a = 1$) und Wärmetransport ($a = 2$) in den Fortran-Solver D03PPF.

P_{ab}	$b = 1$	$b = 2$	Q_a	R_a
$a = 1$	1	0	0	$D_{ii}^{P} \cdot \dfrac{\partial U_1}{\partial x}\left(= D_{ii}^{P} \cdot \dfrac{\partial X_i}{\partial \zeta}\right)$
$a = 2$	0	$\rho_i \cdot c_{p,i}$	0	$\lambda_i \cdot \dfrac{\partial U_2}{\partial x}\left(= \lambda_i \cdot \dfrac{\partial T}{\partial z}\right)$

Für die Randbedingungen wird an der Filmoberfläche (oberer Rand) der Stoffstrom bzw. Wärmestrom in der Gasphase (Gl. (3.1) und (4.14)) mit den Strömen im Film (Gl. (4.5) und (4.11)) gleichgesetzt. An der Unterseite wird der Stoffstrom des Lösemittels zu Null gesetzt. Die Temperatur an der Unterseite der Substratplatte (unterer Rand) wird, aus bereits genannten Gründen gleich der Trocknungstemperatur T_∞ gesetzt. Somit ergeben sich die in Tab. 4.2 aufgeführten Parameter für Gleichung (4.17).

Die Stoffparameter ρ_i, $c_{p,i}$, D_{ii}^P und λ_i müssen für die einzelnen Schichten (Polymerfilm, Glassubstrat, Substrat 1 und 2) separat definiert werden. Dies wird durch eine Zuordnung zu den entsprechenden Stützstellen erreicht. Der Diffusionskoeffizient des Lösemittels D_{ii}^P wird hierbei in allen Substratschichten zu Null gesetzt. Auf diese Weise findet der Stofftransport nur im Polymerfilm statt, obwohl die Differenzialgleichungen in allen Schichten gekoppelt gelöst werden.

Da sich die Stoffdaten im Film aufgrund der Temperatur- und Konzentrationsabhängigkeit ändern, müssen diese jeweils neue berechnet werden. Der Diffusionskoeffizient wird hierbei, wie bereits oben beschrieben, aus den Gleichungen (4.8) und (4.10) berechnet und linear interpoliert. Die restlichen Stoffwerte der <u>binären</u> Polymerlösung werden entsprechend der lokalen, momentanen Zusammensetzung aus den Reinstoffwerten bei der entsprechenden Temperatur gemittelt (*VDI-Wärmeatlas, 2008*). Die verwendeten Stoffdaten und Mittelungsansätze sind im Anhang A 3 aufgeführt.

Tab. 4.2: Parameter für die im Fortran-Solver D03PPF implementierten Randbedingungen. Der obere Rand ist die Filmoberfläche, der untere Rand ist die Unterseite der Substratplatte.

		oberer Rand	unterer Rand
Stofftransport	θ_1	$-\dfrac{1}{\widehat{V}_P}$	$-\dfrac{1}{\widehat{V}_P}$
	γ_1	$\dot{m}_i$ (Gl. (4.1))	0
Wärmetransport	θ_2	-1	0
	γ_2	$\dot{q}$ (Gl. (4.14))	$U_2 - T_\infty \; (= T - T_\infty)$

Auf diese Weise ist es somit möglich, die Trocknung eines Polymerfilms auf einem mehrschichtigen Substrat zu berechnen. Durch den Vergleich von

Simulationsergebnissen mit und ohne Zwischenschicht aus einem Kunststoff (Teflon) kann eine gute Abschätzung über auftretende <u>laterale</u> Temperatur- und Konzentrationsunterschiede während eines Versuches zum Einfluss eines inhomogenen Wärmeeintrages in einen Film (hier: Teflon-Aluminium-Substrat) durchgeführt werden. Dies ist für die Erarbeitung von Interpretations- und Modelansätze sehr wichtig, da weder Temperatur noch Konzentrationsunterschiede in einem solchen Versuchsaufbau messtechnisch zugänglich sind. Zusätzlich bietet die Simulation die Möglichkeit, verschiedene Substratkombinationen und die dabei auftretenden Temperaturverteilungen während der Trocknung zu verglichen. Dies gibt u.a. wichtige Aufschlüsse z. B. über die Herstellung halbleitenden Schichten für organische LEDS oder Polymersolarzellen, da hier strukturierte, mit Leiterbahnen versehene Substrate flächig beschichtet und getrocknet werden müssen. Für zukünftige numerische Beschreibungen ist es interessant, die hier beschriebene Trocknungssimulation mit der vorgestellten fluiddynamischen Betrachtung der Gasphase zu koppeln. Eine derartige Simulation wäre dann in der Lage, den Einfluss von diffusionskontrollierten Prozessen und das Entstehen von lokalen Trockenflächen im Film während der Trocknung vorherzusagen.

Die vorgestellte modellhafte Beschreibung der nicht-isothermen Trocknung ohne laterale Ausgleichströmungen wurde für die Interpretation der Versuchsergebnisse (siehe Kapitel 3) herangezogen. Dadurch war es möglich, die Ergebnisse der in-situ Visualisierung der Oberflächendeformationen während der Trocknung dünner Filme besser einzuordnen und erste Abschätzungen bezüglich der auftretenden Triebkräfte anzustellen. Im nächsten Kapitel wird die hier vorgestellte modellhafte Beschreibung der Trocknung verwendet, um den Einfluss des Substrataufbaus auf die Trocknung zu diskutieren. Hierzu werden die Simulationsergebnisse der Trocknung auf unterschiedliche dicken, schlecht wärmeleitenden Zwischenschichten im Substrat vorgestellt.

5 Vergleich und Interpretation anhand der modellhaften Beschreibung

In diesem Kapitel werden anhand der vorgestellten, modellhaften Beschreibung der nicht-isothermen Trocknung auf mehrschichtigen Substraten (siehe Kapitel 4) der Einfluss von Abkühlungseffekten auf unterschiedlich aufgebauten Substraten diskutiert. Die in dieser Arbeit vorgestellten Versuche haben gezeigt, dass Inhomogenitäten bzgl. der Temperatur-, Konzentrationsverteilung und der Gasströmung die Trocknung lokal beeinflussen und zu Oberflächenstrukturen aufgrund von oberflächenspannungsgetriebenen Konvektionsströmungen führen können.

5.1 Abschätzungen zu Trocknungseffekten bei mehrlagigen Substraten

Für die Parameterstudie wurde das Stoffsystem Methanol-Polyvinylacetat verwendet. An dieser Stelle soll darauf hingewiesen werden, dass es bei den diskutierten Trocknungseffekten auf das jeweilige Stoffsystem ankommt. Aus der Parameterstudie kann trotz der Festlegung auf dieses eine Stoffsystem abgelesen werden, welche Einflüsse prinzipiell vorhanden sind und dann im Speziellen überprüft werden müssen.

Die Parameterstudie anhand der eindimensionalen Trocknungssimulation soll Aufschluss darüber geben, wie stark eine dünne, wärmeleitende Schicht, z. B. eine Leiterbahn, die Trocknung der flüssig applizierten Schicht beeinflusst. In Kombination mit den Erkenntnissen aus den experimentellen Versuchen können dann Rückschlüsse gezogen werden, ob sich hieraus eine Verformung der Oberfläche ergeben würde oder nicht. Hierzu wird ein mehrschichtiges Substrat in die Simulation implementiert, das auf einer 2 mm dicken Aluminiumschicht aufbaut. Diese Schicht könnte im Prozess einem Transportband entsprechen, welches für eine homogene Temperaturverteilung sorgen soll. Als zweite Schicht kommt eine Kunststoffschicht für die in der Simulation die Stoffwerte von Teflon eingesetzt werden. Die Dicke dieser Schicht wurde zwischen 0,5 mm und 2 mm variiert. Diese Folie würde bei dem Bauteil der Trägerfolie entsprechen. Direkt unter dem zu trocknenden

Polymerfilm befindet sich eine metallische Leiterbahn (Aluminium) unterschiedlicher Dicke (0,1 – 1 mm). Im Anwendungsfall sind derartig aufgedampfte Leiterbahnen noch dünner. Die im Fortran-Solver D03PPF implementierten Trocknungsbedingungen wurden konstant gehalten, wobei eine Trocknungs- / Umgebungstemperatur von 30°C und eine Überströmungsgeschwindigkeit von 0,5 m/s angesetzt wurde. Dies entspricht einem Wärmeübergangskoeffizienten von etwa $7,2\ W/(m^2 \cdot K)$.

Um den Einfluss der Schichtdicke des Filmes zu zeigen, wurde die Trockenschichtdicke auf 40 µm bzw. 1 µm festgelegt. Da prinzipiell nicht die Endschichtdicken entscheidend sind, sondern die durch die Lösemittelmenge vorgegebene Verdunstungsenergie, wurde bei den 1 µm dünnen Filmen die Anfangskonzentration variiert. Die dabei verwendeten Lösemittelbeladung von $2\ bzw.\ 10\ g_{Methanol}/g_{PVAC}$ entsprechen einem Lösemittelmassenbruch von $x\ =\ 0,667\ bzw.\ 0,909\ g_{Methanol}/g_{Lösung}$. Sehr dünne Endfilmdicken werden meist aus hochverdünnten Polymerlösungen erzeugt, so dass auch hier genügend Potential vorhanden ist, das Substrat während der Trocknung ausreichend abzukühlen. Der Einfluss unterschiedlicher Schichtdicken und variierter Lösemittelkonzentration wird als erstes diskutiert.

In Abb. 5.1 sind die Simulationsergebnisse bei Variation der Schichtdicke und der Anfangskonzentration dargestellt. Die Dicke der Trägerfolie (Teflonschicht) ist im Schichtaufbau 0,5 mm bzw. 2 mm. Die Filme kühlen sich zu Beginn alle gleich ab. Die beiden dünnen Filme mit nur 1 µm Endfilmdicke und der geringen Lösemittelbeladung von $2\ g_{Methanol}/g_{PVAC}$ haben auf beiden Substratkombinationen (Teflonschicht 0,5 bzw. 2 mm) denselben Oberflächentemperaturverlauf. Dies ist darauf zurückzuführen, dass sich in beiden Fällen das Temperaturprofil nicht durch die Teflonschicht nach unten auswirkt und somit der Film in beiden Fällen dieselbe Randbedingung hat. Mit größer werdendem Lösemittelreservoir im Film kühlt sich die Oberfläche stärker ab. Dies ist an den Temperaturverläufen mit den höheren Anfangskonzentrationen bzw. der dickeren Filme zu beobachten. Bei der Trocknung auf dem geschichteten Substrat mit nur 0,5 mm Teflon erreicht die minimale Temperatur ein Plateau, das sich daraus ergibt, dass sich die Temperaturgradienten bis zur Aluminiumoberfläche ausgebildet haben. Ein weiteres Abkühlen des Substrates wird durch die gute Wärmeleitfähigkeit des Aluminiums verhindert. Es stellt sich ein Beharrungszustand ein, bei dem sich die

Oberflächentemperatur nicht mehr verändert. Bei der Trocknung des dünnen Films mit einer Anfangsbeladung von $X = 10\ g_{Methanol}/g_{PVAC}$ oberhalb der 2 mm starken Teflonschicht ist zu erkennen, dass hier die Verdunstungsenergie des Filmes nicht ausreicht, um das dicke Teflon zu durchdringen. Hierbei stellt sich kein Beharrungszustand ein. In der Darstellung ist deutlich zu erkennen, dass mit zunehmender Lösemittelmenge im Film die Zeit, in der die Oberflächentemperatur abgesenkt ist, deutlich zunimmt.

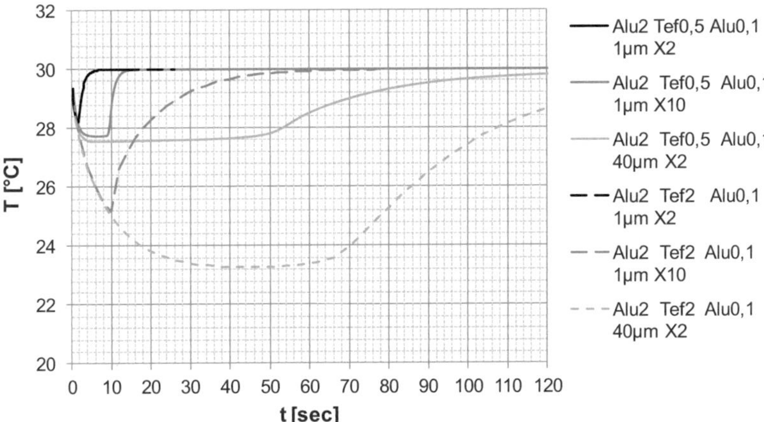

Abb. 5.1: Ergebnisse der eindimensionalen, nicht-isothermen Trocknungssimulation für das Stoffsystem Methanol-Polyvinylacetat. Dargestellt sind die Oberflächentemperaturen während der Trocknung unterschiedlich dicker Filme (Endschichtdicke 1 bzw. 40 µm) mit variierenden Anfangsbeladungen ($X =$ 2 bzw. 10 $g_{Methanol}/g_{PVAc}$) auf einem geschichteten Substrat. Das Substrat besteht aus einer 2 mm Aluminiumschicht (z. B. Transportband, das möglichst homogen geheizt wird und die Temperatur homogenisiert), darauf befindet sich eine schlecht wärmeleitende Teflonschicht von 2 mm (z. B. Polymerträgerfolie, ...) und zusätzlich zwischen Teflon und Film eine weitere Aluminiumschicht von 0,1 mm Dicke, um den Einfluss einer z. B. aufgedampften Leiterbahn oder anderer Strukturen zu zeigen.

Die Temperaturverläufe der unterschiedlichen Szenarien zeigen sowohl unterschiedliche minimale Temperaturen als auch unterschiedliche lange „Verweilzeiten" bei den niedrigen Temperaturen. Die Versuche im experimentellen Teil dieser Arbeit zeigen, dass die Entstehung von Oberflächenstrukturen zwar durch unterschiedliche Abkühlung des Substrates und dabei auftretenden Temperaturunterschiede getrieben sind, aber auch die Kinetik einen Einfluss hat. In der Kinetik der Oberflächenverformung spiegeln sich die Einflüsse der Veränderung der Oberflächenspannung und der Viskosität während der Trocknung wieder. Aus diesem Grund ist es nicht möglich, lediglich aus der Berechnung der Temperaturverlaufskurven auf die Entstehung von Oberflächenstrukturen zu schließen. Es kann aber gezeigt werden, ob ein Schichtaufbau generell in der Lage ist, die Randbedingungen zu erzielen, die zu Oberflächendeformationen führen können.

Um den Einfluss des Schichtaufbaus zeigen zu können, werden im Folgenden die Simulationsergebnisse für den dicken Polymerfilm (40 µm Endfilmdicke bei einer Anfangsbeladung von $X = 2\,g_{Methanol}/g_{PVAC}$) auf unterschiedlich aufgebauten Substraten vorgestellt. An dieser Stelle sei noch einmal darauf hingewiesen, dass nicht die Filmdicke entscheidend ist, sondern die Menge an Lösemittel, die während der Trocknung das Substrat bzw. die Trägerfolie abkühlt. Es wäre also genauso gut denkbar einen sehr dünnen Endfilm zu betrachten, der aus einer hochverdünnten Lösung erzeugt werden soll, wie es z. B. bei der Herstellung von OLEDs der Fall ist.

In Abb. 5.2 ist zu erkennen, dass der Polymerfilm im Falle einer direkten Auftragung auf dem Aluminium ohne signifikante Abkühlung der Oberfläche trocknet. Die geringe Abkühlung der Oberfläche resultiert aus der schlechten Wärmeleitfähigkeit des Polymerfilms selbst. Bei der Trocknung auf einem Substrat mit einer schlecht wärmeleitenden <u>und</u> „dicken" Schicht (hier: Teflon) ist hingegen eine deutliche Abkühlung zu beobachten.

Für diesen Fall der Parameterstudie wurden 0,5 mm und 2 mm dicke Teflonschichten verwendet, um den Einfluss darzustellen. Hierbei zeigt sich, dass mit zunehmender Schichtdicke der Zwischenschicht aus Teflon die Abkühlung der Filmoberfläche zunimmt, da die Wärmezufuhr durch Wärmeleitung abnimmt. Dünne Metallleiterbahnen auf dem schlecht wärmeleitenden Material haben lediglich einen geringen Einfluss auf die Abkühlung des Filmes. Erst gut wärmeleitende Schichten von 0,5 mm bzw. 1 mm Dicke haben aufgrund der Wärmekapazität einen Einfluss auf den Verlauf der Oberflächentemperatur. Allerdings kann die Abkühlung nur verzögert werden, da eine weitere Wärmezufuhr durch die schlecht wärmeleitende Zwischenschicht verhindert wird. Demzufolge erzeugen dünne und kleine Strukturen im Substrat keine Oberflächenstrukturen aufgrund von Abkühlungseffekten während der Trocknung. Vielmehr müssen hier mehrere Effekte gleichzeitig und verstärkend auftreten. So können beim Prozessieren flüssig-applizierter Beschichtungen im technischen Prozess neben den Temperaturunterschieden und den daraus resultierenden Oberflächenkräften auch Substrat-Fluid-Wechselwirkung (→ Benetzungseigenschaften) eine entscheidende Rolle bei der Entstehung von Oberflächenstrukturen spielen.

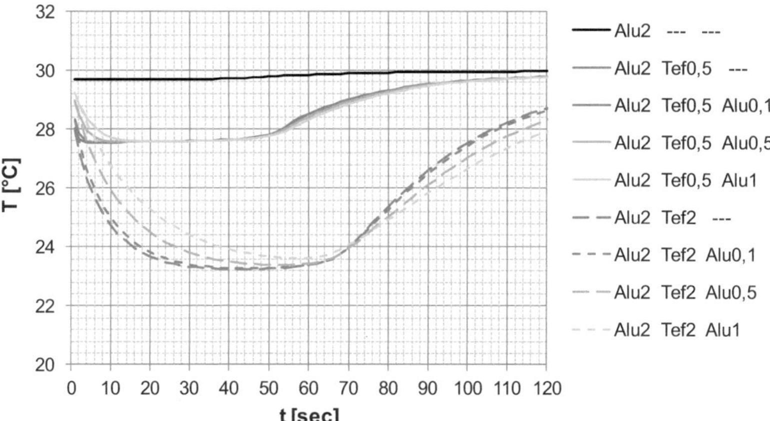

Abb. 5.2: Ergebnisse der eindimensionalen, nicht-isothermen Trocknungssimulation für eine Methanol-Polyvinylacetat-Lösung ($X = 2\ g_{Methanol}/g_{PVAC}$, Endfilmdicke 40 µm). Dargestellt ist die Oberflächentemperatur des Polymerfilms während der Trocknung auf unterschiedlichen Substraten. Alle Substrate haben eine 2 mm Aluminiumschicht (z. B. Transportband). Die erste Simulation zeigt die Trocknung des Films direkt auf dieser Aluminiumschicht. Variiert wurden die Teflonschichtdicke (0,5 mm bzw. 2 mm) und die Aluminiumschichtdicke (0,1 mm bis 1 mm) zwischen der 2 mm Aluminiumschicht und dem Polymerfilm.

Starke Temperaturgradienten in lateraler Richtung können jedoch dann auftreten, wenn keine, durch das gesamte Bauteil gehende, schlecht wärmeleitende Schicht vorhanden ist, sondern sich wärmeleitende und schlecht wärmeleitende Strukturen in einem Bauteil bzw. Substrat abwechseln. Die dabei auftretenden Temperaturunterschiede können durch den Vergleich der Temperaturverläufe bei der Trocknung auf reinem Aluminium mit den anderen in Abb. 5.2 dargestellten Fällen abgeschätzt werden. Erstreckt sich die „wärmeleithemmende" Schicht jedoch flächig über das gesamte Bauteil /

Substrat, dann werden sich nur geringe Temperaturunterschiede ausbilden. Bei der Diskussion der experimentellen Ergebnisse wurden die gemessenen Referenzhöhen mit den simulierten Höhenverläufen aus der eindimensionalen Simulation verglichen. Hierbei waren für die beobachtete Strukturbildung deutliche theoretische „Höhenunterschiede" notwendig, welche die unterschiedlichen Lösemittelkonzentrationen widerspiegeln. Vergleicht man die mit Hilfe der Simulation berechneten Höhenverläufe der Parameterstudie (siehe Abb. 5.3) miteinander, so zeigt sich, dass eine (zusätzliche) gut wärmeleitende Schicht bzw. Struktur auf der Oberfläche einer schlecht wärmeleitenden Schicht zu keiner starken Beeinflussung der Trocknung führt. Daher können Strukturen aufgrund von Trocknungs- bzw. Temperatureffekten nur dann auftreten, wenn das Substrat „durchgängig" strukturiert ist und keine einheitliche, wärmeisolierende Schicht aufweist.

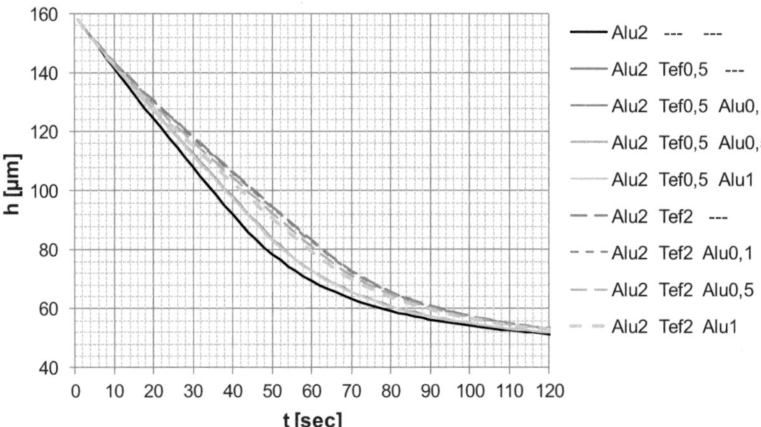

Abb. 5.3: Ergebnisse der eindimensionalen, nicht-isothermen Trocknungssimulation. Dargestellt ist der Höhenverlauf des Polymerfilms während der Trocknung bei unterschiedlichen Substraten. Alle Substrate haben eine 2 mm Aluminiumschicht (z. B. Transportband, das möglichst homogen geheizt wird und die Temperatur homogenisiert). Hierauf folgen unterschiedliche Schichtaufbauten, zum einen direkt ein Polymerfilm, zum anderen eine Teflonschicht zwischen dem Transportband und dem Film, welche z. B. eine Polymerträgerschicht sein kann. Eine weitere Aluminiumschicht auf dem Teflon, aber unter dem Film mit unterschiedlicher Dicke, soll den Einfluss einer gut wärmeleitenden Struktur, z. B. einer aufgedampften Leiterbahn, darstellen.

6 Zusammenfassung und Schluss

Ausgangspunkt der vorliegenden Arbeit war die Erkenntnis über die Notwendigkeit, die ablaufenden Mechanismen bei der Entstehung von Oberflächenstrukturen während der Trocknung von polymerlösungsmittelbasierten Beschichtungen besser zu verstehen.

Die Entwicklung, der Aufbau und die Validierung eines geeigneten Visualisierungsverfahrens zur Beobachtung der Strukturbildung während der Trocknung einer Polymerlösung waren Kernstück dieser Arbeit. Zur gezielten Beeinflussung der Trocknung wurde ein temperierbarer Strömungskanal mit überströmter Substratplatte und Luftkonditionierung aufgebaut. Die Strukturbildung kann sowohl gasseitige, z. B. mittels einer halbseitigen Abdeckung des Films, als auch substratseitig, z. B. aufgrund unterschiedlich wärmeleitender Materialien an der Oberfläche der Substratplatte, induziert werden. Bei den Versuchen im Strömungskanal kam hierfür eine Substratplatte aus Aluminium mit einem schlechter wärmeleitenden Kunststoffeinsatzes (hier: Teflon) zum Einsatz. Dieser kühlt sich aufgrund der Verdunstungskühlung an der Oberfläche ab und beeinflusst daher lokal die Trocknung des Polymerfilms.

Die Form der Substratplatte wurde gegenüber früheren Versuchsaufbauten verändert und mit einem 10° Winkel der Vorder- und Hinterkante versehen, um eine, die Trocknung beeinflussende, Wirbelbildung zu vermeiden. Diese Optimierung ist das Ergebnis einer Studie über die gasseitige Beeinflussung der Trocknung und einer hierzu im Rahmen dieser Arbeit aufgesetzten fluiddynamischen Berechnung der Gasströmung an überströmten Substratplatten. Diese Erkenntnisse flossen auch in die modellhafte Beschreibung der Trocknung ein, die aufgrund der durchgeführten Erweiterungen eine eindimensionale Betrachtung der Trocknung unter Berücksichtigung der Wärmeströme im Film und einem mehrschichtigen Substrat ermöglicht. Diese nicht-isotherme, eindimensionale Betrachtung der Trocknung wurde bei der Interpretation der Versuchsergebnisse herangezogen um ein besseres Verständnis für die Trocknung und die hierbei auftretenden Temperaturunterschiede zu erhalten. Hierzu wurden jeweils zwei separate Trocknungssimulationen auf einem Substrat aus Aluminium bzw. aus Teflon durchgeführt und miteinander verglichen.

Zur in-situ Visualisierung der Oberflächendeformation wurde ein optisches Verfahren ausgewählt. Dieses zeichnet sich dadurch aus, dass die Strukturbildung flächig und zeitlich aufgelöst ohne Beeinflussung der Vorgänge selbst verfolgt werden kann. Das Verfahren basiert auf der Lichtbrechung von Streulicht an der sich verformenden Oberfläche und der daraus resultierenden optischen Verschiebung eines statistisch verteilten Punktmusters unter dem zu beobachtenden Polymerfilm.

Zur Überprüfung der in-situ Visualisierung wurden Querschnitte der rekonstruierten Oberflächen am Ende der Trocknung mit Querprofilmessungen am trockenen Film mittels eines Profilometers verglichen. Hierbei zeigt sich die sehr gute Übereinstimmung der dargestellten Oberflächenstrukturen. Die Genauigkeit der in-situ Visualisierung hängt ganz entscheidend von der Anzahl der zur Verfügung stehenden Pixel der Kamera (pro Fläche) ab, jedoch auch von der Punktgröße des Punktmusters. Bei der in dieser Arbeit gewählten Konfiguration (Kamera, Objektiv und Punktmuster) können Strukturen mit einer flächigen Ausdehnung von 70 x 70 μm^2 und einer Höhe von 1 μm gut visualisiert werden. Die Detektion von Höhenunterschieden hängt direkt mit der Genauigkeit der zweidimensionalen Kreuzkorrelation zur Ermittlung der optischen Verschiebung des Punktmusters zusammen, die über Veränderungen von standardmäßig zur Verfügung stehenden Matlab[®]-Routinen auf 1/1000 Pixel (Standard: 1/10 Pixel) erhöht wurde. Die Bestimmung der lokalen, absoluten Fluidhöhe ist allerdings aufgrund von Unzulänglichkeiten des Visualisierungsaufbaus (z. B. Vibrationen) und einem daraus resultierendem Kippen bzw. Wölben der rekonstruierten Oberfläche mit dem optischen Verfahren nicht möglich. Die Form einzelner Strukturen wird hierbei jedoch kaum beeinflusst, daher ist die Methode zur Untersuchung der Entstehung von Oberflächenstrukturen gut geeignet. Die zeitliche Auflösung beträgt bei der verwendeten Kamera 4 Bilder pro Sekunde. Zu Beginn der Trocknung wurde aufgrund der hohen Dynamik mit einer Frequenz von 2 Bildern pro Sekunde gearbeitet. Die Frequenz der Bilder wurde dann im Laufe der Trocknung sukzessive reduziert und der Trocknungsgeschwindigkeit angepasst.

Mit Hilfe der aufgebauten Technik zur Visualisierung der Oberflächenstrukturen kann die Entstehung von Strukturen während der Trocknung in-situ und berührungslos verfolgt werden. Die hieraus gewonnenen Erkenntnisse sind im nächsten Abschnitt zusammengefasst.

6.1 Zusammenfassung der Ergebnisse

In der hier vorliegenden Arbeit wurden die beiden Stoffsystemen Methanol-Polyvinylacetat und Toluol-Polyvinylacetat untersucht. Beide Systeme sind in der Literatur und anhand von zahlreichen Vorarbeiten am Institut in ihrem Trocknungsverhalten bereits sehr gut beschrieben und daher für die Untersuchungen geeignet. Grundlegend unterscheiden sich die Stoffsysteme in ihrem Trocknungsverhalten darin, dass Toluol mit abnehmender Lösemittelkonzentration eine stärkere Absenkung des Diffusionskoeffizienten im Polyvinylacetat aufweist als Methanol. Hierdurch bildet sich während der Trocknung eine dünne „Haut" / Schicht an der Oberseite der Toluol-Polyvinylacetat-Lösung aus, die die Trocknung stark limitiert.

Filme aus den beiden Stoffsystemen wurden in dem aufgebauten Strömungskanal unter definierten Randbedingungen getrocknet, wobei die Trocknung substratseitig aufgrund von Abkühlungseffekten der Substratplatte aus Aluminium mit Tefloneinsatz beeinflusst wurde. Die dabei entstehenden Oberflächenstrukturen wurden mittels der aufgebauten in-situ Visualisierungstechnik beobachtet und anhand der aus den Daten rekonstruierten Oberflächen analysiert. Die lokal unterschiedliche Abkühlung des Filmes oberhalb des Substrateinsatzes aus Teflon im Vergleich zur restlichen Substratplatte aus Aluminium wurde anhand von separat durchgeführten eindimensionalen Berechnungen der Trocknung und deren Vergleich abgeschätzt.

Für die durchgeführten Versuche mit dem Stoffsystem Methanol-Polyvinylacetat blieb die verdunstete Lösemittelmenge bis zum Auftreten der ersten Verformung der Oberfläche oberhalb des Werkstoffübergangs zwischen Tefloneinsatz und Substratplatte trotz der Variation der Trocknungsparameter gleich. Hieraus konnte geschlossen werden, dass die Strukturbildung im variierten Bereich der Trocknungsparameter keiner kinetischen Hemmung unterliegt. Zudem kam es zu keiner signifikanten Veränderung der Oberflächenstrukturen. Die Oberflächenwelle oberhalb des Werkstoffübergangs zwischen Tefloneinsatz und restlicher Substratplatte aus Aluminium hat im trockenen Film eine maximale Höhendifferenz von ca. 20 µm, gemessen vom tiefsten bis zum höchsten Punkt des Oberflächenprofils. Eine Verringerung der Oberflächenstrukturen oder gar deren Vermeidung aufgrund von Prozessparametern ist daher für das Stoffsystem Methanol-Polyvinylacetat nicht möglich.

Zusätzlich zu den Oberflächenstrukturen oberhalb des Werkstoffübergangs der unterschiedlich wärmeleitenden Materialien wurden während der Trocknung auch sog. Sekundärstrukturen beobachtet. Eine detaillierte Betrachtung des Trocknungsverhaltens ergab, dass diese kleinen Wellen und Hügel – in dieser Arbeit Rippling genannt – auf das Durchwandern einer Trocknungsfront zurückzuführen sind. Die Trocknungsfront entsteht durch lokal unterschiedliche Stoffübergangskoeffizienten und einem damit verbundenen schnelleren Austrocknen einer Zone des Filmes. Nach dem Austrocknen dieser Zone verschiebt sich die Konzentrationsgrenzschicht und somit die Trocknungsfront, die während der Trocknung auf diese Weise über den Film wandert. Beim Beispiel der laminar überströmten Platte schiebt sich hierbei die Trocknungsfront in Strömungsrichtung über den Film und induziert durch die dabei auftretenden starken Konzentrationsgradienten lokale, (teilweise) temporäre Strukturen. Bei den Versuchen wurden zwei unterschiedliche Formen der Sekundärstrukturen während des Durchwanderns der Trocknungsfront beobachtet. Im Bereich vor dem Tefloneinsatz oberhalb der Aluminiumplatte hat die Sekundärstruktur die Form von Hügeln und Tälern, die sich im schmalen Streifen der Trocknungsfront ausbilden. Im Bereich oberhalb des Tefloneinsatzes haben die Sekundärstrukturen die Form von eng aufeinanderfolgenden Wellen, die sich mit der Trocknungsfront weiter über den Film bewegen. Die Überlagerung unterschiedlicher Stoffströme und die unterschiedliche Schichtdicke in den beiden Bereichen könnten für die Formänderung der Sekundärstruktur verantwortlich sein. Der genaue Grund konnte allerdings anhand der durchgeführten Versuche nicht geklärt werden.

Der Mechanismus für die Entstehung der Oberflächenstrukturen während der Trocknung konnte anhand der durchgeführten Untersuchungen mittels der in-situ Visualisierung und grundlegender Überlegungen eindeutig identifiziert werden. Die Strukturen entstehen aufgrund oberflächenspannungsgetriebener

Konvektionsströmungen ($\rightarrow$ Marangoni-Konvektion), wobei laterale Konzentrationsunterschiede im Film die Triebkraft darstellen. Die Stoffströme konnten gegen Ende meiner Arbeit in einer Zusammenarbeit mit einer Arbeitsgruppe des 'Institut für Mechanische Verfahrenstechnik und Mechanik – Bereich Angewandte Mechanik' in Karlsruhe mit Hilfe einer „Multi-Particle-Tracking" Messtechnik in separaten Versuchen visualisiert und analysiert werden. Die Messungen belegten eine ausschließlich laterale Ausgleichsströmung, deren maximale Geschwindigkeit stets im Bereich der Filmoberfläche gemessen wurde. Die gemessenen Oberflächenstrukturen entstehen durch die ansteigende Viskosität aufgrund der fortschreitenden Trocknung und dem „Anstauen" von Polymer im schneller trocknenden Bereich der Polymerlösung.

Aufgrund der Tatsache, dass Oberflächenkräfte für die Entstehung der Strukturen verantwortlich sind, ist es nicht überraschend, dass das hautbildende Stoffsystem Toluol-Polyvinylacetat deutlich geringere Strukturen an der Oberfläche ausbildet, als das Stoffsystem mit dem Lösemittel Methanol. Zusätzlich ist die Verdunstungsenthalpie des Toluols geringer, als die des Methanols, woraus eine geringere Abkühlung der Filme mit Toluol resultiert. Hierdurch konnte beim Stoffsystem Toluol-Polyvinylacetat beobachtet werden, dass für die Entstehung der Oberflächenwelle oberhalb der Werkstoffkante erst durch die zusätzlichen Gradienten / Störungen der durchwandernden Trocknungsfront initiiert werden. Deutlich wurde dies bei der Erhöhung der Trocknungsgeschwindigkeit durch Erhöhen der Überströmungsgeschwindigkeit. Hierbei trat die Welle oberhalb des Werkstoffübergangs erst nach dem Durchwandern der Trocknungsfront und den dabei zu beobachtenden Sekundärstrukturen auf. Die durch die Verdunstungskühlung ausgebildeten Konzentrationsgradienten reichen beim Stoffsystem Toluol-Polyvinylacetat demnach nicht aus, um die Entstehung der Oberflächenstrukturen oberhalb der Werkstoffkante „von alleine" auszulösen.

Mit Hilfe der in dieser Arbeit aufgebauten Visualisierungstechnik konnten die strukturellen Veränderungen der Filmoberfläche während der Trocknung beobachtet und somit Rückschlüsse auf Konvektionsströmungen und andere Trocknungsphänomene gezogen werden. Für zukünftige Arbeiten kann die aufgebaute in-situ Visualisierung zudem für die Validierung von fluiddynamischen Berechnungen solcher Konvektionsströmungen herangezogen werden, da die Versuche unter konstanten Randbedingungen in einer wenig komplexen Umgebung durchgeführt werden. Die Verformung der Oberfläche ist bei einer solchen fluiddynamischen Simulation der anspruchsvollste Part und bedarf der genauesten Absicherung durch experimentelle Daten.

Das Themengebiet der Konvektionsströmungen hält auch für zukünftige Arbeiten interessante Fragestellungen bereit, hierauf möchte ich zum Abschluss dieser Arbeit im nächsten Kapitel kurz eingehen.

6.2 Ausblick

Aufbauend auf dieser Arbeit wäre ein Screening von Stoffsystemen mit besonderen Oberflächenspannungsabhängigkeiten interessant. Hierbei sollten Stoffsysteme herangezogen werden, deren Oberflächenspannung während der Trocknung mit abnehmender Lösemittelkonzentration zunimmt oder deren Oberflächenspannung eine stärkere Temperatur- im Vergleich zur Konzentrationsabhängigkeit aufweist. Letzteres wäre z. B. gegeben, wenn das verwendete Polymer und Lösemittel ähnliche Oberflächenspannungen hätten. Der Einfluss von oberflächenaktiven Substanzen, wie beispielsweise Tenside, könnte ebenfalls aufschlussreiche Erkenntnisse liefern, da sich durch das Anlagern der Stoffe an der Oberfläche die Oberflächenspannung während der Trocknung nicht so stark ändern sollte. Die Versuche mit diesen Stoffsystemen können in dem aufgebauten Versuchsstand unter definierten Randbedingungen durchgeführt werden.

Mit einem erweiterten Kenntnisstand zur Entstehung von Oberflächenstrukturen während der Trocknung ist es evtl. auch möglich und interessant, Oberflächenstrukturen während der Trocknung einer Polymerlösung gezielt zu erzeugen. Diese Idee entstand aus der Diskussion mit Kollegen und führt zu dem nachfolgend dargestellten Versuch. Hierbei wurde eine Methanol-Polyvinylacetat-Lösung oberhalb einer strukturierten Substratplatte getrocknet. Die Struktur wurde hierzu ca. 1 mm tief in die Substratplatte eingefräßt und mit einer dünnen Glasplatte (150 μm) abgedeckt. Während der Trocknung kühlt sich die Luft im eingefräßten Logo ab und erzeugt somit im Film die notwendigen Temperatur- und Konzentrationsunterschiede. Ein Bild der strukturierten Substratplatte und die rekonstruierte Oberfläche des trockenen

Films sind in Abb. 6.1 dargestellt. Die Bilderfolge der rekonstruierten Oberfläche während der Trocknung ist im Anhang Abb. 8.13 zu finden.

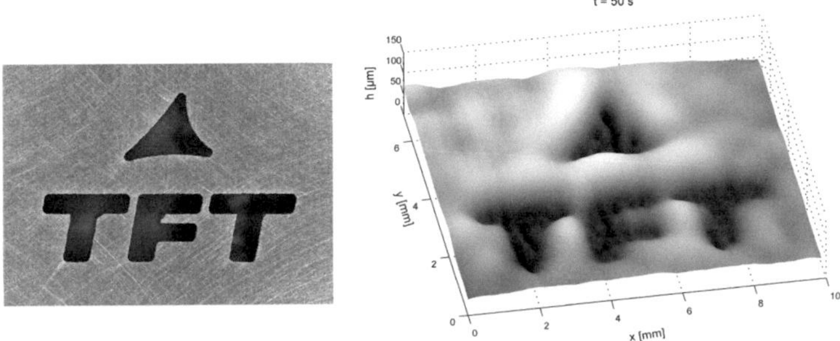

Abb. 6.1: Beispiel zur gezielten Erzeugung von Oberflächenstrukturen während der Trocknung mittels einer strukturierten Substratplatte
<u>Links:</u> Aufnahme der strukturierten Substratplatte vor dem Auflegen des dünnen Glassubstrates (150 μm), aufgenommen mit der Kamera des Versuchsaufbaus. In die Substratplatte war das Logo ca. 1 mm tief eingefräßt worden.
<u>Rechts:</u> Rekonstruierte Filmoberfläche am Ende der Trocknung (Methanol-Polyvinylacetat, $X_0 = 2\ g_{Methanol}/g_{PVAc}$, $T = 30°C$).

Eine weitere wichtige Aufgabe für zukünftige Arbeiten wird eine umfassende modellhafte Beschreibung der Vorgänge, z. B. mittels einer fluiddynamischen Beschreibung der dünnen Filme während der Trocknung sein. Neben der freien Flüssigkeitsoberfläche des Films mit den dabei wirkenden Oberflächenkräften müssen die lokalen Lösemittelkonzentrationen im Film und die Verdunstung des Lösemittels in der fluiddynamischen Beschreibung berücksichtigt werden. Die Erkenntnisse der in dieser Arbeit vorgestellten eindimensionalen nicht-isothermen Trocknungssimulation und die fluiddynamischen Betrachtung der Gasphase können an dieser Stelle einen ersten Ausgangspunkt bieten. Eine derartige numerische Betrachtung der Vorgänge würde ein besseres Verständnis der Mechanismen liefern und damit die Möglichkeit schaffen, die Strukturbildung während der Trocknung auch auf komplex strukturierten Substraten analysieren und gezielt beeinflussen zu können.

7 Literaturverzeichnis

Azouni et al. (2001)

M.A. Azouni, C. Normand, G. Pétré: *Surface-Tension-Driven Flows in a Thin Layer of a Water – n-Heptanol Solution,* Journal of Colloid and Interface Science, 239(2001) 509-516

Baunach (2009)

M. Baunach: *Lateral aufgelöste Messung der Schichtdickenabnahme von flüssig prozessierten Polymer-Fulleren-Filmen mit Lösungsmittel-gemischen für organische Elektronik,* Diplomarbeit 2009, Institut für Thermische Verfahrenstechnik, Karlsruher Institut für Technologie

Bénard (1900)

Bénard H.: Rev. Gen. des Sci. pures et appl., 1261 (1900), 1309

Bloch (2003)

D. Bloch: *Polymer Handbook (The)*, Wiley (2003), 2336

Bragard & Velarde (1998)

J. Bragard, M.G. Velarde: *Bénard-Marangoni convection: planforms and related theoretical predictions*, J. Fluid Mech., Vol. 368 (1998), 165-194

Brauer (1971)

H. Brauer: *Stoffaustausch,*Verlag Sauerländer, Anrau und Frankfurt am Main, 1971

Breuer (2005)

K. S. Breuer (Editor): *Microscale diagnostic techniques,* Springer (Berlin Heidelberg), ISBN 3-540-23099-8

Burguete et al. (2001)

J. Burguete, N. Mukolobwiez, F. Daviaud, N. Garnier, A. Chiffaudel: *Bouyant-thermocapillary instabilities in extended liquid layers subjected to a horizontal temperature gradient*, Physics of Fluids Vol. 13, No. 10 (2001) 2773 – 2786

Cavadini et al. (2013)

P. Cavadini, J. Krenn, P. Scharfer, W. Schabel: *Investigation of surface deformation during drying of thin polymer films due to Marangoni convection*, Chemical Engineering & Processing: Process Intensification, 64, p. 24-30, 2013; http://dx.doi.org/10.1016/j.cep.2012.11.008

Chai & Zhang (1998)

An-Ti Chai, N. Zhang: *Experimental Study of Marangoni-Bénard Convection in Liquid Layer Induced by Evaporation*, Experimental Heat Transfer, 11 (1998), 187-205

Eberl (2008)

C. Eberl: Digital Image Correlation with MatLab, *http://www.mathworks.de/matlabcentral/fileexchange/authors/25427*

Hartley & Crank (1949)

GS. Hartley, J. Crank: *Some Fundamental Definitions and Concepts in Diffusion Processes*, Transactions of the Faraday Society 45 (9), 801-818

Kachel et al. (2012)

S. Kachel, P. Scharfer, W. Schabel: *Water absorption in polymer mixtures – phase equilibrium and diffusion kinetics;* presented at the 16th International Coating Science and Technology Symposium, September 9-12, 2012, Atlanta, Georgia, USA

Koschmieder & Biggerstaff (1989)

E.L. Koschmieder, M.I. Biggerstaff: *Onset of surface-tension-driven Bénard convection*, J. Fluid Mech., Vol. 167 (1989), 49-64

Lauda (Bedienungsanleitung)

G. Lauda (Betriebsanleitung): *Tropfenvolumentensiometer TVT I*, Lauda, Lauda-Königshofen

Liu et al. (2005)

Rong Liu, Qiu-Sheng Liu, Wen-Rui Hu: *Marangoni-Bénard Instability with the Exchange of Evaporation at Liquid-Vapour Interface*, Chin. Phys. Letter, Vol. 22, No. 2 (2005) 402-404

Mamaliga et al. (2004)

I. Mamaliga, W. Schabel, M. Kind: *Measurements of sorption isotherms and diffusion coefficients by means of a magnetic suspension balance*, Chemical Engineering & Processing: Process Intensification, 43, 6 (2004), 753-763

Moisy et al. (2008)

F. Moisy, M. Rabaud, K. Salsac: *Measurement by Digital Image Correlation of the topography of a liquid interface*; private communication; Experiments in Fluids, submitted June 10, 2008

Müller (2009)

M. Müller: *Korrelation für den Diffusionskoeffizienten von Methanol in Polyvinylacetat bei 20°C bestimmt aus spektroskopischen Messungen von Konzentrationsprofilen*; persönliche Kommunikation; Vorbereitung des Konferenzbeitrags *Peters et al. (2010)*

Pellew & Southwell (1940)

A. Pellew, R.V. Southwell: *On maintained convective motion in a fluid heated from below*, Proceedings of the Royal Society A 176 (1940), 312–343

Person (1959)

J. R. A. Pearson: *On convection cells induced by surface tension*, Journal of Fluid Mechanics 4 (1958) 489 – 500

Peters et al. (2010)

K. Peters, M. Müller, P. Scharfer, W. Schabel: *A critical comparison of diffusion coefficient measurements in polymer-solvent systems measured by means of gravimetric sorption experiments and spectroscopic methods;* presented at the 15th International Coating Science and Technology Symposium, September 13-15, 2010, St. Paul, MN

Ripley & Neitzel (1998)

R.J. Ripley, G.P. Neitzel: *Instability of thermocapillary-buoyancy convection in shallow layers. Part 1: Characterization of steady and oscillatory instabilities*, J. Fluid Mech., Vol. 359 (1998), 143-164

Schabel et al. (2007)

W. Schabel, P. Scharfer, M. Kind, I. Mamaliga: *Sorption and diffusion measurements in ternary polymer-solvent-solvent systems by means of a magnetic suspension balance – Experimental methods and correlations with a modified Flory-Huggins and free-volume theory*, Chemical Engineering Science, 62 (2007), 2254-2266

Schabel (2004)

W. Schabel: *Trocknung von Polymerfilmen – Messung von Konzentrationsprofilen mit der Inversen-Mikro-Raman-Spektroskopie,* Dissertation, Universität Karlsruhe (TH), Institut für Thermische Verfahrenstechnik

Schabel et al. (2003)

W. Schabel, P. Scharfer, M. Müller, I. Ludwig, M. Kind: *Messung und Simulation von Konzentrationsprofilen bei der Trocknung binärer Polymerlösungen,* Chemie Ingenieur Technik 75 (9), 1336-1344

Scharfer et al. (2008)

P. Scharfer, W. Schabel, M. Kind: *Modelling of alcohol and water diffusion in fuel cell membranes-Experimental validation by means of in situ Raman spectroscopy,* Chemical Engineering Science 63 (19), 4676-4684

Scharfer et al (2006)

P. Scharfer, W. Schabel, M. Kind: *Simulation to design technical film drying processes,* 13th International Coating Science and Technology Symposium der ISCST, 9.-13. September 2006, Denver, USA (Poster)

Scharfer et al (2004)

P. Scharfer: *Simulation eines industriellen Bandtrockners,* DECHEMA-Kolloquium "Trocknung dünner Filme", 4. November 2004, Frankfurt am Main

Schlünder (1984)

E.-U. Schlünder: *Einführung in die Stoffübertragung,* Georg Thieme Verlag, Stuttgart

Schmidt-Hansberg et al. (2012)

B. Schmidt-Hansberg, M. Sanyal, N. Grossiord, Y. Galagan, M. Baunach, M.F.G. Klein, A. Colsmann, P. Scharfer, U. Lemmer, H. Dosch, J. Michels, E. Barrena, W. Schabel: *Investigation of non-halogenated solvent mixtures for high throughput fabrication of polymer-fullerene solar cells*; Sol Energ Mat Sol C 96 (1), 195-201

Schmidt-Hansberg et al. (2011)

B. Schmidt-Hansberg, M. Baunach, J. Krenn, S. Walheim, U. Lemmer, P. Scharfer, W. Schabel: *Spatially resolved drying kinetics of multi-component solution cast films for organic electronics*; Chem. Eng. & Proc.: Process Intensification, 50, 2011; http://dx.doi.org/10.1016/j.cep.2010.10.012

Schwarzbach & Schlünder (1987)

J. Schwarzbach, M. Nilles, E.U. Schlünder: *Microconvection in Porous Media during Pervaporation of a Liquid Mixture – an Experimental Study,* Chem. Eng. Process., 22 (1987), 163-175

Siebel et al. (2012)

S. Kachel, W. Schabel, P. Scharfer: *Experimental and Numerical Investigation of Multi-solvent Mass Transport during Thin Film Drying;* presented at the 16th International Coating Science and Technology Symposium, September 9-12, 2012, Atlanta, Georgia, USA

Smith & Davis (1983)

M.K. Smith, S.H. Davis: *Instabilities of dynamic thermocapillary liquid layer. Part 2: Surface-wave instabilities*, J. Fluid Mech., Vol. 132 (1983), 119-144

Squires & Mason (2010)

T. M. Squires, T. G. Mason: *Fluid Mechanics of Microrheology*, Annual Review of Fluid Mechanics 42 (1), 413-438

Sternling & Scriven (1959)

C.V. Sternling, L.E. Scriven: *Interfacial Turbulence: Hydrodynamic Instability and the Marangoni Effect*, A.I.Ch.E. Journal, Vol. 5, No. 4 (1959), 514-523

Takashima (1981)

M. Takashima: *Surface Tension Driven Instability in a Horizontal Liquid Layer with a Deformable Free Surface. I. Stationary Convection*, Journal of the Physical Society of Japan Vol. 50, No. 8 (1981), 2745-2750

Toussaint et al. (2008)

G. Toussaint, H. Bodiguel, F. Doumenc, B. Guerrier, C. Allain: *Experimental characterization of buoyancy- and surface tension-driven convection during the drying of polymer solution*, Int. J. of Heat and Mass Transfer, 51 (2008), 4228-4237

Vrentas et al. (1984)

Vrentas J.S., Duda J.L., Ling H.C.: *Self diffusion in polymer-solvent-solvent systems*, Journal of Polymer Science, Polymer Physics Edition 22 (1984), 459-469

VDI-Wärmeatlas (2008)

VDI-Wärmeatlas: 9. Auflage, VDI-Verlag, Düsseldorf

Villers & Platten (1992)

B. Villers, J.K. Platten: *Coupled buoyancy and Marangoni convection in acetone: experiments and comparison with numerical simulations*, J. Fluid Mech., Vol. 234 (1992), 487-510

Weh (2005)

L. Weh: *Surface Structures in Thin Polymer Layers Caused by Coupling of Diffusion-Controlled Marangoni Instability and Local Horizontal Temperatur Gradient*, Macromolecular Materials and Engineering, 290 (2005), 976-986

Wirtz (2009)

D. Wirtz: *Particle-Tracking Microrheology of Living Cells: Principles and Applications*, Annual Review of Biophysics 38 (1), 301-326

Zhang & Chao (1999)

N. Zhang, D.F. Chao: *Mechanisms of convection instability in thin film layers induced by evaporation*, Int. Comm. Heat Mass Transfer, Vol. 26, No. 8 (1999), 1069-1080

Zhou (2007)

Ying Zhou: *Vergleichende Charakterisierung der Trocknung verschiedener polymerer Modellstoffsysteme*; Diplomarbeit 2007; Institut für Thermische Verfahrenstechnik, Karlsruher Institut für Technologie

Zhu & Liu (2008)

Zhi-Qiang Zhu, Qiu-Sheng Liu: *Experimental Investigation of Thermocapillary Convection in a Liquid Layer with Evaporating Interface*, Chin. Phys. Letter, Vol. 25, No. 11 (2008) 4046-4049

Im Rahmen der hier vorliegenden Arbeit unter meiner Leitung durchgeführte Studien- (3) und Diplomarbeiten (5) am Institut für Thermische Verfahrenstechnik

Sachsenheimer (2011)

Dirk Sachsenheimer: *Visualisierung lateraler Stoffströme während der Trocknung dünner Polymerfilm*; Diplomarbeit: abgeschlossen 02/11; Aufgabensteller: Prof. Dr.-Ing. Wilhelm Schabel, Dr.-Ing. Philip Scharfer, Prof. Dr. Norbert Willenbacher; Betreuer: Joachim Krenn, Philipp Cavadini, Anne Kowalczyk

Fadil (2011)

Mohammed Fadil: *CFD-Simulation von Konvektionsvorgängen aufgrund von Oberflächenspannungen*; Studienarbeit: abgeschlossen 01/11; Aufgabensteller: Prof. Dr.-Ing. Wilhelm Schabel, Dr.-Ing. Philip Scharfer; Betreuer: Joachim Krenn

Baesch (2010)

Susanna Baesch: *CFD-Simulation der Trocknung dünner Polymerfilme*; Studienarbeit: abgeschlossen 05/10; Aufgabensteller: Prof. Dr.-Ing. Wilhelm Schabel, Dr.-Ing. Philip Scharfer; Betreuer: Joachim Krenn

Debus (2009)

Oliver Debus: *Visualisierung der Schrumpfung eines Polymerfilmes zur Beschreibung der nicht-isothermen Trocknung auf einer beheizten Platte*; Studienarbeit: abgeschlossen 03/09; Aufgabensteller: Prof. Dr.-Ing. Matthias Kind, Dr.-Ing. Wilhelm Schabel; Betreuer: Joachim Krenn

Adiwidjaja (2009)

Ardo Adiwidjaja: *Marangoni-Konvektion und Oberflächenstrukturen bei der Trocknung dünner Polymerfilme (Marangoni Convection and Surface Structures During Drying of Thin Polymer Films)*; Diplomarbeit: abgeschlossen 02/09; Aufgabensteller: Prof. Dr.-Ing. Matthias Kind, Dr.-Ing. Wilhelm Schabel; Betreuer: Joachim Krenn

Sojka (2008)

Melissa Sojka: *Experimentelle Untersuchung der Marangoni-Konvektion bei der Trocknung dünner Polymerfilme*; Diplomarbeit: abgeschlossen 07/08; Aufgabensteller: Prof. Dr.-Ing. Matthias Kind, Dr.-Ing. Wilhelm Schabel; Betreuer: Joachim Krenn

Zhou (2007)

Ying Zhou: *Vergleichende Charakterisierung der Trocknung verschiedener polymerer Modellstoffsysteme*; Diplomarbeit: abgeschlossen 05/07; Aufgabensteller: Prof. Dr.-Ing. Matthias Kind, Dr.-Ing. Wilhelm Schabel; Betreuer: Joachim Krenn, Philip Scharfer

Bub (2007)

Andreas Bub: *Untersuchung der äußeren Einflussparameter auf die Filmbildung und Vernetzung wasserbasierter Zweikomponentensysteme*; Diplomarbeit: abgeschlossen 12/07; Aufgabensteller: Prof. Dr.-Ing. Matthias Kind, Dr.-Ing. Wilhelm Schabel; Betreuer: Joachim Krenn

Eigene Veröffentlichungen, Tagungsbeiträge und Vortragseinladungen zum Thema Trocknung, Stofftransport, Filmbildung und zur Strukturbildung während der Trocknung dünner, polymerer Filme

Veröffentlichungen

P. Cavadini, **J. Krenn**, P. Scharfer, W. Schabel: *Investigation of surface deformation during drying of thin polymer films due to Marangoni convection*, Chemical Engineering & Processing: Process Intensification, 64, p. 24-30, 2013; http://dx.doi.org/10.1016/j.cep.2012.11.008

J. Krenn, P. Scharfer, W. Schabel: *Visualization of surface deformations during thin film drying using a Digital Image Correlation method*; Chemical Engineering & Processing: Process Intensification, 50, p. 569-573, **2011**; http://dx.doi.org/10.1016/j.cep.2010.10.005

J. Krenn, S. Baesch, B. Schmidt-Hansberg, M. Baunach, P. Scharfer, W. Schabel: *Numerical investigation of the local mass transfer on flat plates in laminar flow*; Chemical Engineering & Processing: Process Intensification, 50, p. 503-508, **2011**; http://dx.doi.org/10.1016/j.cep.2010.10.002

B. Schmidt-Hansberg, M. Baunach, **J. Krenn**, S. Walheim, U. Lemmer, P. Scharfer, W. Schabel: *Spatially resolved drying kinetics of multi-component solution cast films for organic electronics*; Chemical Engineering & Processing: Process Intensification, 50, **2011**; http://dx.doi.org/10.1016/j.cep.2010.10.012

J. Krenn, P. Scharfer, W. Schabel: *In-situ-Visualisierung von Oberflächendeformationen aufgrund konvektiver Stoffströme während der Prozessierung flüssig applizierter Polymerbeschichtungen*; Chemie Ingenieur Technik, Special Issue: ProcessNet-Jahrestagung 2010, 82 (9), 1399, September, **2010**; http://onlinelibrary.wiley.com/doi/10.1002/cite.201050044/abstract

J. Krenn, P. Scharfer, W. Schabel, M. Kind: *Drying of solvent-borne coatings with pre-loaded drying gas*; The European Physical Journal Special Topics, 166 (1), p. 45-48, **2009**; http://www.springerlink.com/content/n806j8nh363210w7/

P. Olier, I. Ludwig, **J. Krenn**, W. Schabel: *Close-up on film formation – Identifying the effects of dispersion variables on waterborne PUR-Coatings*; European Coating Journal, H1571, p. 22-28, **2008**

P. Scharfer, **J. Krenn**, W. Schabel, M. Kind: *Investigation of methanol diffusion in Nafion-membranes for direct methanol fuel cells by means of Inverse Micro Raman Spectroscopy*; Proceedings of the 13th International Heat Transfer Conference, 13.-18.08. **2006**, Sydney

Tagungsbeiträge

P. Cavadini, **J. Krenn**, P. Scharfer, W. Schabel: *Investigation of Surface Deformation due to Surface Tension Driven Flows* (Vortrag), 16th International Coating Science and Technology (ISCST) Symposium, 9.-12. September 2012, Atlanta GA/USA

P. Cavadini, **J. Krenn**, T. Geißler, D. Garella, A. Kowalczyk, D. Sachsenheimer, N. Willenbacher. P. Scharfer, W. Schabel: *Modellierung oberflächenspannungsgetriebener Konvektionsströmungen* (Vortrag), ProcessNet – Fachausschuss Wärme- und Stoffübertragung, 22.-23.03.2012, Weimar

P. Cavadini, **J. Krenn**, P. Scharfer, W. Schabel: *Investigation of surface deformation due to Marangoni convection* (Vortrag), 8th European Congress of Chemical Engineering, 25.-29. September 2011, Berlin

M. Baunach, P. Cavadini, B. Schmidt-Hansberg, **J. Krenn**, W. Schabel, P. Scharfer: *Investigations of the gas phase mass transport on flat plates by experiment and numerical simulation* (Poster), 8th European Congress of Chemical Engineering, 25.-29. September 2011, Berlin

P. Cavadini, **J. Krenn**, P. Scharfer, W. Schabel: *Investigation of surface deformation due to marangoni convection* (Vortrag), 9th European Coating Symposium, 8.-10. Juni 2011, Turku/Finland (Talk)

M. Baunach, P. Cavadini, B. Schmidt-Hansberg, **J. Krenn**, W. Schabel, P. Scharfer: *Investigation of the gas phase mass transport on flat plates by experiment and numerical simulation* (Poster), 9th European Coating Symposium, 8.-10. Juni 2011, Turku/Finland

J. Krenn, P. Scharfer, W. Schabel: *In-situ Visualisierung von Oberflächendeformationen aufgrund konvektiver Stoffströme während der Prozessierung flüssig applizierter Polymerbeschichtungen* (Poster, Gewinn des Posterpreises); 28. DECHEMA-Jahrestagung der Biotechnologen und ProcessNet-Jahrestagung 2010, 21.-23.09 2010, Aachen

J. Krenn, P. Scharfer, W. Schabel: *In-situ Measurement of Surface Structure Formation Caused by Marangoni Flows During Drying of Thin Films* (Vortrag); 15th International Coating Science and Technology Symposium der ISCST, 12.-15.09 2010, St. Paul MN, USA

B. Schmidt-Hansberg, **J. Krenn**, M. Baunach, S. Baesch, P. Scharfer, W. Schabel: *Experimental Investigation of the Gas Phase Mass Transport on Flat Plates in Laminar Flow* (Poster); 15th International Coating Science and Technology Symposium der ISCST, 12.-15.09 2010, St. Paul MN, USA

J. Krenn, L. Wengeler, P. Scharfer, W. Schabel: Vorstellung der Professur „Thin Film Technology (TFT)" bei EVONIK (Vortragseinladung); interne Veranstaltung zur Beschichtungstechnik - Schwerpunkt Nassfilmbeschichtung, 11.03 2010, Marl

J. Krenn, P. Scharfer, W. Schabel: *Oberflächendeformation aufgrund von oberflächenspannungsgetriebenen Stoffströmen während der Prozessierung flüssig applizierter Polymerbeschichtungen* (Vortrag); ProcessNet – Fachausschuss Wärme- und Stoffübertragung, 08.-10.03 2010, Hamburg

J. Krenn, A. Adiwidjaja, P. Scharfer, W. Schabel: *Formation of surface structures during thin film drying* (Vortrag); 8th European Coating Symposium, 07.-09.09 2009, Karlsruhe

P. Scharfer, Y. Zhou, **J. Krenn**: *Influence of local gas phase mass transport coefficients on the drying rate of polymer films – a fundamental study* (Vortrag); 8th European Coating Symposium, 07.-09.09 2009, Karlsruhe

W. Schabel, P. Scharfer, M. .Müller, **J. Krenn**, B. Schmidt-Hansberg, L. Wengeler, K. Peters: *Drying Issues and Process Scale up of Solvent Casted Films for Flat Panel Displays and Organic Electronics* (Vortrag); 8th European Coating Symposium, 07.-09.09 2009, Karlsruhe

P. Scharfer, Y. Zhou, **J. Krenn**: *Influence of the Local Mass Transport in the Gas Phase on the Drying of Thin Polymeric Films* (Poster); Frontiers in Polymer Science, 07.-09.06 2009, Mainz

J. Krenn, M. Kind, W. Schabel: *Marangoni-Konvektion in Polymerfilmen – Beeinflussung des Stofftransportes und der Oberflächenbeschaffenheit* (Poster); ProcessNet – Fachausschuss Wärme- und Stoffübertragung, 03.-05.03 2009, Bad Dürkheim

P. Scharfer, Y. Zhou, **J. Krenn**: *Einfluss des lokalen Stoffübergangs in der Gasphase bei der Herstellung dünner organischer Schichten* (Poster); ProcessNet – Fachausschuss Wärme- und Stoffübertragung, 03.-05.03 2009, Bad Dürkheim

J. Krenn, M. Sojka, P. Scharfer, M. Kind, W. Schabel: *Surface structures during thin film drying caused by Marangoni convection* (Vortrag); 14th International Coating Science and Technology Symposium der ISCST, 07.-10.09 2008, Marina del Rey CA, USA

P. Scharfer, Y. Zhou, **J. Krenn**, M. Kind, W. Schabel: *Influence of local gas phase mass transport coefficients on the drying rate of polymer films – a fundamental study* (Vortrag); 14th International Coating Science and Technology Symposium der ISCST, 07.-10.09 2008, Marina del Rey CA, USA

W. Schabel, P. Scharfer, M. Müller, **J. Krenn**, B. Schmidt-Hansberg: *Drying Issues and Process Scale up of Solvent Casted Films for Flat Panel Displays and Organic Electronics* (Vortrag); 14th International Coating Science and Technology Symposium der ISCST, 07.-10.09 2008, Marina del Rey CA, USA

J. Krenn, P. Scharfer, W. Schabel, M. Kind: *Oberflächenstrukturen bei dünnen Polymerfilmen aufgrund von Marangoni-Konvektion während der Trocknung* (Poster); ProcessNet – Fachausschuss Trocknungstechnik, 04.-07.03.2008, Halle/Saale

J. Krenn, W. Schabel, M. Kind, P. Olier (Rhodia, Lyon): *Monitoring the drying and curing of two component waterborne polyurethane coatings with Inverse-Micro-Raman-Spectroscopy* (Poster); 7th European Coating Symposium ECS, 12.-14.09 2007, Paris

J. Krenn, P. Scharfer, W. Schabel, M. Kind: *Drying of solvent-borne coatings with pre-loaded drying gas* (Poster); 7th European Coating Symposium ECS, 12.-14.09 2007, Paris

J. Krenn, W. Schabel, M. Kind: *Untersuchung zur Filmtrocknung mit mehreren Lösungsmitteln - Untersuchung von wasserbasierten und lösemittelbasierten Systemen -* (Poster); ProcessNet – Fachausschuss Trocknungstechnik, 07.-09.03.2007, Stuttgart

P. Scharfer, **J. Krenn**, W. Schabel, M. Kind: *Investigation of methanol diffusion in Nafion-membranes for direct methanol fuel cells by means of Inverse Micro Raman Spectroscopy* (Poster); 13th International Heat Transfer Conference, 13.-18.08 2006, Sydney

P. Scharfer, **J. Krenn**, W. Schabel, M. Kind: *Untersuchungen zum Stofftransport von Wasser und Methanol in Nafion 115 mit Hilfe der Inversen-Mikro-Raman-Spektroskopie* (Poster); ProcessNet – Fachausschuss Wärme- und Stoffübertragung, 06.-08.03 2006, Frankfurt a. M.

P. Scharfer, **J. Krenn**, W. Schabel, M. Kind: *Untersuchungen zum Stofftransport von Wasser und Methanol in Nafion 115 mit Hilfe der Inversen-Mikro-Raman-Spektroskopie* (Vortrag); Fachausschuss Energieverfahrenstechnik, 20.-21.02 2006, Wiesbaden

8 Anhang

A 1 Ergänzungen zur Visualisierungsmethode und Auswertung

A 1.1 Änderungen der Matlab®-Routinen zur Auswertung der Punktmusterbilder

Das Kernstück der Auswertung basiert auf einem MATLAB®-Programm von *Eberl (2008)*. Herr Eberl hat sein Programm entwickelt um Spannungszustände in Bauteilen anhand von Verschiebungen auf der Oberfläche zu analysieren. Zur Auswertung der Punktmusterbilder aus der Verformung der Flüssigkeitsoberfläche musste das Programm entsprechend angepasst werden. Die durchgeführten Änderungen werden hier vorgestellt.

An dieser Stelle möchte ich mich ganz herzlich bei Herrn Eberl bedanken, dass er seine Programme und sein Wissen über die Verbesserung der Genauigkeit der Kreuzkorrelation über das MATLAB®-Forum allen zur Verfügung stellt und mir während dem Aufbau der Messtechnik bei der Behebung von Problemen mit der Auswertung behilflich war.

Bei der Auswertung wird mit den Bildern des Punktmusters, die während der Trocknung und Entstehung der Oberflächenstrukturen aufgenommen wurden, wie folgt vorgegangen. Zunächst wird mit dem filelist_generator.m eine Liste der Bilder erstellt, die bei der Auswertung berücksichtigt werden sollen. Hierbei ist darauf zu achten, dass drei Referenzbilder ohne Film am Anfang der Bilderserie benötigt werden. Anschließend wird mit dem Programm grid_generator.m das notwendige Auswertegitter anhand eines Bildes festgelegt. Folgende Dateien stehen nach diesen beiden Schritten zur Verfügung: filenamelist.mat, grid_x.dat und grid_y.dat. Nun kann die zweidimensionale Kreuzkorrelation mittels der Routine automate_image.m, die speziell auf die Anwendung in dieser Arbeit angepasst wurde (Quellcode siehe A 6.1), durchgeführt werden. Diese berechnet die Verschiebung der Punkte im Vergleich zum Referenzbild. Im Gegensatz zum Originalprogramm von Herrn Eberl wurden folgende Veränderungen vorgenommen:

- Einlesen des Referenzbildes (baseimage) wird vor die for-Loop geschoben, da immer nur Bild 1 als Referenzbild verwendet wird.

- Bild und grid werden während der Auswertung nicht mehr angezeigt, damit es schneller geht.

- Das durch den grid_generator.m erzeugte Gitter (grid) für das Referenzbild wird gerundet, bevor es zur „Anwendung" kommt. Dadurch lässt das Rauschen der Auswertung stark nach.Grund: cpcorr kommt mit Kommazahlen in der Markerposition nicht klar.

- UPDATE herausgenommen, die Markerpositionen des letzten Bildes werden NICHT als Startwert für das neue Bild verwendet. Dies ist nur bei gerichteten Verschiebungen sinnvoll, wie z.B. bei den Zugversuchen, die in der Gruppe von Herrn Eberl durchgeführt werden. Bei starken Vibrationen oder bei Richtungswechsel der Verschiebung kann es dazu führen, dass keine Übereinstimmung mehr gefunden wird.

Nachdem mit automate_image.m die Verschiebungen der Punkte für jedes Bild – jeden Zeitpunkt – bestimmt sind, müssen nun die Oberflächen rekonstruiert werden. Herr Eberl hat zur Auswertung seiner Daten ein Programm zur Analyse der Verschiebungen und Bestimmung der Spannungen geschrieben (displacement.m). Dieses Programm wurde annähernd komplett umgeschrieben. Lediglich das Grundgerüst und das Einlesen der Daten wurde übernommen. Das Programm zur Rekonstruktion der Oberflächen und der Darstellung wurde daher auch umgenannt in surface_reconstruction.m (Quellcode siehe 0). Bei der Rekonstruktion der Oberflächen aus den ermittelten Verschiebungen kommt das von *Errico (2008)* geschriebene MATLAB®-Programm intgrad2.m zum Einsatz. Dieses wurde unverändert verwendet.

A 1.2 Erhöhung der Genauigkeit der Kreuzkorrelation

Die Kreuzkorrelation der Bilder wird unter Verwendung der Matlab-Routinen cpcorr.m und findpeak.m durchgeführt. Um die Genauigkeit der Kreuzkorrelation von 1/10 Pixel auf 1/1000 Pixel zu erhöhen, muss man zwei Änderungen in den Routinen vornehmen (*Eberl, 2008*).

In cpcorr.m müssen die Zeilen 134 und 135 wie folgt geändert werden.

input_fractional_offset = xyinput(icp,:) - round(xyinput(icp,:)**1000**)/**1000**;

base_fractional_offset=xybase_in(icp,:)-round(xybase_in(icp,:)**1000**)/**1000**;

Bei findpeak.m müssen die Zeilen 58 und 59 geändert werden, da es sich bei findpeak.m um eine „private" Routine handelt, muss das Programm direkt vom Pfad aus geöffnet werden und kann nicht mit dem Befehl „open" aus Matlab heraus geöffnet werden.

Pfad: …\MATLAB\R2009a\toolbox\images\images\private\findpeak.m

x_offset = round(**1000***x_offset)/**1000**;

y_offset = round(**1000***y_offset)/**1000**;

A 1.3 Validierung - Variation des corrsize

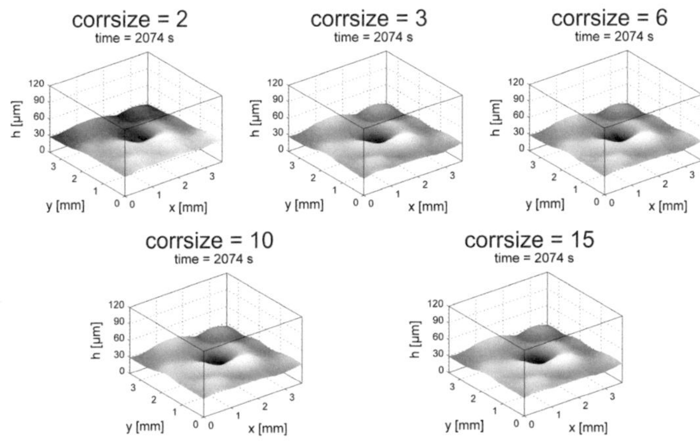

Abb. 8.1: 3D-Darstellung des letzten Bildes aus dem Validierungsversuch (Kapitel 2.2.3) bei Variation der Größe des Korrelationsbereiches (corrsize). Als optimale Größe für den Korrelationsbereich wurde corrsize = 10 für alle weiteren Versuche gewählt.

A 1.4 Spezifikation der verwendeten Geräte

CMOS Kamera, PixeLINK™ USB2.0, PL-B782U	
Abbildungsgerät	6,6 Megapixel CMOS Sensor
Sensortyp	Cypress IBIS 4B
Fühlerbereich, H x V	10,5 mm x 7,73 mm
Pixels, H x V	3000 x 2208
Pixelgröße, H x V	3,5 µm x 3,5 µm
Pixeltiefe	8/10 bit
Bildfrequenz	5 fps @ 3000 x 2208, 78 fps @ 640x480
elektronischer Verschluss	0,063 ms to 2 s
Verschlusstyp	Rolling
Rauschabstand	>60 dB
Gewinde	C-Mount
Größe H x B x T	41 mm x 50 mm x 102 mm

telezentrisches Objektiv TECHSPEC® Goldserie (2/3" Serie)	
Vergrößerung PMAG	1,0x
Arbeitsabstand	98 mm – 123 mm
Auflösung, Bildraum MTF	>45% @ 40 lp/mm @ F10
Telezentrie	<0,1°
Verzeichnung	0,50 % maximal
Schärfentiefebereich	±0,6 mm @ F12
Blende	F6 – F12
max. Durchmesser	68 mm
Länge ohne Gewinde	200,1 mm
Gewinde	M62 x 0,75

Schichtdickensensor, KEYENCE LT9030 M	
Messbereich	±1,0 mm
Bezugsabstand	30 mm
Lichtquelle	roter Halbleiter-Laser 670 nm
Fokusdurchmesser	ca. 7 µm
Auflösung	0,3 µm
Abfragezyklus	640 µs bis 187 ms (14 Stufen)
Mikroskop – Blickfeld	2,5 mm x 2,0 mm
Einsatztemperatur (Raum)	0 bis 35°C

Profilometer, Veeco, Dektak M6	
vertikaler Messbereich	5 nm (50 Å) bis 262 µm (2.620 kÅ)
vertikale Auflösung (bei unterschiedllichen Messbereichen)	0,1 nm (6,5 µm) 1 nm (65 µm) 4 nm (262 µm)
Messspitze	Ø 12,5 µm
Messkraft (einstellbar)	1 mg bis 15 mg
Verfahrweg	50 µm bis 30 mm
Verfahrgeschwindigkeit	3 s bis 100 s

A 2   Ergebnisse der durchgeführten Versuchen

A 2.1 Abschätzung des Einflusses der Diffusion auf die Entstehung der beobachteten Oberflächenstrukturen

Der Stofftransport durch Diffusion ist der beobachteten Entstehung der Welle entgegen gerichtet. Wie groß dieser Einfluss ist, soll hier abgeschätzt werden. Da sich die Stoffwerte während der Trocknung ständig verändern, wurde zunächst eine grobe Abschätzung zugunsten des Diffusionsstroms durchgeführt. Der Einfluss wird deutlich geringer sein.

Folgende Annahmen werden für die Abschätzung getroffen: Das Polymer diffundiert mit der gleichen Geschwindigkeit wie das viel kleiner Lösemittel, als Diffusionskoeffizient wird $D_{P,Lsg} = 1 \cdot 10^{-10}\ m/s^2$ festgesetzt. Als maximales treibendes Gefälle wird auf der einen Seite reines Polymer ($\rho_P = 1400\ kg/m^3$) und auf der anderen Seite reines Lösemittel ($\rho_L = 850\ kg/m^3$) angenommen. Die Diffusionslänge betrage 1 mm, dies entspricht der Strecke zwischen dem entstanden Tal und dem Wellenkamm, die aus den experimentellen Daten bestimmt wurde. Somit ergibt sich unter Annahme des einfachsten Diffusionsverhalten (Linearisierung des Fick'schen Gesetzes) folgender Massenstrom und Volumenstrom:

$$\dot{m} = D_{P,Lsg} \cdot \frac{\Delta\rho}{\Delta s} = 1 \cdot 10^{-10}\,\frac{m^2}{s} \cdot \frac{(1400-850)\frac{kg}{m^3}}{1\ mm} = 5{,}5 \cdot 10^{-5}\,\frac{kg}{s \cdot m^2} \qquad (8.1)$$

$$\dot{v} = \frac{\dot{m}}{\rho_P} = 3{,}93 \cdot 10^{-8}\,\frac{m^3}{s \cdot m^2} \qquad (8.2)$$

Im Querschnitt kann die Welle in erster Näherung als Dreieck mit der Grundfläche 2 mm und der Höhe 15 µm (Höhe der Welle) betrachten werden. Dem Polymer steht für die Diffusion die Durchtrittsfläche A von der Höhe des Filmes zur Verfügung. Hier wird die Anfangsfilmhöhe von 150 µm (max. möglich Höhe) festgelegt. Mit diesen Angaben kann die Zeit ausgerechnet werden, um das Volumen der Welle durch einen Diffusionsstromzu bewegen.

$$t = \frac{V_W}{\dot{v} \cdot A} = \frac{\frac{1}{2} \cdot 2\ mm \cdot 15\ µm}{3{,}93 \cdot 10^{-8}\frac{m^2}{s \cdot m} \cdot 150\ µm} = 2545{,}5\ s = 42{,}4\ min \qquad (8.3)$$

Damit wird deutlich, dass die Diffusion zwar der Bildung der Welle entgegen wirkt, allerdings der Einfluss sehr gering ist. Unter optimalsten Voraussetzungen für die Diffusion ist die Trocknungszeit um eine Faktor 20 kürzer (Trocknungszeit < 2 min).

A 2.2 Versuch zur Verdeutlichung von Konvektionsvorgängen

Konvektionsvorgängen aufgrund von Konzentrationsunterschieden können mit dem hier vorgestellten Versuchsaufbau verdeutlicht werden. Der Live-Versuch liefert interessante Erkenntnisse und diente dazu den Studenten die Thematik der Konvektion nahe zu bringen. In ein Uhrenglas wird eine eingefärbt Flüssigkeit vorgelegt. Ein Filterpapier wird mit einer zweiten Flüssigkeit getränkt und vorsichtig auf die Flüssigkeitsoberfläche im Uhrenglas gelegt (siehe Abb. 8.2). Bei unterschiedlichen Flüssigkeitskombinationen können Konvektionsströmungen beobachtet werden.

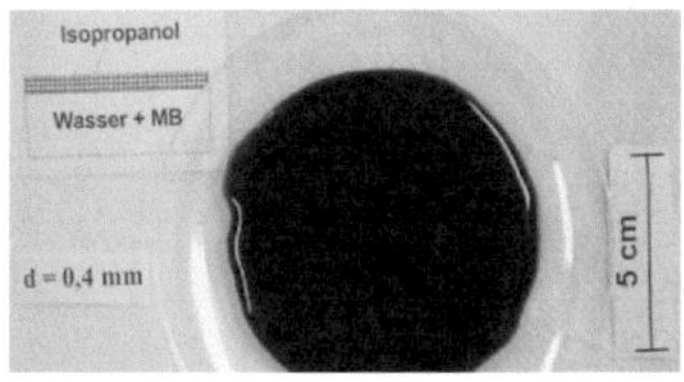

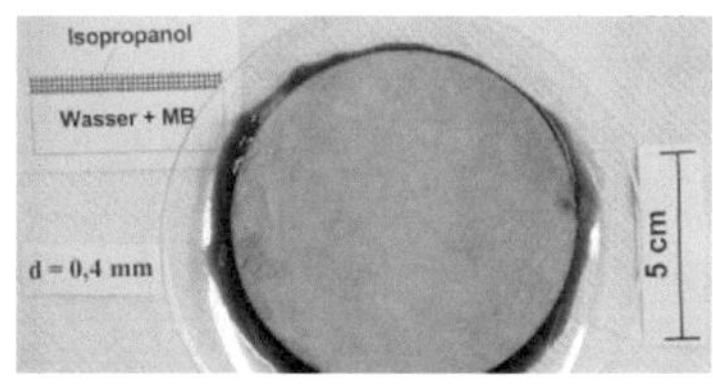

Abb. 8.2: Versuchsaufbau zur Verdeutlichung von Konvektionsvorgängen. <u>Links:</u> Eine mit Methylenblau (MB) angefärbte Flüssigkeit (hier: Wasser) wird in ein Uhrenglas vorgelegt. <u>Rechts:</u> Ein mit einer zweiten Flüssigkeit (hier Isopropanol) getränktes Filterpapier (hier: Dicke d = 0,4 mm) wird auf die Flüssigkeitsoberfläche im Uhrenglas gelegt und somit der Versuch gestartet.

Für die Versuche wurden die in Tab. 8.1 aufgeführten Stoffe in unterschiedlichen Kombinationen getestet. Die Ergebnisse der einzelnen Versuche sind in Tab. 8.2 dargestellt. Treten bei dem Versuch keine Konvektionszellen auf, dann kommt es zu einem rein über Diffusion getriebenen Ausgleichsvorgang, bei dem sich das Filterpapier mit der Zeit gleichmäßig blau färbt. Dies ist, wie aus den theoretischen Überlegungen vermutet, bei den ersten beiden Versuchen mit ISO / Wasser und NMP / Wasser zu erkennen. Bei dem Versuch mit Glycerin / Wasser sind schwach ausgeprägte Konvektionszellen zu erkennen. Diese sind auf die unterschiedlichen Dichten der Flüssigkeiten zurückzuführen. Bei der Stoffkombination Wasser / NMP sind bei dem Versuch mit dem 0,4 mm starke Filterpapier ebenfalls nur schwach ausgeprägt Konvektionszellen zu erkennen. Verursacht sind diese jedoch von Oberflächenspannungskräften. Da der Effekt der Oberflächenkräfte bei dünneren Schichten stärker ausgeprägt sein sollte, wurde der Versuch mit einem 0,15 mm dünnen Filterpapier wiederholt. Dabei zeigten sich, wie erwartet, sehr deutliche

Konvektionszellen, bei denen das eingefärbte NMP deutlich sichtbar von unten zur freien Flüssigkeitsoberfläche gezogen wurden. Beim letzten Versuch mit Wasser / ISO traten ebenfalls sehr deutlich Konvektionszellen auf, die sowohl durch den Dichte- als auch den Oberflächenspannungsunterschied der Flüssigkeiten hervorgerufen werden.

Tab. 8.1: Stoffeigenschaften der verwendeten Stoffe. Die Stoffwerte Dichte und Oberflächenspannung gelten für 20°C.

	Dichte $\left[\frac{kg}{m^3}\right]$	Oberflächenspannung $\left[\frac{mN}{m}\right]$	Molmasse $\left[\frac{g}{mol}\right]$
Isopropanol	780	21,4	60,1
Wasser	998	72,8	18,0
N-**M**ethyl-2-**P**yrrolidon	1030	41,0	99,1
Glycerin	1260	63,7	92,1

Tab. 8.2: Ergebnisse der Versuche zur Verdeutlichung von Konvektionsvorgängen aufgrund von Konzentrationsunterschieden.
Legende: + Konstellation der Stoffwerte sollte zur Konvektion führen
*   – Konstellation der Stoffwerte sollte zu keiner Konvektion führen*
*   o Stoffwerte sind sehr ähnlich, daher keine Beeinflussung erwartet*

	Marangoni-Konvektion	Bénard-Konvektion	Bilder der Filterpapieroberfläche am Ende des Versuches
ISO / Wasser + MB	–	–	Filterpapierstärke: 0,4 mm 0,15 mm
NMP / Wasser + MB	–	o	
Glycerin / Wasser + MB	o	+	
Wasser / NMP + MB	+	o	
Wasser / ISO + MB	+	+	

A 2.3 Auflistung der durchgeführten Versuche

Tab. 8.3: Zusammenfassung der durchgeführten Versuche – Trocknung auf dem überströmten Substrat aus Aluminium mit Tefloneinsatz. Dargestellt sind die Versuchsparameter und das Wichtigste aus der Auswertung der Visualisierung.

	Versuchsparameter	Naßfilmdicke [µm]	1. Deformation				Rippling aufgrund Trocknungsfront					
			Zeitpunkt [sec]	Filmhöhe [µm]	rel. Filmhöhe h/h_0	Energie Verd. [kJ/m²]	Eintritt in FoV [sec]	[µm]		Austritt aus FoV [sec]	[µm]	
Methanol - PVAc	2g/g, 30°C, 0,5m/s	157,8	22	114,4	**72,5%**	40,0	36	82,8	**52,5%**	65	59,2	**37,5%**
	2g/g, 35°C, 0,5m/s	161,2	15	120,5	**74,8%**	37,4	30	76,4	**47,4%**	53	55,5	**34,4%**
	2g/g, 40°C, 0,5m/s	152	13	111,2	**73,2%**	36,5	24	79,7	**52,4%**	44	62,9	**41,4%**
	2g/g, 30°C, 0,5m/s	157,8	22	114,4	**72,5%**	40,0	36	82,8	**52,5%**	65	59,2	**37,5%**
	2g/g, 30°C, 1,0m/s	153	15	109,8	**71,8%**	39,8	24	83,9	**54,8%**	47	58,3	**38,1%**
	2g/g, 30°C, 1,5m/s	130,7	10	90,2	**69,0%**	37,4	15	68,7	**52,6%**	32	55,2	**42,2%**
Toluol - PVAc	2g/g, 25°C, 0,5m/s	159,3	94	83,6	**52,5%**	26,8	98	77,8	**48,8%**	148	65,1	**40,9%**
	2g/g, 30°C, 0,5m/s	163,2	76	77,7	**47,6%**	28,9	78	72,7	**44,5%**	111	58,5	**35,8%**
	2g/g, 35°C, 0,5m/s	159	58	95,1	**59,8%**	22,1	64	87,3	**54,9%**	90	69,8	**43,9%**
	2g/g, 40°C, 0,5m/s	˙57,8	47	91,1	**57,7%**	22,8	51	81	**51,3%**	71	69	**43,7%**
	2g/g, 30°C, 0,5m/s	163,2	76	77,7	**47,6%**	28,9	78	72,7	**44,5%**	111	58,5	**35,8%**
	2g/g, 30°C, 1,0m/s	157,5	53	86,4	**54,9%**	24,9	49	89,7	**57,0%**	78	74,1	**47,0%**
	2g/g, 30°C, 1,5m/s	165,9	47	91,4	**55,1%**	26,1	40	98,5	**59,4%**	58	84,5	**50,9%**

* durchgestrichene Filmhöhen werden nicht verwendet, da sich bei dem Versuch das dünne Glassubstrat während der Messung verformt hat

A 2.4 Versuche mit dem Stoffsystem Methanol-Polyvinylacetat

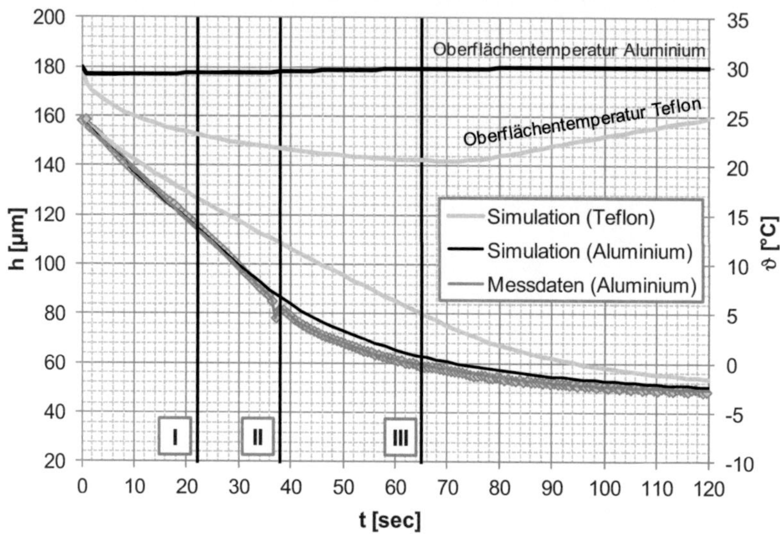

Abb. 8.3: Gemessene Referenzhöhe beim Versuch (Methanol-Polyvinylacetat, $X_0 = 2\,g_{Methanol}/g_{PVAc}$, $T = 30°C$, $u_0 = 0,5\,m/s$) getrocknet auf der Substratplatte aus Aluminium mit Tefloneinsatz im Vergleich zu der durchgeführten Simulation für eine Polymerfilmtrocknung auf einem reinen Aluminium- bzw. Teflon-Substrat – Höhen- und Temperaturverläufe. Der Messpunkt für die Referenzhöhe liegt 5 mm vor dem Tefloneinsatz oberhalb der Aluminiumplatte. Die senkrechten Linien markieren die Zeitpunkte bei denen sich Veränderungen der Oberfläche im Beobachtungsfeld ($\underline{F}ield\ \underline{O}f\ \underline{V}iew$) ergeben:
I: Auftreten der ersten Oberflächendeformation
II: Das „Rippling“ aufgrund der Trocknungsfront tritt ins FOV ein.
III: Das „Rippling“ aufgrund der Trocknungsfront läuft aus dem FOV.

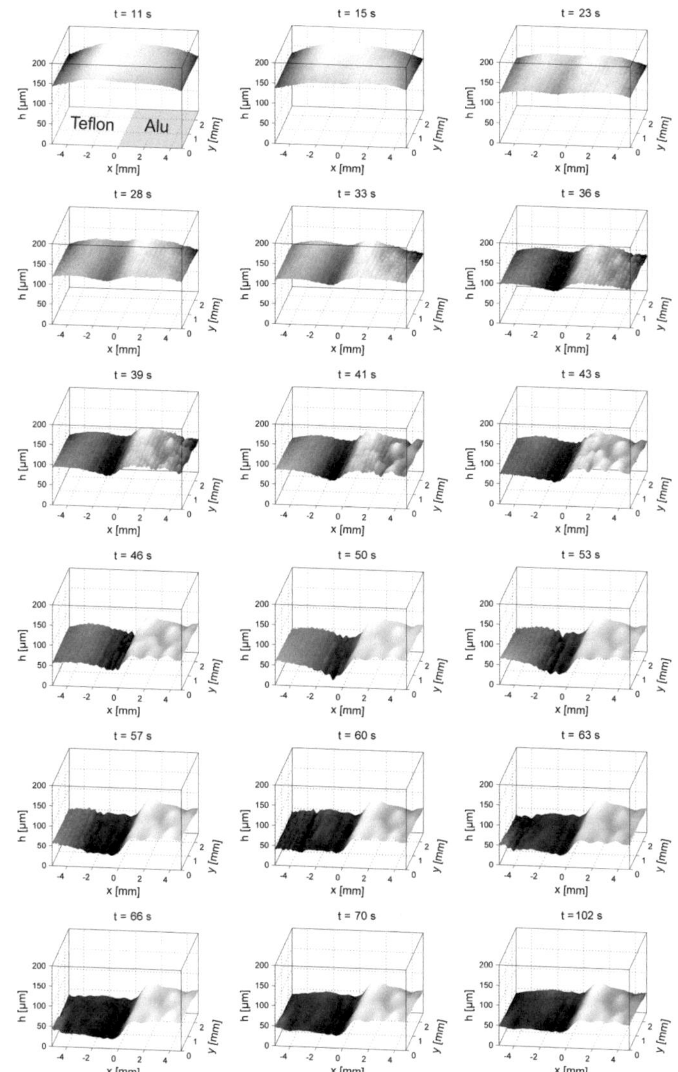

Abb. 8.4: Auswahl rekonstruierter Filmoberflächen während der Trocknung (Methanol-Polyvinylacetat, $X_0 = 2\,g_{Methanol}/g_{PVAc}$, $T = 30°C$) auf der Substratplatte aus Aluminium mit Tefloneinsatz. Die Anströmung ($u_0 = 0{,}5\,m/s$) erfolgte von rechts. Der Bildausschnitt zeigt den Film oberhalb des Werkstoffübergangs zwischen Tefloneinsatz ($x < 0$) und Aluminiumplatte ($x > 0$).

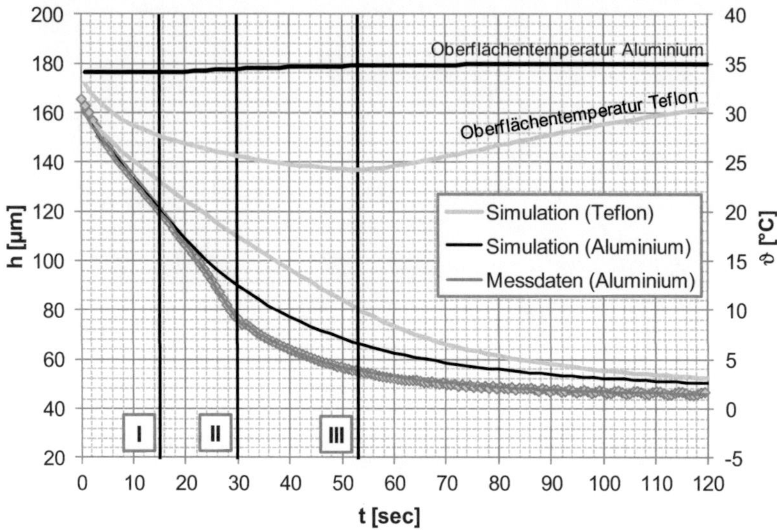

*Abb. 8.5: Gemessene Referenzhöhe beim Versuch (Methanol-Polyvinylacetat, $X_0 = 2\,g_{Methanol}/g_{PVAc}$, $T = 35°C$, $u_0 = 0,5\,m/s$) getrocknet auf der Substratplatte aus Aluminium mit Tefloneinsatz im Vergleich zu der durchgeführten Simulation für eine Polymerfilmtrocknung auf einem reinen Aluminium- bzw. Teflon-Substrat – Höhen- und Temperaturverläufe. Der Messpunkt für die Referenzhöhe liegt 5 mm vor dem Tefloneinsatz oberhalb der Aluminiumplatte. Die senkrechten Linien markieren die Zeitpunkte bei denen sich Veränderungen der Oberfläche im Beobachtungsfeld (**F**ield **O**f **V**iew) ergeben:*
I: Auftreten der ersten Oberflächendeformation
II: Das „Rippling" aufgrund der Trocknungsfront tritt ins FOV ein.
III: Das „Rippling" aufgrund der Trocknungsfront läuft aus dem FOV.

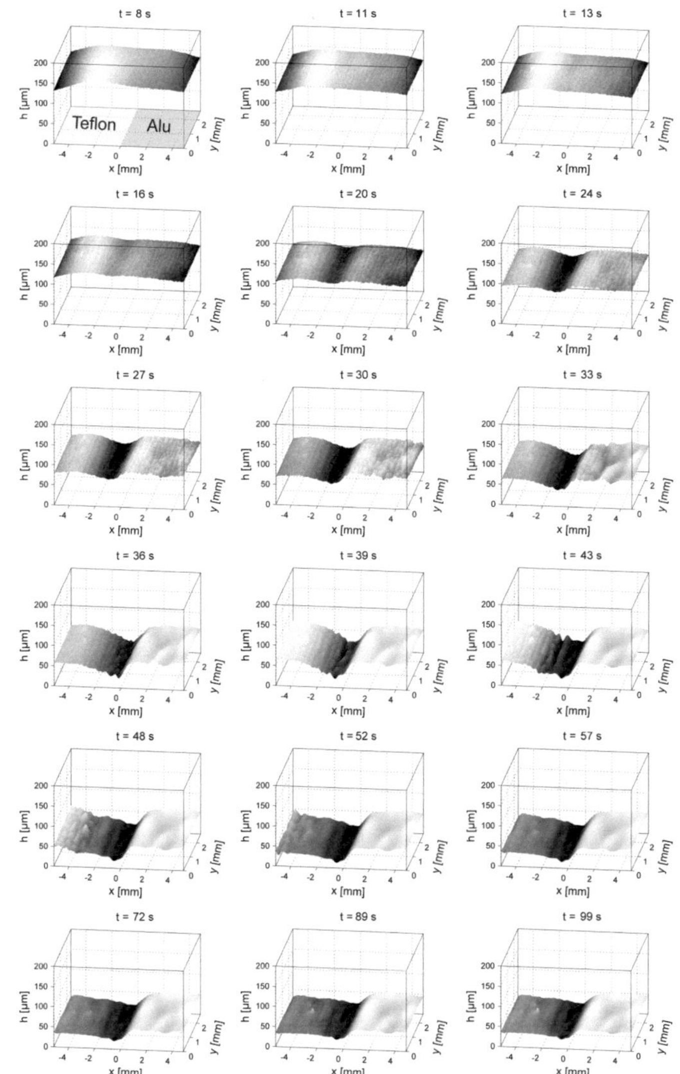

Abb. 8.6: Auswahl rekonstruierter Filmoberflächen während der Trocknung (Methanol-Polyvinylacetat, $X_0 = 2\,g_{Methanol}/g_{PVAc}$, $T = 35°C$) auf der Substratplatte aus Aluminium mit Tefloneinsatz. Die Anströmung ($u_0 = 0{,}5\,m/s$) erfolgte von rechts. Der Bildausschnitt zeigt den Film oberhalb des Werkstoffübergangs zwischen Tefloneinsatz ($x < 0$) und Aluminiumplatte ($x > 0$).

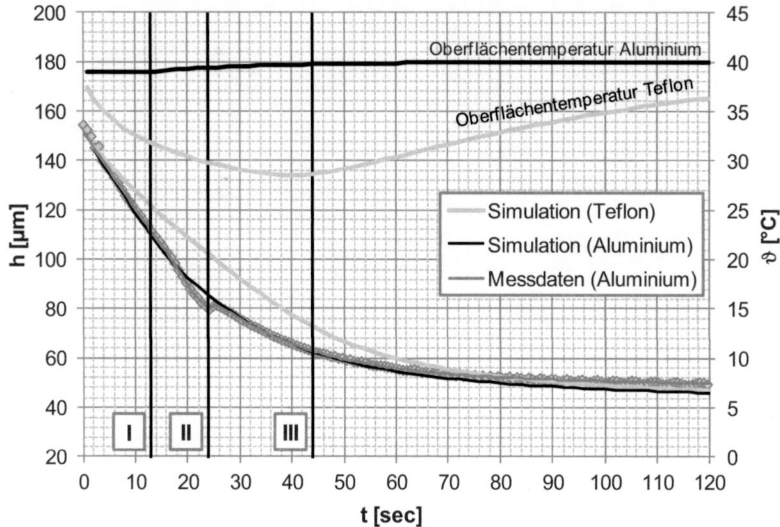

*Abb. 8.7: Gemessene Referenzhöhe beim Versuch (Methanol-Polyvinylacetat, $X_0 = 2\,g_{Methanol}/g_{PVAc}$, $T = 40°C$, $u_0 = 0,5\,m/s$) getrocknet auf der Substratplatte aus Aluminium mit Tefloneinsatz im Vergleich zu der durchgeführten Simulation für eine Polymerfilmtrocknung auf einem reinen Aluminium- bzw. Teflon-Substrat – Höhen- und Temperaturverläufe. Der Messpunkt für die Referenzhöhe liegt 5 mm vor dem Tefloneinsatz oberhalb der Aluminiumplatte. Die senkrechten Linien markieren die Zeitpunkte bei denen sich Veränderungen der Oberfläche im Beobachtungsfeld (**F**ield **O**f **V**iew) ergeben:*
I: Auftreten der ersten Oberflächendeformation
II: Das „Rippling" aufgrund der Trocknungsfront tritt ins FOV ein.
III: Das „Rippling" aufgrund der Trocknungsfront läuft aus dem FOV.

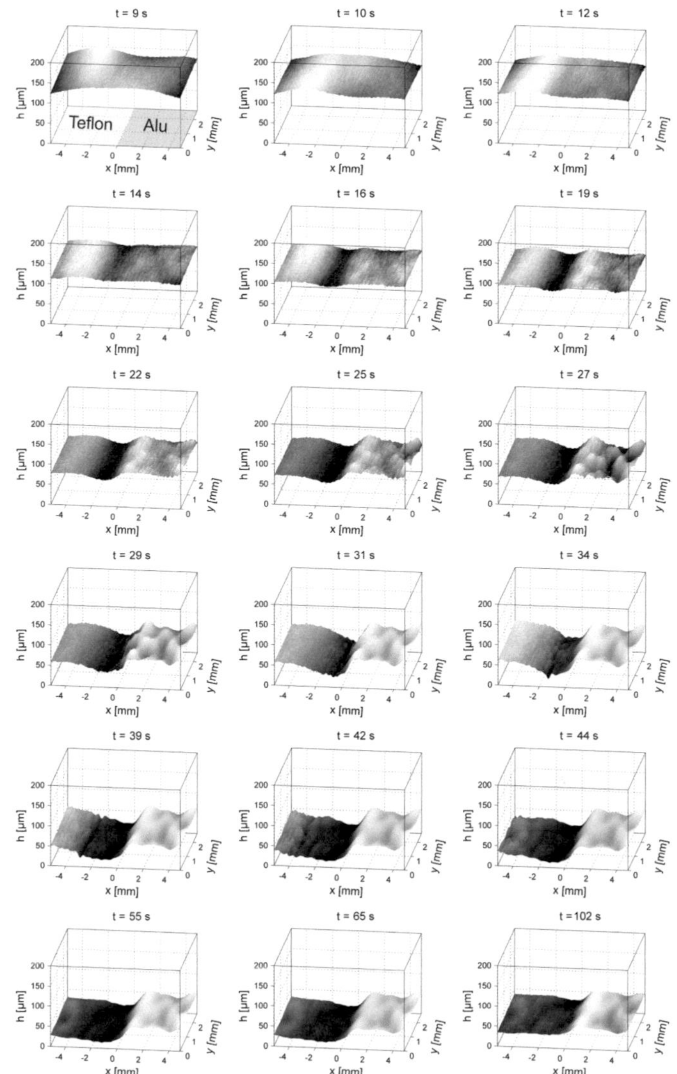

Abb. 8.8: Auswahl rekonstruierter Filmoberflächen während der Trocknung (Methanol-Polyvinylacetat, $X_0 = 2\,g_{Methanol}/g_{PVAc}$, $T = 40°C$) auf der Substratplatte aus Aluminium mit Tefloneinsatz. Die Anströmung ($u_0 = 0,5\,m/s$) erfolgte von rechts. Der Bildausschnitt zeigt den Film oberhalb des Werkstoffübergangs zwischen Tefloneinsatz ($x < 0$) und Aluminiumplatte ($x > 0$).

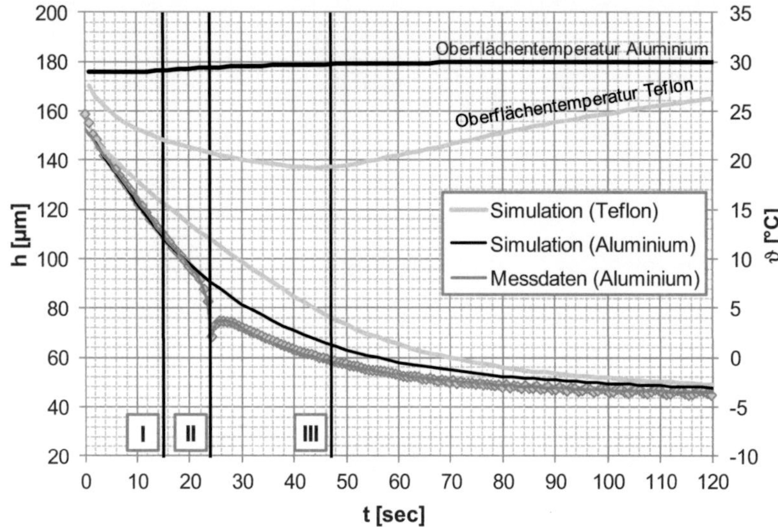

Abb. 8.9: Gemessene Referenzhöhe beim Versuch (Methanol-Polyvinylacetat, $X_0 = 2\,g_{Methanol}/g_{PVAc}$, $T = 30°C$, $u_0 = 1{,}0\,m/s$) getrocknet auf der Substratplatte aus Aluminium mit Tefloneinsatz im Vergleich zu der durchgeführten Simulation für eine Polymerfilmtrocknung auf einem reinen Aluminium- bzw. Teflon-Substrat – Höhen- und Temperaturverläufe. Der Messpunkt für die Referenzhöhe liegt 5 mm vor dem Tefloneinsatz oberhalb der Aluminiumplatte. Die senkrechten Linien markieren die Zeitpunkte bei denen sich Veränderungen der Oberfläche im Beobachtungsfeld (Field Of View) ergeben:
I: Auftreten der ersten Oberflächendeformation
II: Das „Rippling" aufgrund der Trocknungsfront tritt ins FOV ein.
III: Das „Rippling" aufgrund der Trocknungsfront läuft aus dem FOV.

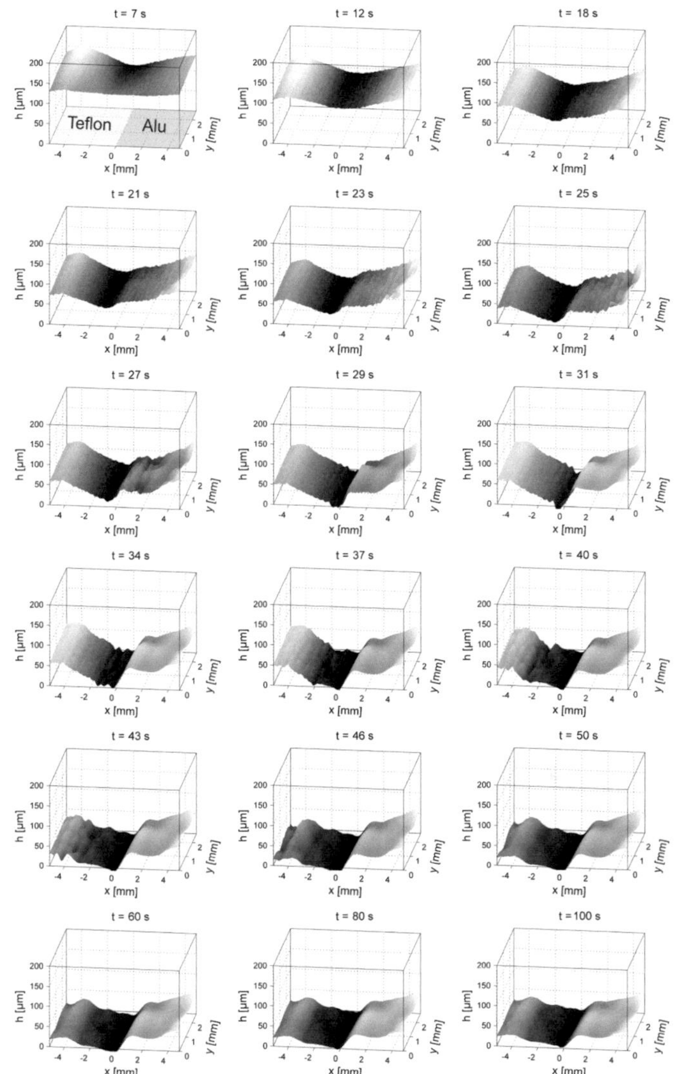

Abb. 8.10: Auswahl rekonstruierter Filmoberflächen während der Trocknung (Methanol-Polyvinylacetat, $X_0 = 2\,g_{Methanol}/g_{PVAc}$, $T = 30°C$) auf der Substratplatte aus Aluminium mit Tefloneinsatz. Die Anströmung ($u_0 = 1,0\,m/s$) erfolgte von rechts. Der Bildausschnitt zeigt den Film oberhalb des Werkstoffübergangs zwischen Tefloneinsatz ($x < 0$) und Aluminiumplatte ($x > 0$).

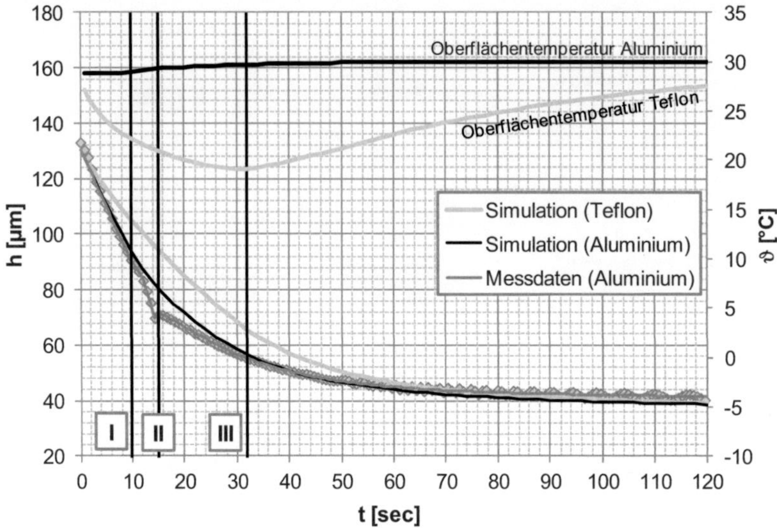

Abb. 8.11: Gemessene Referenzhöhe beim Versuch (Methanol-Polyvinylacetat, $X_0 = 2\,g_{Methanol}/g_{PVAc}$, $T = 30°C$, $u_0 = 1{,}5\,m/s$) getrocknet auf der Substratplatte aus Aluminium mit Tefloneinsatz im Vergleich zu der durchgeführten Simulation für eine Polymerfilmtrocknung auf einem reinen Aluminium- bzw. Teflon-Substrat – Höhen- und Temperaturverläufe. Der Messpunkt für die Referenzhöhe liegt 5 mm vor dem Tefloneinsatz oberhalb der Aluminiumplatte. Die senkrechten Linien markieren die Zeitpunkte bei denen sich Veränderungen der Oberfläche im Beobachtungsfeld (Field Of View) ergeben:
I: Auftreten der ersten Oberflächendeformation
II: Das „Rippling" aufgrund der Trocknungsfront tritt ins FOV ein.
III: Das „Rippling" aufgrund der Trocknungsfront läuft aus dem FOV.

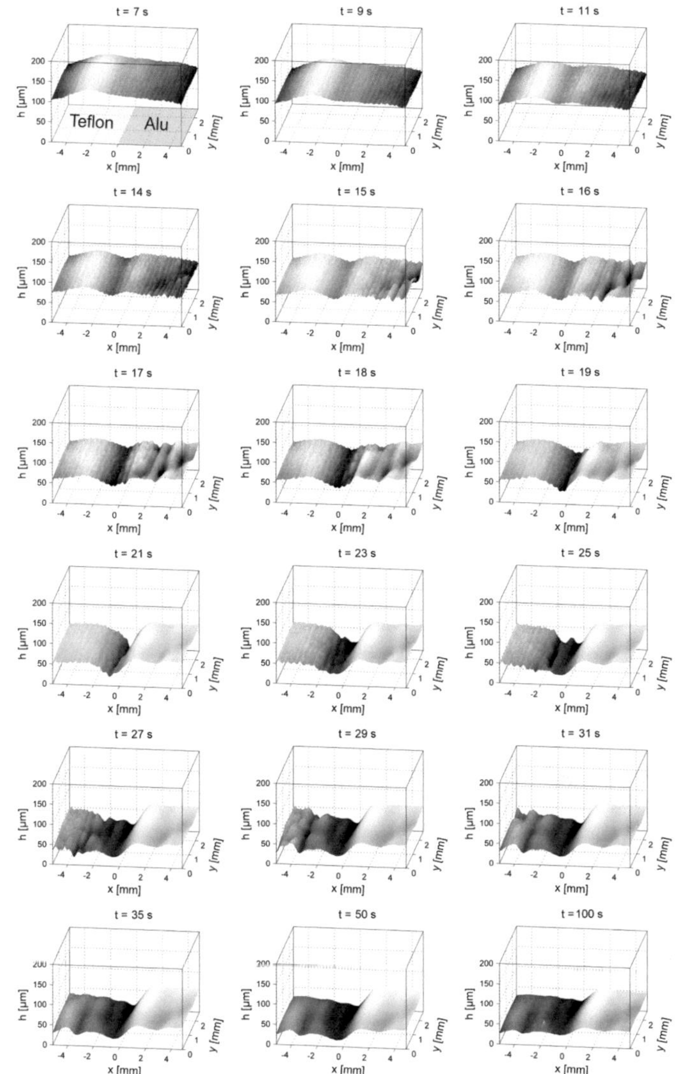

Abb. 8.12: Auswahl rekonstruierter Filmoberflächen während der Trocknung (Methanol-Polyvinylacetat, $X_0 = 2\,g_{Methanol}/g_{PVAc}$, $T = 30°C$) auf der Substratplatte aus Aluminium mit Tefloneinsatz. Die Anströmung ($u_0 = 1,5\,m/s$) erfolgte von rechts. Der Bildausschnitt zeigt den Film oberhalb des Werkstoffübergangs zwischen Tefloneinsatz ($x < 0$) und Aluminiumplatte ($x > 0$).

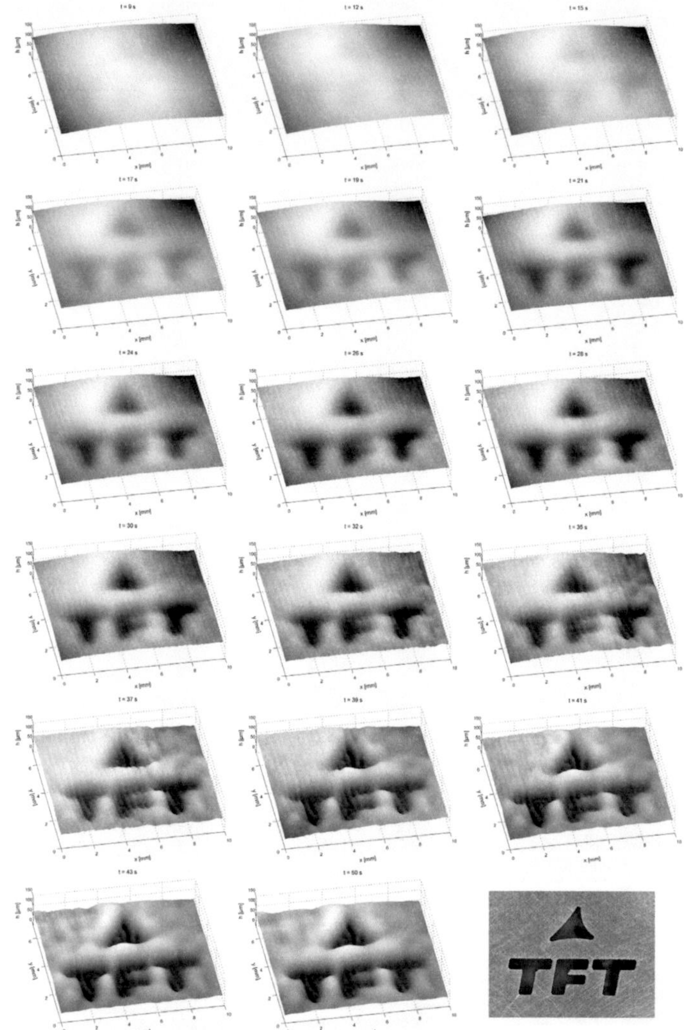

Abb. 8.13: Beispiel zur gezielten Erzeugung von Oberflächenstrukturen. Auswahl rekonstruierter Filmoberflächen während der Trocknung (Methanol-Polyvinylacetat, $X_0 = 2\,g_{Methanol}/g_{PVAc}$, $T = 30°C$) auf einer strukturierten Substratplatte unter dem dünnen Glassubstrat (150 μm). Das letzte Bild zeigt eine Aufnahme der strukturierten Substratplatte vor dem Auflegen des dünnen

Glassubstrates, aufgenommen mit der Kamera des Versuchsaufbaus. In die Substratplatte war das Logo ca. 1 mm tief eingefräßt worden.

A 2.5 Versuche mit dem Stoffsystem Toluol-Polyvinylacetat

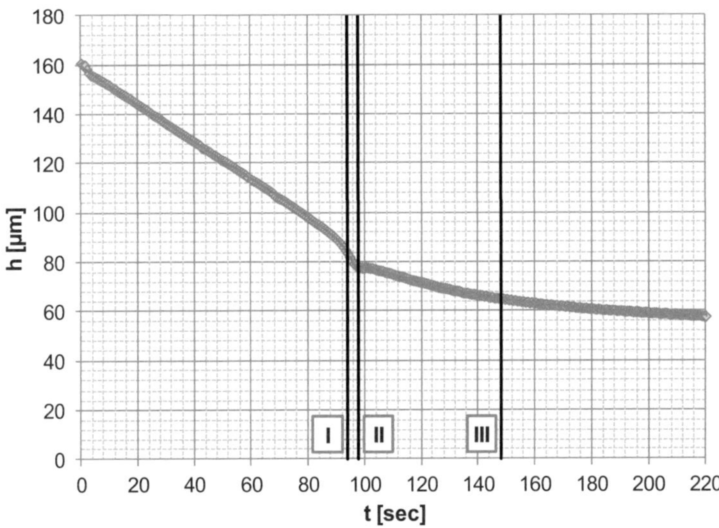

Abb. 8.14: Gemessene Referenzhöhe beim Versuch (Toluol-Polyvinylacetat, $X_0 = 2\,g_{Toluol}/g_{PVAc}$, $T = 25°C$, $u_0 = 0{,}5\,m/s$) getrocknet auf der Substratplatte aus Aluminium mit Tefloneinsatz. Der Messpunkt für die Referenzhöhe liegt 5 mm vor dem Tefloneinsatz oberhalb der Aluminiumplatte. Die senkrechten Linien markieren die Zeitpunkte bei denen sich Veränderungen der Oberfläche im Beobachtungsfeld (__F__ield __O__f __V__iew) ergeben:

I: Auftreten der ersten Oberflächendeformation

II: Das „Rippling" aufgrund der Trocknungsfront tritt ins FOV ein.

III: Das „Rippling" aufgrund der Trocknungsfront läuft aus dem FOV.

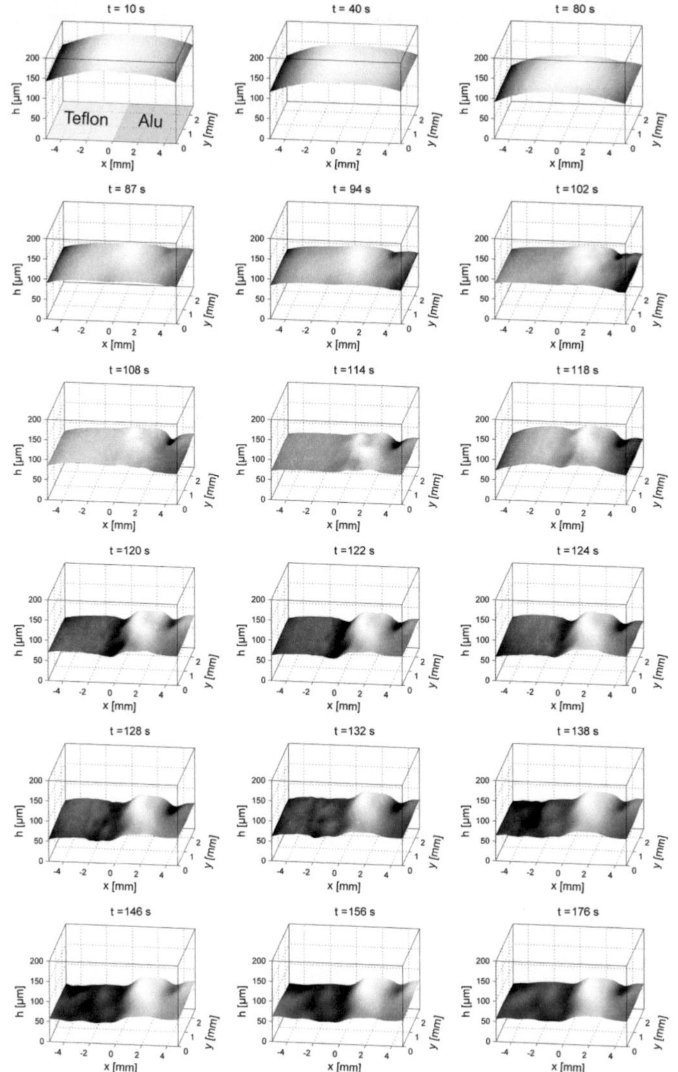

Abb. 8.15: Auswahl rekonstruierter Filmoberflächen während der Trocknung (Toluol-Polyvinylacetat, $X_0 = 2\,g_{Toluol}/g_{PVAc}$, $T = 25°C$) auf der Substratplatte aus Aluminium mit Tefloneinsatz. Die Anströmung ($u_0 = 0,5\,m/s$) erfolgte von rechts. Der Bildausschnitt zeigt den Film oberhalb des Werkstoffübergangs zwischen Tefloneinsatz ($x < 0$) und Aluminiumplatte ($x > 0$).

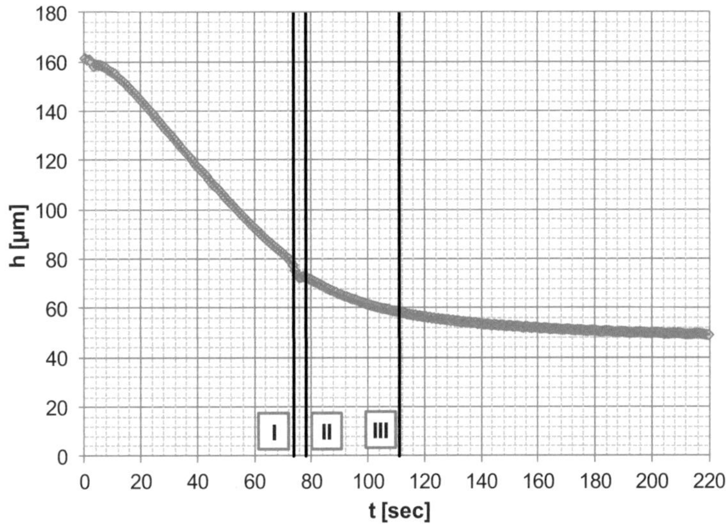

Abb. 8.16: Gemessene Referenzhöhe beim Versuch (Toluol-Polyvinylacetat, $X_0 = 2\,g_{Toluol}/g_{PVAc}$, $T = 30°C$, $u_0 = 0{,}5\,m/s$) getrocknet auf der Substratplatte aus Aluminium mit Tefloneinsatz. Der Messpunkt für die Referenzhöhe liegt 5 mm vor dem Tefloneinsatz oberhalb der Aluminiumplatte. Die senkrechten Linien markieren die Zeitpunkte bei denen sich Veränderungen der Oberfläche im Beobachtungsfeld (Field Of View) ergeben:
I: Auftreten der ersten Oberflächendeformation
II: Das „Rippling" aufgrund der Trocknungsfront tritt ins FOV ein.
III: Das „Rippling" aufgrund der Trocknungsfront läuft aus dem FOV.

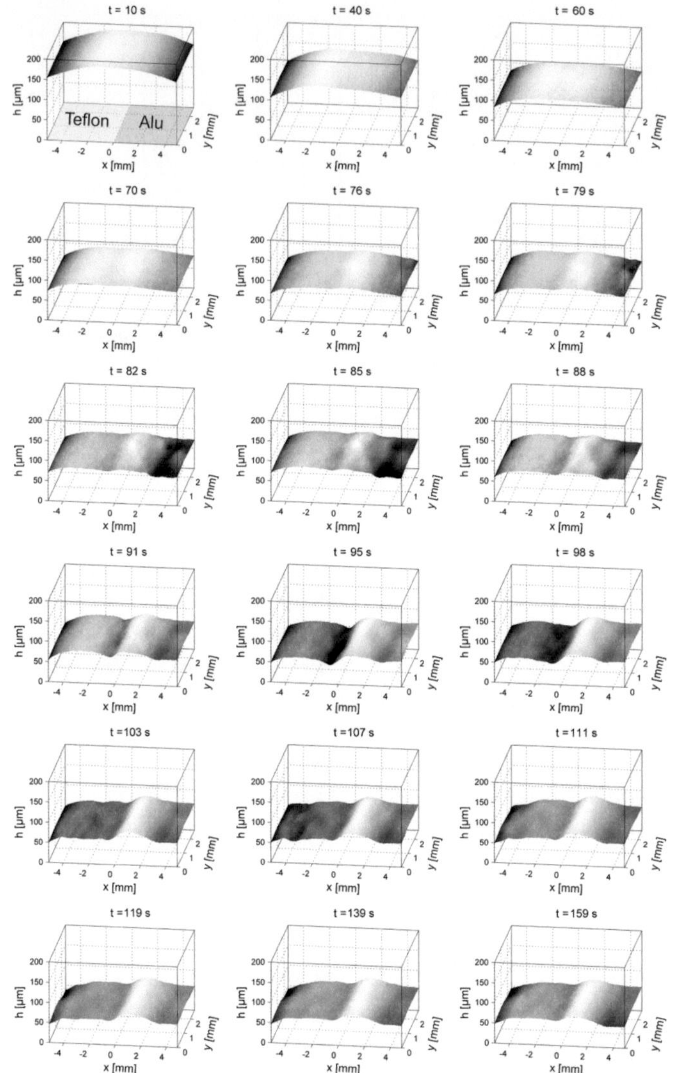

Abb. 8.17: Auswahl rekonstruierter Filmoberflächen während der Trocknung (Toluol-Polyvinylacetat, $X_0 = 2\,g_{Toluol}/g_{PVAc}$, $T = 30°C$) auf der Substratplatte aus Aluminium mit Tefloneinsatz. Die Anströmung ($u_0 = 0{,}5\,m/s$) erfolgte von rechts. Der Bildausschnitt zeigt den Film oberhalb des Werkstoffübergangs zwischen Tefloneinsatz ($x < 0$) und Aluminiumplatte ($x > 0$).

146

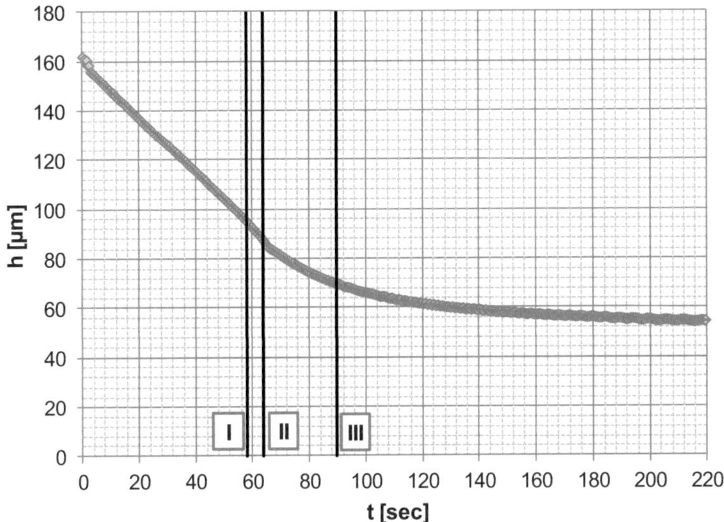

Abb. 8.18: Gemessene Referenzhöhe beim Versuch (Toluol-Polyvinylacetat, $X_0 = 2\,g_{Toluol}/g_{PVAc}$, $T = 35°C$, $u_0 = 0{,}5\,m/s$) getrocknet auf der Substratplatte aus Aluminium mit Tefloneinsatz. Der Messpunkt für die Referenzhöhe liegt 5 mm vor dem Tefloneinsatz oberhalb der Aluminiumplatte. Die senkrechten Linien markieren die Zeitpunkte bei denen sich Veränderungen der Oberfläche im Beobachtungsfeld (Field Of View) ergeben:
I: Auftreten der ersten Oberflächendeformation
II: Das „Rippling" aufgrund der Trocknungsfront tritt ins FOV ein.
III: Das „Rippling" aufgrund der Trocknungsfront läuft aus dem FOV.

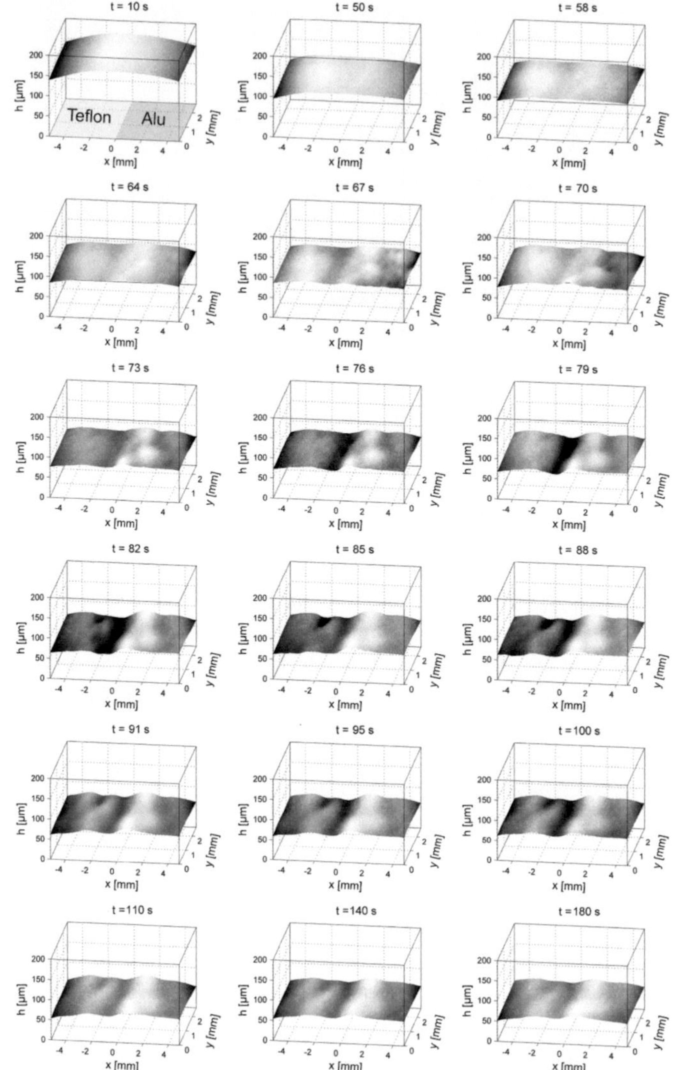

Abb. 8.19: Auswahl rekonstruierter Filmoberflächen während der Trocknung (Toluol-Polyvinylacetat, $X_0 = 2\,g_{Toluol}/g_{PVAc}$, $T = 35°C$) auf der Substratplatte aus Aluminium mit Tefloneinsatz. Die Anströmung ($u_0 = 0{,}5\,m/s$) erfolgte von rechts. Der Bildausschnitt zeigt den Film oberhalb des Werkstoffübergangs zwischen Tefloneinsatz ($x < 0$) und Aluminiumplatte ($x > 0$).

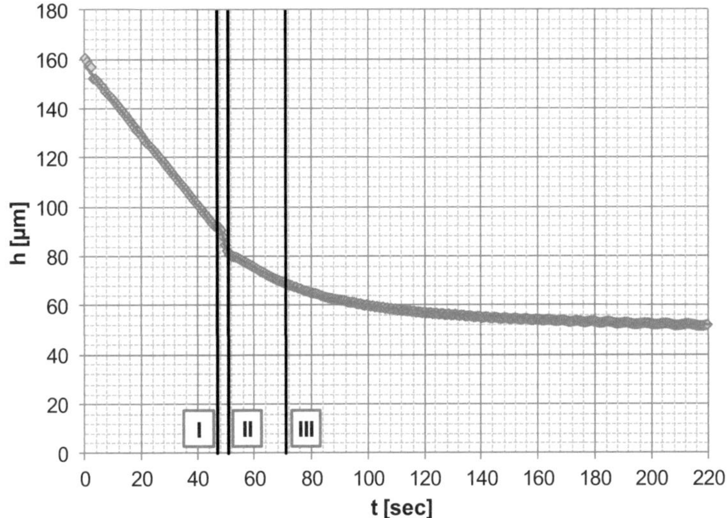

Abb. 8.20: Gemessene Referenzhöhe beim Versuch (Toluol-Polyvinylacetat, $X_0 = 2\,g_{Toluol}/g_{PVAc}$, $T = 40°C$, $u_0 = 0,5\,m/s$) getrocknet auf der Substratplatte aus Aluminium mit Tefloneinsatz. Der Messpunkt für die Referenzhöhe liegt 5 mm vor dem Tefloneinsatz oberhalb der Aluminiumplatte. Die senkrechten Linien markieren die Zeitpunkte bei denen sich Veränderungen der Oberfläche im Beobachtungsfeld (__F__ield __O__f __V__iew) ergeben:

I: Auftreten der ersten Oberflächendeformation

II: Das „Rippling" aufgrund der Trocknungsfront tritt ins FOV ein.

III: Das „Rippling" aufgrund der Trocknungsfront läuft aus dem FOV.

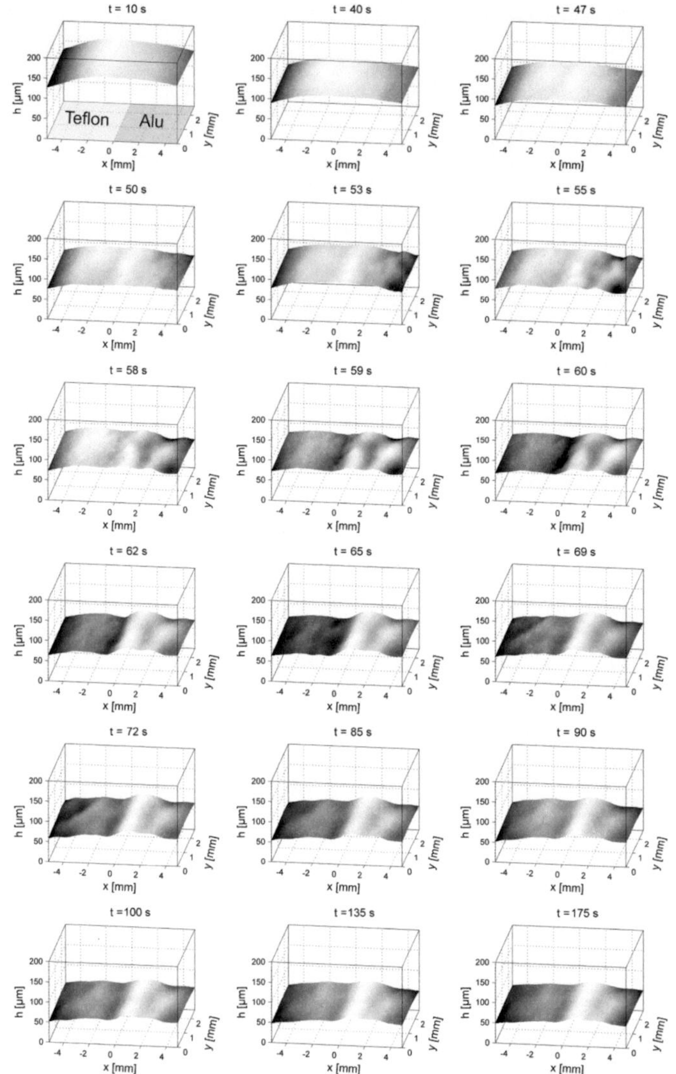

Abb. 8.21: Auswahl rekonstruierter Filmoberflächen während der Trocknung (Toluol-Polyvinylacetat, $X_0 = 2\,g_{Toluol}/g_{PVAc}$, $T = 40°C$) auf der Substratplatte aus Aluminium mit Tefloneinsatz. Die Anströmung ($u_0 = 0{,}5\,m/s$) erfolgte von rechts. Der Bildausschnitt zeigt den Film oberhalb des Werkstoffübergangs zwischen Tefloneinsatz ($x < 0$) und Aluminiumplatte ($x > 0$).

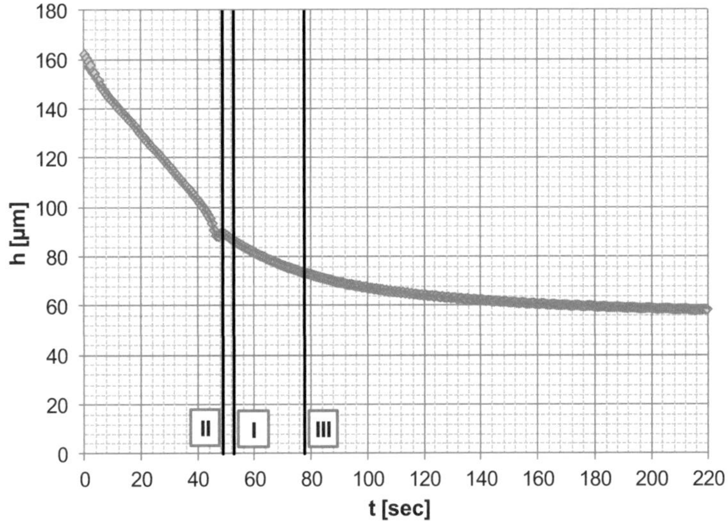

Abb. 8.22: Gemessene Referenzhöhe beim Versuch (Toluol-Polyvinylacetat, $X_0 = 2\,g_{Toluol}/g_{PVAc}$, $T = 30°C$, $u_0 = 1,0\,m/s$) getrocknet auf der Substratplatte aus Aluminium mit Tefloneinsatz. Der Messpunkt für die Referenzhöhe liegt 5 mm vor dem Tefloneinsatz oberhalb der Aluminiumplatte. Die senkrechten Linien markieren die Zeitpunkte bei denen sich Veränderungen der Oberfläche im Beobachtungsfeld (__F__ield __O__f __V__iew) ergeben:
I: Auftreten der ersten Oberflächendeformation
II: Das „Rippling“ aufgrund der Trocknungsfront tritt ins FOV ein.
III: Das „Rippling“ aufgrund der Trocknungsfront läuft aus dem FOV.

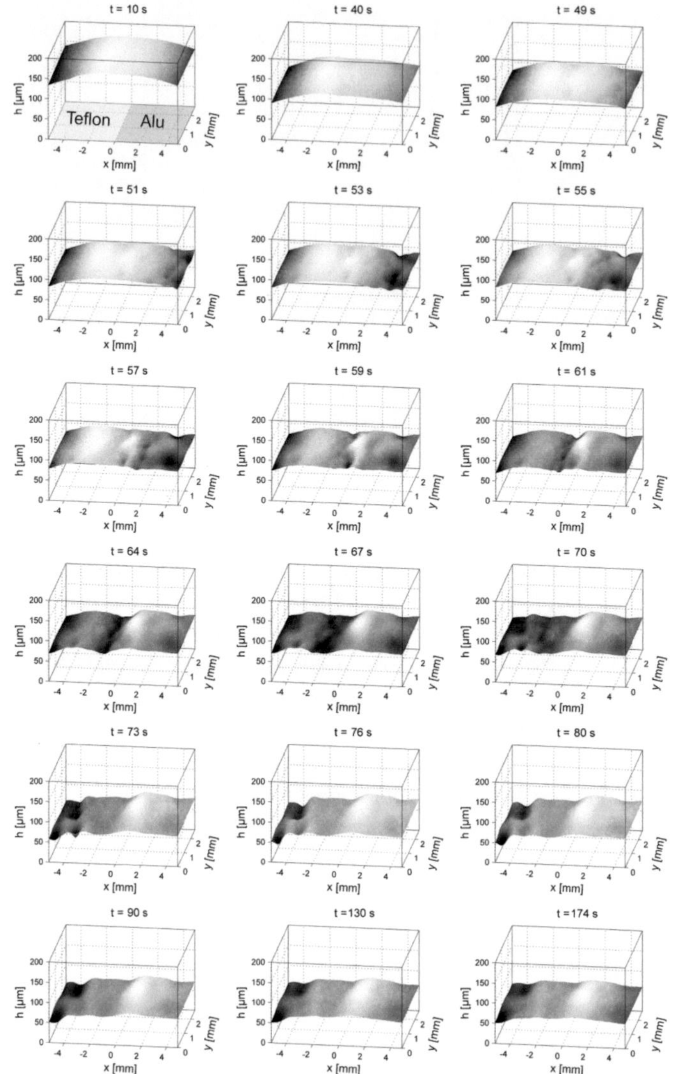

Abb. 8.23: Auswahl rekonstruierter Filmoberflächen während der Trocknung (Toluol-Polyvinylacetat, $X_0 = 2\,g_{Toluol}/g_{PVAc}$, $T = 30°C$) auf der Substratplatte aus Aluminium mit Tefloneinsatz. Die Anströmung ($u_0 = 1{,}0\,m/s$) erfolgte von rechts. Der Bildausschnitt zeigt den Film oberhalb des Werkstoffübergangs zwischen Tefloneinsatz ($x < 0$) und Aluminiumplatte ($x > 0$).

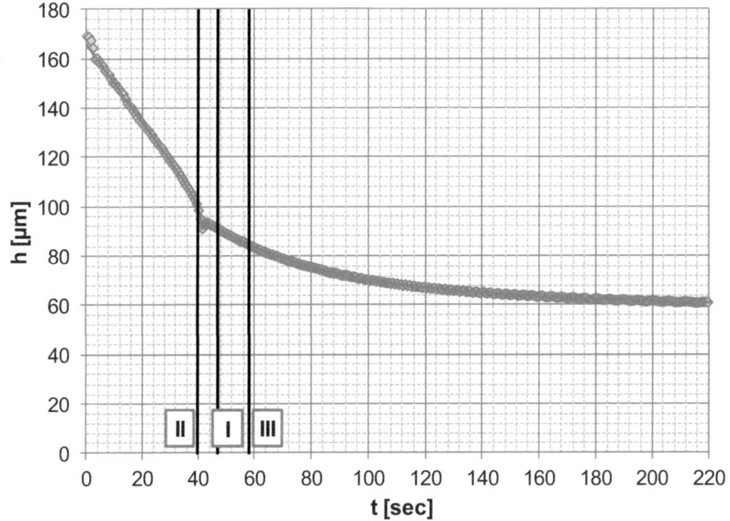

Abb. 8.24: Gemessene Referenzhöhe beim Versuch (Toluol-Polyvinylacetat,
$X_0 = 2\,g_{Toluol}/g_{PVAc}$, $T = 30°C$, $u_0 = 1{,}5\,m/s$) *getrocknet auf der Substrat-*
platte aus Aluminium mit Tefloneinsatz. Der Messpunkt für die Referenzhöhe
liegt 5 mm vor dem Tefloneinsatz oberhalb der Aluminiumplatte. Die senkrechten
Linien markieren die Zeitpunkte bei denen sich Veränderungen der Oberfläche
im Beobachtungsfeld (Field Of View) ergeben:
I: Auftreten der ersten Oberflächendeformation
II: Das „Rippling" aufgrund der Trocknungsfront tritt ins FOV ein.
III: Das „Rippling" aufgrund der Trocknungsfront läuft aus dem FOV.

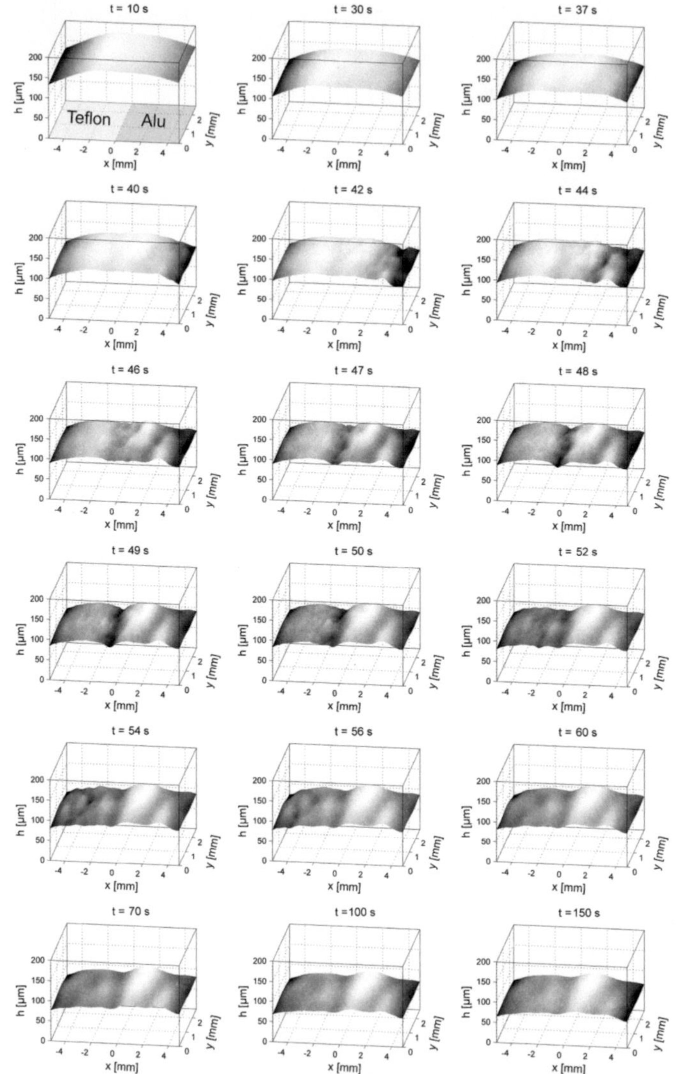

Abb. 8.25: Auswahl rekonstruierter Filmoberflächen während der Trocknung (Toluol-Polyvinylacetat, $X_0 = 2\,g_{Toluol}/g_{PVAc}$, $T = 30°C$) auf der Substratplatte aus Aluminium mit Tefloneinsatz. Die Anströmung ($u_0 = 1{,}5\,m/s$) erfolgte von rechts. Der Bildausschnitt zeigt den Film oberhalb des Werkstoffübergangs zwischen Tefloneinsatz ($x < 0$) und Aluminiumplatte ($x > 0$).

154

A 2.6 Artefakte der in-situ Visualisierung bei der Verwendung des maximalen Beobachtungsfeldes

Wie bereits im Kapitel 2.2.3 geschildert, summiert die numerische Berechnung von $\nabla^{-1}\delta r$ nach *Errico (2008)* (flächige Integration des Verschiebungsfeldes) Fehler auf. Je länger die Strecke der Integration vom Startpunkt / Fixpunkt aus ist, umso stärker wirken sich die aufsummierten Fehler auf die lokale absolute Filmhöhe aus. Bei dem vorgestellten Validierungsversuch (Kapitel 2.2.3) wurde ein kleiner Bildausschnitt ($3{,}5 \times 3{,}5$ mm²) aus der Mitte des Aufnahmebereichs der CCD-Kamera verwendet. Abbildungsfehler, die durch Verzerrung am Rande des Objektivs auftreten, haben daher beim Validierungsversuch keinen Einfluss gehabt. Daher wurde lediglich der Fehler, welcher sich aus der Momentaufnahme von Vibrationen der Anlage ergibt, festgestellt. Bei den Trocknungsversuchen auf der Teflon-Aluminium-Platte sind die Strukturen, die oberhalb des Werkstoffübergangs zwischen Aluminium und Teflon beobachtet werden, in Strömungsrichtung ausgedehnter. Daher wird bei diesen Versuchen die gesamte Länge (10 mm) des Beobachtungsfeldes benötigt und zur Rekonstruktion der Oberfläche ausgenutzt. Trotz der Verwendung eines hochqualitativen, telezentrischen Objektives kann eine leichte Verzerrung des Bildes im Randbereich nicht vollständig vermieden werden. Diese Verzerrung im Randbereich führt ebenfalls zu kleinen Fehlern, die sich bei der Auswertung bemerkbar machen. Unter anderem daher sind die ausgewerteten Oberflächen zu den Rändern hin immer etwas gewölbt, wie in Abb. 8.26 an der exemplarisch ausgewählten, rekonstruierten Oberfläche (Referenzversuch: Methanol-Polyvinylacetat-Lösung, $X_0 = 2\,\mathrm{g_{Methanol}}/\mathrm{g_{PVAc}}$, $\vartheta = 30°C$, $u_0 = 0{,}5\,\mathrm{m/s}$) zu erkennen ist.

Eine Verringerung der Verzerrung der Bilder im Randbereich, die aus der Geometrie des Objektivs resultiert, ist prinzipiell möglich und wird bei hochwertigen, digitalen Kameras teilweise eingesetzt, allerdings sind diese mathematischen Korrekturverfahren hochkomplex und die exakte Geometrie und Abbildungscharakteristik des Objektivs muss bekannt sein. Eine entsprechende Korrektur der Punktmusterbilder, sofern sie bei dem eingesetzten telezentrischen Objektiv mit sehr geringer Randverzerrung überhaupt sinnvoll gewesen wäre, konnte im Rahmen der hier vorliegenden Arbeit nicht realisiert werden. Bei der Rekonstruktion der Oberflächen vermischen sich der Einfluss von Vibrationen und optischen Abbildungsfehlern. Daher müssen bei der

Betrachtung der rekonstruierten dreidimensionalen Oberfläche die Einflüsse aller Unzulänglichkeiten des Versuchsaufbaus berücksichtigt und dürfen nicht fehlinterpretiert werden.

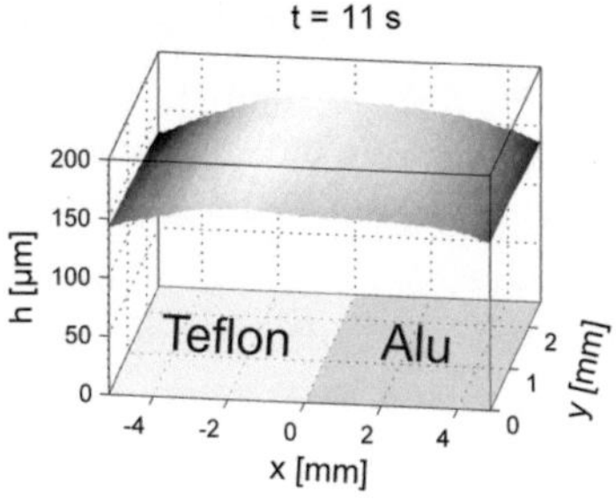

Abb. 8.26: Rekonstruierte Oberfläche über die gesamte Länge (x-Richtung) des Aufnahmebereichs der Kamera, hierbei treten Krümmungen der Randbereiche auf, die nicht der Realität entsprechen und unter anderem auf die optische Verzerrung der verwendeten Optik im Außenbereich zurückzuführen sind. In der Breite (y-Richtung) wurde lediglich ein kleiner Bereich aus der Mitte des Aufnahmebereichs verwendet, hier treten diese Artefakte nicht auf.

Zur Vermeidung von Fehlinterpretationen wurden Kontrollmessungen mit dem Profilometer im trockenen Film durchgeführt. Diese wurden mit Querschnitten der rekonstruierten Oberflächen am Ende der Trocknung verglichen. Im trockenen Film sind keine Veränderungen der Oberflächentopographie möglich, daher sind Unterschiede zwischen den Profilometermessungen und den rekonstruierten Oberflächen der Visualisierungstechnik auf Unzulänglichkeiten des Versuchsaufbaus, der Versuchsdurchführung bzw. der Auswertung zurückzuführen. Nach der Auswertung der Punktmusterbilder wurden drei rekonstruierte Oberflächen aus der Bilderserie ausgewählt, auf denen die unterschiedlichen Auswerteunzulänglichkeiten zu erkennen sind. Da sich die einzelnen Fehler ausgehend vom Startpunkt / Fixpunkt bei der flächigen Integration in beide Raumrichtungen aufsummieren, sind in Abb. 8.27 und Abb. 8.28 die Querprofile dieser drei repräsentativen Oberflächen des trockenen Films in beide Raumrichtungen ausgehend vom Fixpunkt dargestellt. Der Bezugspunkt für die Auswertung auf der Substratplatte aus Aluminium mit Tefloneinsatz ist der, in Strömungsrichtung, vorderen Eckpunkt bei $y = 0$ (vgl. Abb. 8.26). An diesem Fixpunkt wird die Höhe der rekonstruierten Oberfläche auf den Wert der gemessenen Referenzfilmhöhe gesetzt.

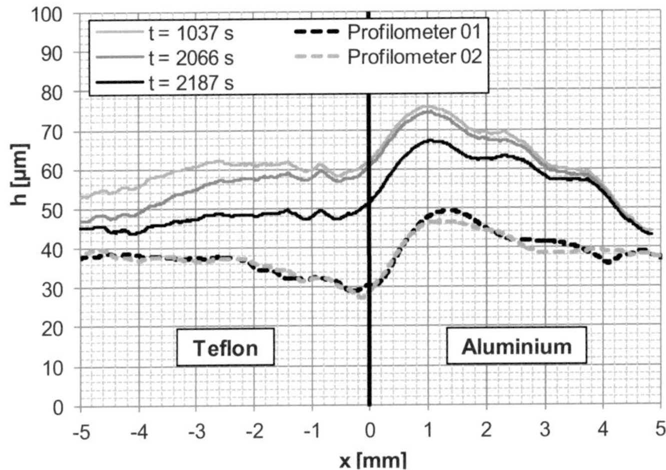

Abb. 8.27: Querschnitte (y = 0) der rekonstruierten Oberflächen (vgl. Abb. 8.26) des trockenen Films entlang der Strömungsrichtung. Die drei Querschnitte starten aus dem Bezugspunkt der Auswertung. Zum Vergleich sind zwei Querprofilmessungen mittels Profilometer im trockenen Film dargestellt.

Bei der Betrachtung der Querschnitte der rekonstruierten Oberflächen (hauptsächlich Abb. 8.27) ist zu erkennen, dass die Profile gekippt und gewölbt sind. Das Kippen der rekonstruierten Oberfläche lässt sich, wie bereits erwähnt, mit hoher Wahrscheinlichkeit auf die Vibrationen der Versuchsanlage zurückführen. Die Wölbung hingegen kann mehrere Gründe haben. Einerseits kann die bereits angesprochene Verzerrung im Randbereich der Optiken zu einer Verzerrung der Punktmusterbilder und somit zu einer scheinbaren Wölbung der rekonstruierten Oberfläche führen. Andererseits kann die Wölbung auch einer tatsächlichen Verformung des Glassubstrates entsprechen, welche durch Spannungen des trocknenden Films entstehen. Bei der dargestellten Profilometermessung im trockenen Film wird das dünne Glassubstrat mit dem Film auf der Oberfläche aus dem Strömungskanal herausgenommen und auf dem Messtisch des Profilometers (Dektak M6, Veeco) mittels Gewichten fixiert. Dadurch wird eine eventuelle Wölbung des Glassubstrates aufgrund von Spannungen des Polymerfilms planarisiert.

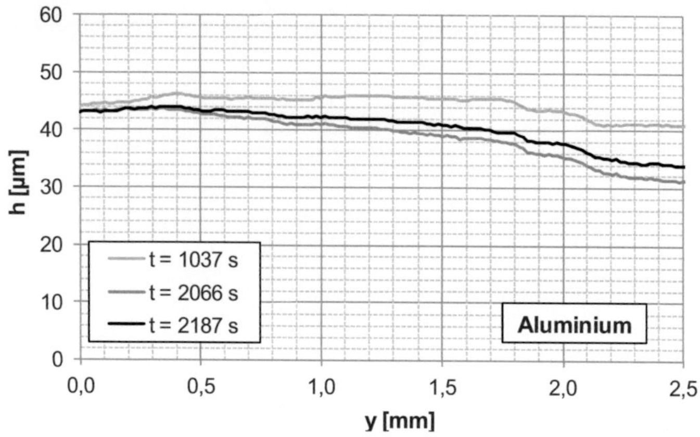

Abb. 8.28: Querschnitte des trockenen Films an der, in Strömungsrichtung, vorderen Kante der Beobachtungsfläche. Die Querschnitte starten somit bei y = 0 aus dem Bezugspunkt der Auswertung. Aufgrund von Unzulänglichkeiten des Versuchsaufbaus (z. B. Vibrationen während der Bildaufnahme, Verzerrungen durch das Objektiv, ...) kommt es zu Fehlern der rekonstruierten Oberfläche, wodurch die Oberflächen leicht gewölbt sind und kippen.

Zur Überprüfung der Annahme, dass eine Wölbung des Glases, die während der Trocknung durch Spannungen des Filmes entsteht, von der Visualisierungstechnik erkannt wird, obwohl sich das Punktmuster „mit wölbt", wurde der nachfolgend beschriebene Test durchgeführt. Ein Polymerfilm (Methanol-Polyvinylacetat-Lösung, $X_0 = 2\,g_{Methanol}/g_{PVAc}$, $\vartheta = 30°C$, $u_0 = 0,5\,m/s$) wurde im Versuchsaufbau getrocknet. Sobald keine Änderungen in der Messung der Referenzhöhe mehr erkennbar waren und der Film vollständig trocken war, wurde die Vakuumpumpe, die zur Fixierung des dünnen Glassubstrates Unterdruck an einem umlaufenden Kanal am Rande des Glassubstrates zieht, ausgeschaltet. Das Glassubstrat mit dem Polymerfilm auf der Oberseite und dem Punktmuster auf der Unterseite wölbte sich nach oben. Die Referenzhöhe stieg beim Ausschalten der Vakuumpumpe um 10 μm an. Nach einiger Zeit in der durchgehend Bilder aufgenommen wurden, wurde die Vakuumpumpe wieder angeschaltet. Die Referenzhöhe geht wieder auf den ursprünglichen Wert zurück. In Abb. 8.29 sind die Querschnitte der aus den Punktmusterbildern rekonstruierten Oberflächen in der Mitte des Beobachtungsfeldes in Strömungsrichtung dargestellt.

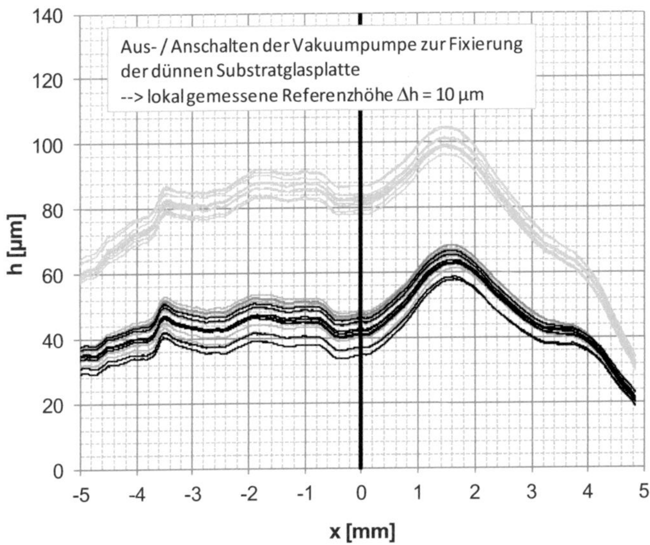

Abb. 8.29: Querschnitte (Mitte Beobachtungsfeld in Strömungsrichtung) des trockenen Films (Methanol-Polyvinlyacetat, $X_0 = 2\,g_{Methanol}/g_{PVAc}$, $T = 30°C$). Die Anströmung ($u_0 = 0,5\,m/s$) erfolgte von rechts. Um den Einfluss einer Substratbewegung – durch Spannungen während der Abkühlung / Trocknung, ... - einschätzen zu können, wurde die zur Fixierung der dünnen Glasplatte eingesetzte Vakuumpumpe aus und wieder eingeschaltet. Beim Ausschalten der Vakuumpumpe steigt die lokal gemessene Referenzhöhe um 10 µm an und die Wölbung aufgrund der Spannung des Films nimmt zu. Beim Einschalten der Vakuumpumpe wird der vorherige Zustand wieder erreicht.

An diesen Querschnitten ist zu erkennen, dass sich beim Ausschalten der Pumpe (hellgraue Linien) die Referenzhöhe um 10 µm hebt und sich die Wölbung verstärkt. Eine Wölbung der beschichteten, dünnen Glassubstrate war beim Herausnehmen aus dem Trocknungskanal immer zu erkennen. Es scheint, dass das Vakuum in der umlaufenden Nut der Substratplatte nicht ausreichend ist, die Glasplatte gegen Ende der Trocknung flach auf dem Substrat zu halten. Daher wurden verschiedenste Befestigungsmöglichkeiten einer flächigen Fixierung auf der Substratplatte im Trocknungskanal getestet. Die getesteten Befestigungen mit z. B. Halteklammern oder gar flächige Verklebung mit Sprühkleber hatte unterschiedliche Nachteile, die sich in deutlichen Veränderungen der Filmoberfläche widerspiegelten. Da sich das Punktmuster auf der Unterseite des dünnen Glassubstrates befindet und daher mit bewegt, ist der Einfluss auf die einzelnen Strukturen der Oberfläche jedoch nur wenig ausgeprägt.

Leider ist es nicht möglich, die Wölbung des dünnen Glassubstrates im Trocknungskanal mit einem Messgerät zu vermessen. Nichtsdestotrotz zeigt der Versuch, wie sensitiv die Visualisierungsmethode auf Verformungen des dünnen Glassubstrates reagiert. Positiv ist, dass sich die Wölbung nicht bzw. nur sehr gering auf die einzelnen Strukturen der Oberfläche auswirkt. Aus den Beobachtungen kann abgeleitet werden, dass die Abweichungen zwischen den rekonstruierten bzw. optisch gemessenen Oberflächen und den im trockenen Zustand ermittelten Profilen aus der Profilometermessung nicht ausschließlich auf Unzulänglichkeiten der Visualisierungsmethode zurückzuführen sind. Die unterschiedliche Fixierung der dünnen Glassubstrate während der beiden Messungen beeinflusst ebenfalls die Ergebnisse.

Die Betrachtung der Fehler der Visualisierungsmethode hat gezeigt, dass die Methode sehr sensibel auf Störungen während des Versuches reagiert. Eine Wölbung des Substrats, die Randverzerrung durch das Objektiv und Vibrationen der Versuchsanlage führen zur Beeinflussung der Basisline der rekonstruierten Oberfläche und deren Querschnitte. Die Form einzelner Strukturen wird hingegen kaum verändert. Trotz der dargestellten Unzulänglichkeiten der Visualisierungsmethode bzw. des Versuchsaufbaus ist die in-situ Visualisierung gut geeignet, die Deformation der Polymerfilmoberfläche während der Trocknung zu verfolgen. Dabei kann der zeitliche Verlauf, der Ort und die Art der Oberflächenstrukturen gut wiedergegeben werden. Eine exakte Bestimmung der lokalen, absoluten Höhe des Polymerfilms ist hingegen aufgrund der Aufsummierung kleiner Abweichungen bei der flächigen Integration des Verschiebungsfeldes und dem daraus resultierenden Kippen und Wölben der Oberfläche nicht möglich. Filmhöhen, die zur Interpretation der Versuchsergebnisse nötig sind, werden daher ausschließlich aus den Messungen der Referenzhöhe verwendet.

A 3 Stoffparameter / Berechnungsmodelle

Zur Bestimmung der Stoffparameter wurden verschiedene kommerzielle Messsysteme verwendet, die für den Einsatz bei leichtflüchtigen Flüssigkeiten jedoch teilweise modifiziert werden mussten. Aufgrund der hohen Flüchtigkeit der verwendeten Lösemittel bei den zu messenden Temperaturen werden an die Messtechnik hohe Anforderungen gestellt. Zum einen muss verhindert werden, dass das Lösemittel während der Messung verdunstet. Aus diesem Grund wurden für einige der verwendeten Messgeräte spezielle Abdeckungen und Messzellen gebaut. Zum anderen muss eine gute Temperierung der Probe gewährleistet sein. Dies gilt auch bzw. insbesondere für eine im Messgerät vorhandene Gasphase, da es ansonsten zu einer Veränderung im System während der Messung kommen kann.

Ein Entweichen von Lösemittel aus dem Messgerät führt zur Veränderung der Konzentration und somit zu einer Veränderung des Messsignals. Ob sich die Polymerlösung während der Messung verändert, wurde daher sehr genau beobachtet. Hierzu wurden teilweise Langzeitversuche durchgeführt, bei denen über einen wesentlich längeren Zeitraum das Messsignal verfolgt wurde, als dies unter Standardmessbedingungen der Fall ist, oder es wurden Messreihen realisiert, bei denen gewisse Temperaturwerte als Kontrollpunkt immer wieder vermessen wurden.

A 3.1 Bestimmung der Oberflächenspannung

Das bekannteste Phänomen der Grenzflächenspannung ist die Minimierung der Oberfläche eines Wassertropfens der zum Beispiel aus dem Wasserhahn tropft. Die ideale Form wäre eine Kugel, die sich aus dem Tropfen bildet, jedoch wirkt die Erdanziehung der Oberflächenspannung entgegen und der Tropfen wird in die Länge gezogen. Dieses Kräftegleichgewicht wird bei nahezu allen Messmethoden zur Bestimmung der Grenzflächenspannung von Flüssigkeiten herangezogen.

Tests verschiedener Messmethoden haben gezeigt, dass eine gleichmäßige Temperierung der Gas- und Flüssigphase bei flüchtigen Systemen sehr wichtig ist. Insbesondere bei Messmethoden, die eine lange Messzeit haben (Ringmethode, Wilhelmy-Plattenmethode), darf es zu keiner Ausbildung von Temperatur oder Konzentrationsgradienten kommen, da sich diese sehr schnell auf die Oberfläche und somit die Messgröße auswirken. Nach diversen Vorversuchen wurde die Tropfenvolumenmethode ausgewählt.

Das Prinzip besteht darin, dass durch ein exaktes Dosiersystem Tropfen am Auslass einer Kapillare mit definiertem Durchmesser erzeugt werden. Die Tropfen reißen nach Erreichen eines kritischen Volumens aufgrund der Kräftebilanz „Grenzflächenspannung – Erdanziehung" von der Kapillare ab. Aus dem Durchmesser der Kapillare und dem ermittelten kritischen Volumen kann die Oberflächenspannung der Flüssigkeit berechnet werden. Der Vorteil dieser Methode ist, dass die flüchtige Flüssigkeit im Dosiersystem dicht eingeschlossen ist und somit temperiert werden kann, ohne dass es zu einer Änderung der Konzentration durch Verdunstung kommt. Der sich bildende Tropfen kann wiederum in einer gesättigten, temperierten Gasphase erzeugt werden, so dass auch hier der Einfluss der Verdunstung verhindert wird. Zudem ist die Messmethode bezogen auf einen einzelnen Tropfen sehr schnell. Das Messverfahren wird häufig dazu eingesetzt, das dynamische Verhalten oberflächenaktiver Substanzen zu messen, in dem die Geschwindigkeit der Tropfenerzeugung variiert wird. Um auszuschließen, dass das Lösemittel in der Polymerlösung einen oberflächenaktiven Einfluss hat und sich die Oberflächenspannung durch An- oder Abreicherung von Lösemittelmolekülen an der Oberfläche verändert, wurden die Messungen bei unterschiedlichen Tropfraten durchgeführt.

Für die Geometrie eines an einer Kapillare hängenden Flüssigkeitstropfens gilt das in Gleichung (8.4) dargestellte Kräftegleichgewicht der am Kapillarrand angreifenden Kraft der Flüssigkeitsoberfläche und der Gravitationskraft des Flüssigkeitsvolumens des Tropfens. Mit dem Korrekturfaktor f in Gleichung (8.5) wird berücksichtigt, dass ein Tropfen nicht am Kapillarumfang abreißt, sondern zunächst eine Einschnürung erlebt und schließlich am Hals abfällt wie dies in der Abb. 8.30 dargestellt ist.

$$2 \cdot \pi \cdot r_{kap} \cdot \sigma \propto V_{krit} \cdot \Delta\rho \cdot g \qquad (8.4)$$

$$\sigma = \frac{V_{krit} \cdot \Delta\rho \cdot g}{2 \cdot \pi \cdot r_{kap} \cdot f} \qquad (8.5)$$

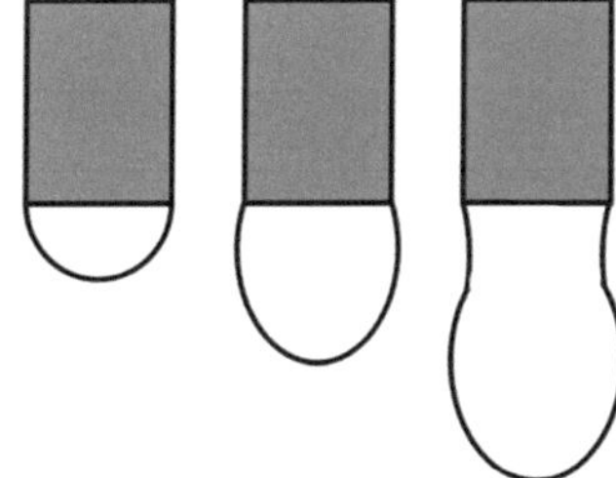

Abb. 8.30: Verschiedene Tropfenstadien beim Austreten einer Flüssigkeit aus einer Kapillare bis kurz vor dem Tropfenabriss. Der Tropfen reißt an der Einschnürung unterhalb des Kapillarrandes ab.

Somit kann die Oberflächenspannung einer Flüssigkeit aus der Bestimmung des kritischen Volumens berechnet werden, bei dem der Tropfen von der Kapillare abreißt.

Bei dem verwendeten Tropfenvolumentensiometer TVT 2 der Firma Lauda wird zur Bestimmung des kritischen Volumens die Flüssigkeit über eine temperierbare Spritze mittels eines Schrittmotors konstant durch die Messkanüle gefördert. Die sich bildenden und herabfallenden Tropfen werden mittels einer Lichtschranke gezählt. Somit kann das kritische Tropfenvolumen aus dem vorgegebenen Volumenstrom und der Zeit zwischen 2 Tropfen bestimmt werden. Bei bekannter Geometrie der Kanüle kann dann die Oberflächenspannung der Flüssigkeit gemäß Gleichung (8.5) berechnet werden. Zur Minimierung von Messfehlern, wird hierbei das arithmetische Mittel der Volumina von mehreren Tropfen verwendet. Bei hohen Oberflächenspannungen und somit steigender Tropfengröße verringert eine Reduzierung der Dosiergeschwindigkeit störende hydrodynamische Einflüsse. Diese Reduktion der Dosiergeschwindigkeit, wird bei dem verwendeten Messgerät automatisch gesteuert. Hierzu steht ein spezieller Reduziermodus zur Verfügung (*Lauda, Bedienungsanleitung*).

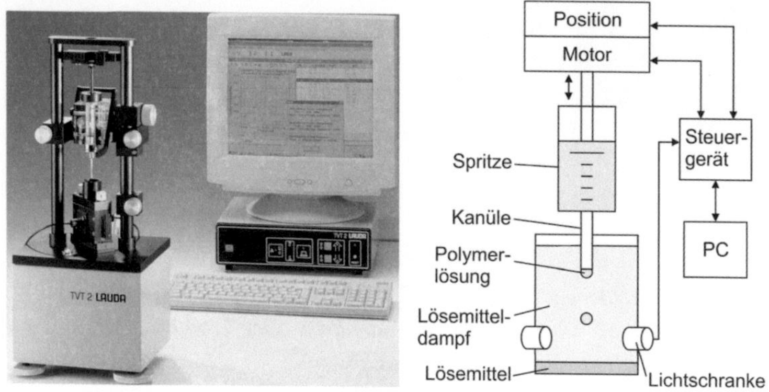

*Abb. 8.31: Tropfenvolumentensiometer TVT 2 der Firma Lauda. Aus dem vorge-
gebenen Volumenstrom (Spritzenvorschub) und der Tropfrate (Lichtschranken-
messung) wird das kritische Volumen der Tropfen bestimmt. Hieraus kann bei
bekannter Geometrie die Oberflächenspannung der Flüssigkeit berechnet werden.*

In der hier vorliegenden Arbeit wurden 2,5 ml Spritzen und Kanülen mit
einem Innendurchmesser von 0,62 mm verwendet. Jede Messung besteht aus
vier Zyklen mit je drei Tropfen aus denen das Mittel berechnet wird. Für jede
Temperatur einer Lösung werden drei Messungen durchgeführt. Zur Ermittlung der Oberflächenspannung muss die Dichte der Lösung bei der jeweiligen
Temperatur dem Auswerteprogramm vorgegeben werden. Die Dichte der
Polymerlösung wurde entsprechend der Mischungsregel für Flüssigkeiten
nach Amagat über die konzentrationsgewichteten reziproken Dichten der
Reinstoffe errechnet (*VDI-Wärmeatlas*).

Die auf diese Weise ermittelten Oberflächenspannungen für das Stoffsystem Methanol-Polyvinylacetat sind in Abb. 8.32 dargestellt. Zu erkennen ist,
dass die Oberflächenspannung einer Methanol-Polyvinylacetat-Lösung mit
abnehmendem Lösemittelgehalt stetig ansteigt. Die Oberflächenspannung
nimmt erwartungsgemäß mit zunehmender Temperatur ab.

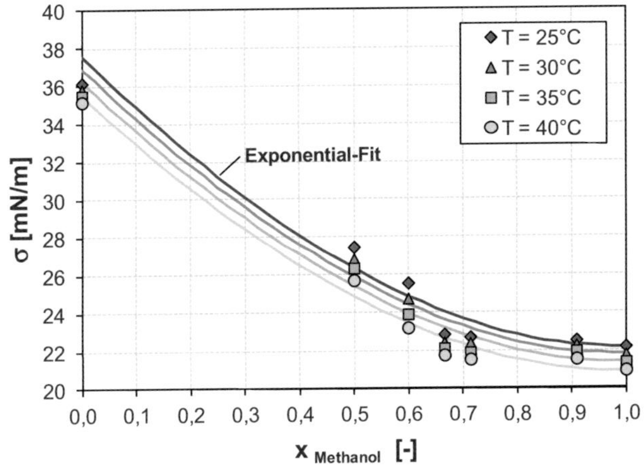

Abb. 8.32: Oberflächenspannung von Methanol-Polyvinylacetat-Lösungen bei unterschiedlichen Temperaturen aufgetragen über der Konzentration des Lösemittels gemessen mit einem Tropfenvolumentensiometer TVT I von der Firma Lauda.

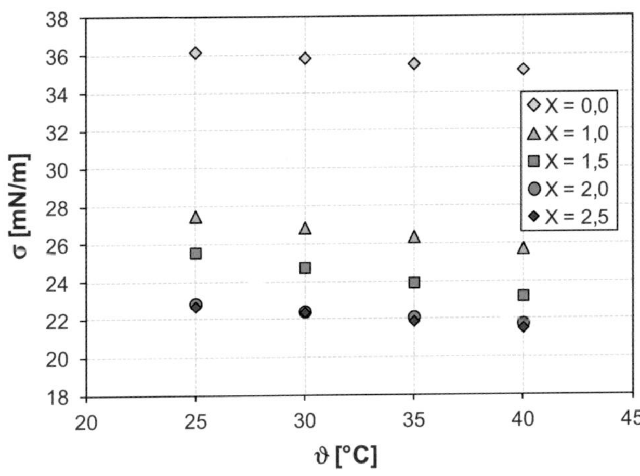

Abb. 8.33: Oberflächenspannung vom Stoffsystem Methanol-Polyvinylacetat als Funktion der Temperatur bei unterschiedlichen Konzentrationen. Die Konzentrationen sind angegebenen in Beladungen – Masse Methanol pro Masse Polyvinylacetat.

A 3.2 Bestimmung der Viskosität

Die Viskosität der Lösungen wurde im interessierenden Temperaturbereich mit einem Rotationsrheometer (C-VOR 150 von Bohlin) bestimmt. Ein Rotationsrheometer hat zwei rotationssymmetrische Körper auf einer Mittelachse, wobei die zu vermessende Probe zwischen die beiden Körper gegeben wird. Die Schergeschwindigkeit $\dot{\gamma}$ wird durch die relative Rotationsgeschwindigkeit der beiden Körper zueinander vorgegeben. Das dabei wirksame und gemessene Drehmoment M ist ein Maß für die Schubspannung τ zwischen den Körpern. Die dynamische Viskosität berechnet sich nach folgender Gleichung.

$$\eta = \frac{\tau}{\dot{\gamma}} \tag{8.6}$$

Das verwendete Messsystem ist eine Kegel-Platte-Anordnung mit einem Kegelradius $r = 20\ mm$ und einem Kegelwinkel $\phi = 4°$. Die Kegelspitze ist abgeflacht um eine Verfälschung der Messwerte durch Kontaktreibung zu verhindern. Durch die Verwendung eines Kegels bleibt die Schergeschwindigkeit über den gesamten Radius konstant, wodurch sich der in Gleichung (8.7) dargestellte, einfache Zusammenhang zwischen der Rotationsgeschwindigkeit und der Schergeschwindigkeit ergibt. Aus Gleichung (8.8) kann mit der Definition für die Schubspannung aus dem Drehmoment somit die Viskosität der Probe aus dem gemessenen Drehmoment bei gegebener Kegel-Platte-Anordnung berechnet werden.

$$\dot{\gamma} = \frac{\omega}{\phi} \tag{8.7}$$

$$\eta = \frac{3 \cdot M \cdot \phi}{2 \cdot \pi \cdot r^3 \cdot \omega} \tag{8.8}$$

Um ein Austrocknen der zu vermessenden Polymerlösung im Messspalt zu verhindern, ist die Probe durch eine Lösemittelfalle geschützt (siehe Abb. 8.34). Der sich mitdrehende Deckel der Lösemittelfalle taucht in ein Reservoir an Lösemittel ein, wodurch wird ein geringes Drehmoment auf die Messvorrichtung übertragen wird. „Leermessungen" ohne Probe in der Kegel-Platte-Aufnahme haben gezeigt, dass das vom Lösemitteldeckel übertragene

Drehmoment sehr gering ist und daher bei den Messungen vernachlässigbar ist.

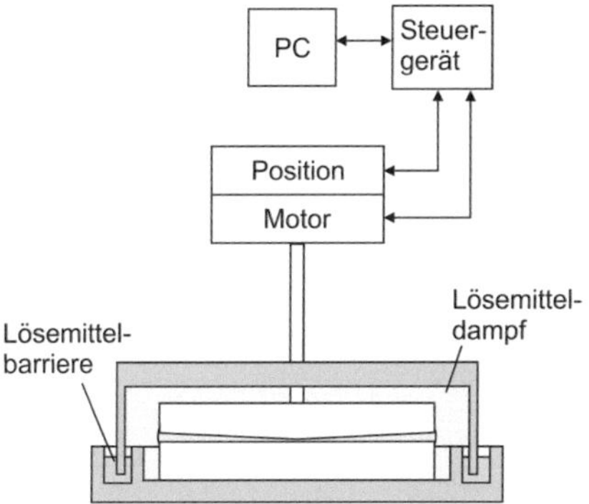

Abb. 8.34: Schematischer Aufbau eines Rotationsrheometers mit Kegel-Platte-Anordnung mit einer Lösemittelfalle zur Messung von Gemischen mit flüchtigen Komponenten.

Bei Konvektionsströmungen ist die auftretende Scherung der Flüssigkeit gering, daher wurde in den Versuchen nur die newtonische Viskosität der Lösung betrachtet. Für beiden Stoffsysteme Methanol-Polyvinylacetat und Toluol-Polyvinylacetat sind die Verläufe für unterschiedliche Temperaturen über der Lösemittelkonzentration in Form des Massenbruches (Masse Lösemittel pro Gesamtmasse) in Abb. 8.35 und Abb. 8.36 dargestellt.

Der starke Abfall der Viskosität mit zunehmendem Lösemittelgehalt über mehrere Dekaden ist für beide Stoffsysteme deutlich sichtbar. Für die Trocknung einer Polymerlösung bedeutet dies, dass sich die Viskosität im Lauf der Trocknung sehr schnell ansteigt. Zudem machen die Messungen deutlich, dass Konzentrationsprofile im Film sich auch deutlich auf die Viskosität innerhalb des Filmes auswirken. Der Einfluss der Temperatur auf die Viskosität ist hingegen eher schwach ausgeprägt. Wobei, wie erwartet, die Viskosität mit steigender Temperatur sinkt.

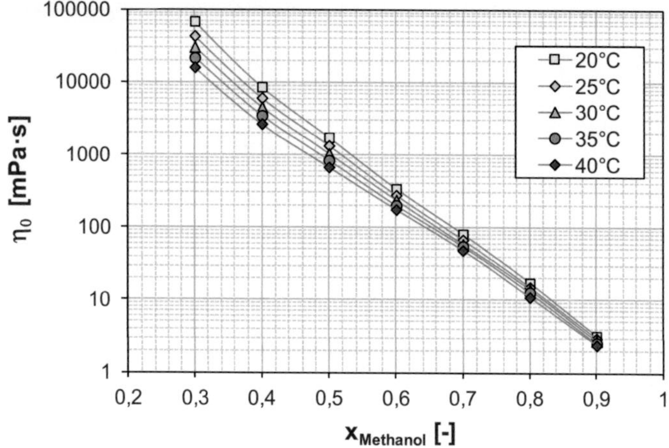

Abb. 8.35: Newtonische Viskosität von Methanol-Polyvinylacetat-Lösungen bei unterschiedlichen Temperaturen aufgetragen über der Konzentration des Lösemittels gemessen mit einem Kegelplatte-Rheometer von Bohlin.

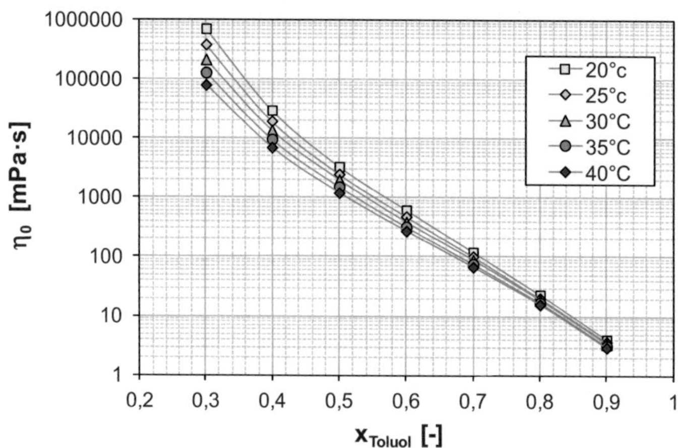

Abb. 8.36: Newtonische Viskosität von Toluol-Polyvinylacetat-Lösungen bei unterschiedlichen Temperaturen aufgetragen über der Konzentration des Lösemittels gemessen mit einem Kegelplatte-Rheometer von Bohlin.

A 3.3 Dichte

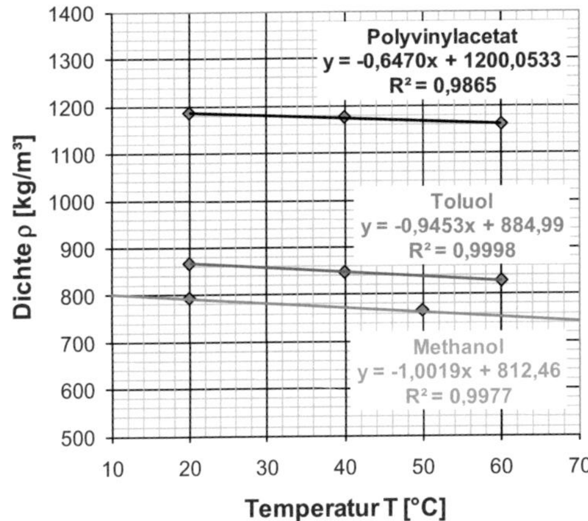

Abb. 8.37: Dichten von Polyvinylacetat, Toluol und Methanol als Funktion der Temperatur aus VDI-Wa 8 Dc13

A 3.4 Brechungsindex

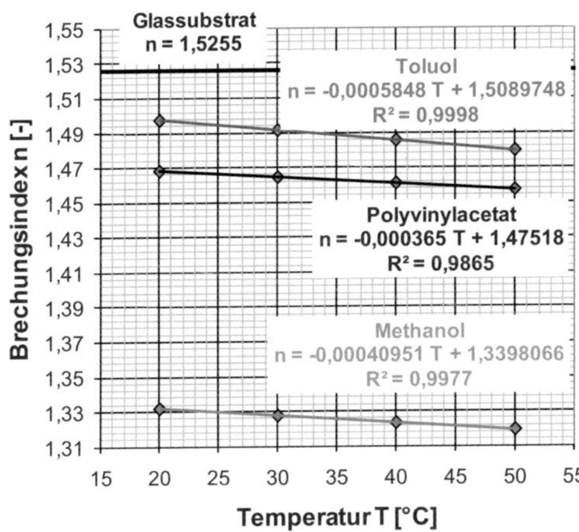

Abb. 8.38: Brechungsindices der verwendeten Stoffe als Funktion der Temperatur. Zur Bestimmung der wurde ein Refraktometer der Firma Dr. Kernchen (ABBEMAT® Automatisches Digitalrefraktometer) verwendet. Der Wert für das Glassubtrat stammt aus Herstellerangaben.

A 3.5 Berechnung der Stoffeigenschaften der binären Polymerlösung

Zur Berechnung der Stoffeigenschaften der binären Polymerlösungen wurden die Berechnungsvorschriften aus dem *VDI-Wärmeatlas (2008)* herangezogen:

$$\rho_f = \left(x_i \cdot \hat{V}_i + (1 - x_i)\hat{V}_P\right)^{-1} \tag{8.9}$$

$$c_{p,f} = x_i \cdot c_{p,i} + (1 - x_i)c_{p,P} \tag{8.10}$$

$$\lambda_f = \left(\tilde{x}_i \cdot \lambda_i^2 + (1 - \tilde{x}_i) \cdot \lambda_P^2\right)^{-1/2} \tag{8.11}$$

$$n_f = (1 - \varphi_{LM}) \cdot n_P + \varphi_{LM} \cdot n_{LM} \tag{8.12}$$

A 3.6 Parameter zur Freie-Volumen-Volumen-Theorie

Die Parameter wurden übernommen von *Schabel (2004)*:

Methanol: $D_{01} = 6{,}54 \cdot 10^{-9}\,\mathrm{m^2/s}$ $\xi_{1P} = 0{,}39$

Toluol: $D_{02} = 3{,}9 \cdot 10^{-9}\,\mathrm{m^2/s}$ $\xi_{2P} = 0{,}6$

A 4 Vorbeladung des Trocknergases zur Beeinflussung der Trocknung bei „hautbildenden" Systemen

Vorangegangen Arbeiten (*Schabel, 2004*) haben gezeigt, dass das Modelsystem Toluol-Polyvinylacetat aufgrund des sehr starken Abfalls des Diffusionskoeffizienten zu kleinen Toluolbeladungen hin (siehe Abb. 8.39) zur Ausbildung einer dünnen Schicht mit sehr hohem diffusivem Widerstand neigt. Aufgrund dieser dünnen Schicht, die als diffusive Barriere für das restliche Toluol im Film wirkt, war bei der Trocknung von Toluol-Polyvinylacetat nach drei Tagen bei 40°C immer noch eine signifikante Restlösemittelbeladung im Film messbar. Die Ausbildung dieser dünnen diffusiven Barriere wird auch als „Hautbildung" bezeichnet.

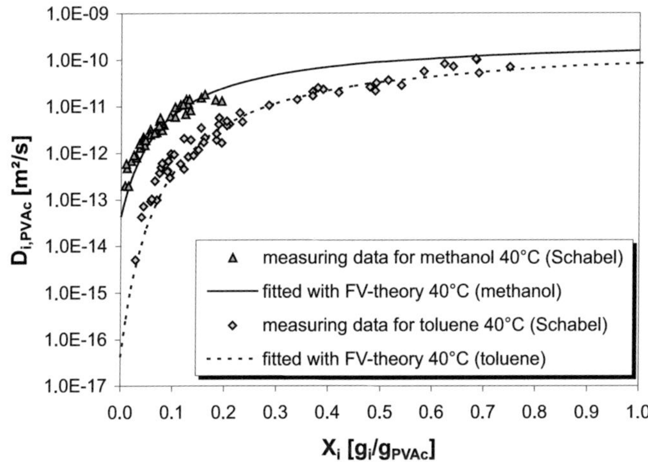

Abb. 8.39: Diffusionskoeffizient von Methanol bzw. Toluol in Polyvinylacetat (PVAc) in Abhängigkeit der Lösemittelbeladung X_i in der binären Mischung. (Mamaliga et al. 2004)

Um diese Hautbildung zu vermeiden ist es wichtig die Beeinflussung einzelner Lösemittel während der Trocknung zu kennen. Da Methanol als Lösemittel in Polyvinylacetat keinen so starken Abfall des Diffusionskoeffizienten zeigt (vgl. Abb. 8.39), wurde für die weiteren Versuche das ternäre Modelstoffsystem Methanol-Toluol-Polyvinylacetat verwendet, um die Verhinderung von diffusiven Barrieren während der Trocknung zu untersuchen. Der Einfluss von unterschiedlichen Toluolbeladungen auf den Diffusionskoeffizienten von Methanol ist in Abb. 8.40 dargestellt. Dargestellt sind die experimentell ermittelten Daten bei 40°C verglichen mit der Berechnung nach der Freien-Volumen-Theorie von Vrentas et al. (1984).

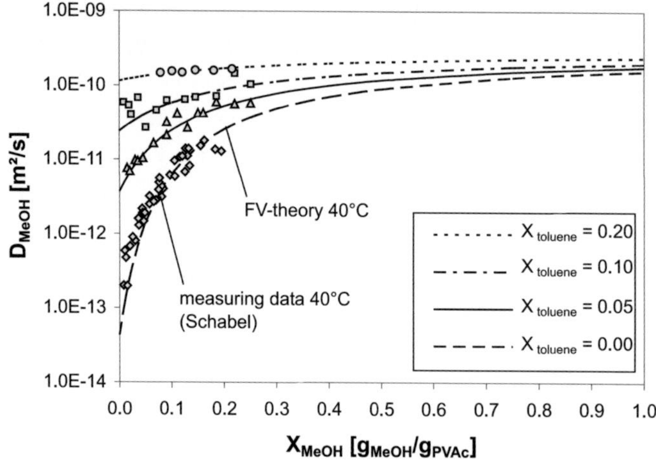

Abb. 8.40: Diffusionskoeffizienten von Methanol in Polyvinylacetat in Abhängigkeit der Methanolbeladung als Funktion der Toluolbeladung bei 40°C. Vergleich der Messdaten mit der Berechnung nach der Freien-Volumen-Theorie (Schabel et al. 2007).

Aus den Ergebnissen der Messung des Diffusionskoeffizienten ist zu erkennen, dass der starke Abfall hin zu kleinen Konzentration durch die Anwesenheit des zweiten Lösemittels verhindert werden kann. Daher wurden ternäre Trocknungsversuche mit unterschiedlichen Zusammensetzungen durchgeführt um zu überprüfen, ob die starke diffusive Hautbildung auf diese Weise verhindert werden kann.

Trocknungsversuche mit ternären Polymerlösungen haben jedoch gezeigt, dass sich hieraus keine Möglichkeit ergab, die diffusive gehemmte Trocknung des Toluols zu verhindern. Das Methanol trocknete sehr schnell aus dem Film und die Ausbildung der diffusiven Barriere wurde lediglich zeitlich verzögert.

Deshalb wurden Überlegungen angestellt, wie das Methanol im Film gehalten werden kann. Dies ist durch die Vorbeladung des Trocknergases möglich.

Hierbei wird das Methanol gemäß dem Sorptionsgleichgewicht zwischen dem Polymerfilm und dem Trocknergas im Film gehalten. Bei den Versuchen zeigte sich eine beschleunigte Trocknung des Toluols durch Vorbeladung des Trocknergases mit Methanol. Mit steigender Vorbeladung des Trocknergases konnte die Toluol-Restbeladung signifikant reduziert werden.

Die Ergebnisse, die im Rahmen eines DFG-Forschungsvorhabens durchgeführt wurden (DFG-Sachbeihilfe Ki 709/7-2), sind im nächsten Kapitel dargestellt.

A 4.7 Ergebnisse der Trocknungsversuche mit <u>vorbeladenem</u> Trocknergas

Die Messungen wurden mittels Raman-Spektroskopie durchgeführt. Hierzu wird der Fokuspunkt des Anregungslasers schrittweise mittels eines Piezofokus über die Höhe des Films bewegt und dabei anhand der Ramansigale der einzelnen Komponenten die aktuelle, lokale Konzentration im Film gemessen. Für eine genauere Beschreibung der Messtechnik sei an dieser Stelle auf folgende Literatur verwiesen: *Schabel, 2004*; *Schabel et al., 2003*.

Aufgrund des großen Luftdurchsatzes in dem großen Trocknungskanal und damit verbundenem hohen Lösemitteleinsatzes zur Vorbeladung wurde ein neuer durchgehend temperierter Trocknungskanal mit kleinerem Strömungsquerschnitt gebaut. Die zur Vorbeladung des Trocknergases benötigte Gaskonditionierung besteht aus einer Stickstofferzeugungsanlage zur Inertisierung und Aufbereitung der Umgebungsluft sowie zwei Gasflussreglern (*MKS*) und einem Durchflusssättiger. Um einen weiten Bereich der Vorbeladung einstellen zu können, wird ein Teil des Trocknergases im Durchflusssättiger bei einer bestimmten Temperatur beladen und danach mit unbeladener Luft gemischt. Somit kann die Vorbeladung durch Variation der Sättigertemperatur im Verhältnis zur Trocknungstemperatur im Kanal und durch das Verhältnis der eingestellten Volumenströme variiert werden. Der Versuchstand und die Messtechnik ist in Abb. 8.41 zu sehen. Mit Hilfe dieses Versuchsaufbaues ist es nun möglich, die Trocknung von Polymerfilmen mit vorbeladenem Trocknergas zu untersuchen.

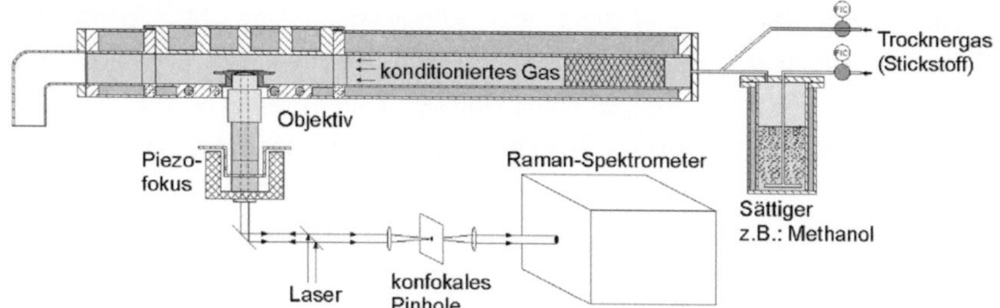

Abb. 8.41: Aufbau des Trocknungskanals mit neugestalteter Luftkonditionierung zur Vorbeladung des Trocknergases. Über die beiden Massflowcontroller (FIC) und den Durchfluss-Sätter können sehr große Bereiche der Vorbeladung bei unterschiedlichen Temperaturen gefahren werden.

Um den Einfluss der Methanolvorbeladung zu untersuchen wurde eine Toluol-Polyvinlyacetat-Lösung bei $30\,°C$ und einer Überströmgeschwindigkeit von $0{,}4\,\frac{m}{s}$ getrocknet. Die Anfangsbeladung des Toluols betrug $X = 2{,}0\,\frac{g_{Toluol}}{g_{PVAc}}$. Der Film wurde zunächst 10 min mit trocknem Gas überströmt. Die integralen Konzentrationsverläufe, ermittelt aus den lokal gemessenen Konzentrationen über die Filmhöhe, sind in Abb. 8.42 dargestellt. Die mittlere Filmbeladung des Toluols sank nach anfänglich schneller Trocknung nur noch sehr langsam. Dies ist auf den sehr starken Abfalls des Diffusionskoeffizienten hin zu kleinen Toluolkonzentrationen in einer dünnen Schicht des Filmes zurückzuführen. Um diese dünne diffusive Barriere aufzuheben, wurde nach 10 min mit Hilfe der Luftkonditionierung eine Vorbeladung des Trocknergases mit Methanol ($a_{Methanol} = 0{,}5$) eingeschaltet und die Vorgänge im Film beobachtet. Nach Einschalten der Vorbeladung diffundiert das Methanol aus der Gasphase sehr schnell in den Film (vgl. auch Abb. 8.44) und „löst" somit die dünne diffusive Barriere für das Toluol auf, so dass eine beschleunigte Evaporation des Toluols aus dem Film beobachtet werden kann. Diese Beobachtung lässt sich sehr gut mit der Beeinflussung des Diffusionskoeffizienten durch ein zweites Lösemittel erklären (vgl. Abb. 8.40). Jedoch verlangsamt sich die Evaporation des Toluols auch hier und läuft auf eine Rest-Toluol-Beladung hin. Nach 10 min der Trocknung mit vorbeladenem Trocknergas wurde dann die Vorbeladung wieder ausgeschaltet und nochmals 10 min mit trockenem Gas getrocknet. Hierbei ist zu erkennen, dass das Methanol sehr schnell aus dem Film entfernt wird, das Toluol hingegen verbleibt im Film und trocknet nur sehr langsam.

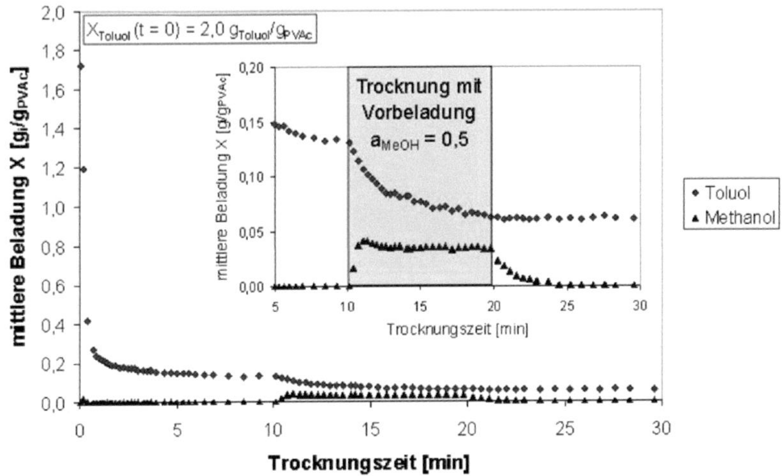

Abb. 8.42: Trocknungsverlaufskurve einer Toluol-PVAc-Lösung (Anfangsbeladung: 2,0 g_{Toluol}/g_{PVAc}) (Trocknungsbedingungen: $\vartheta = 30°C$, $u = 0,4$ m/s). Zur Reduzierung des Toluolgehaltes wurde das Trocknungsgas für 10 min mit Methanol (MeOH) vorbeladen. Dies führt zur „Auflösung" der „Haut" des Films und somit zu einer beschleunigten Trocknung des Toluols.
0-10 min: unbeladenes Gas
10-20 min: vorbeladenes Gas (Aktivität a_{MeOH} = 0,5)
20-30 min: unbeladenes Gas.

Eine Erhöhung der Aktivität von Methanol in der Gasphase von 0,5 auf 0,8 führt zu einer erhöhten Evaporation des Toluols, wie in Abb. 8.43 zu sehen ist. Der Versuch wurde unter den gleichen Bedingungen wie zuvor beschrieben durchgeführt, nur dass die Aktivität in der Gasphase auf 0,8 eingestellt wurde. Durch die Erhöhung der Vorbeladung und der damit verbundenen höheren Methanolbeladung im Film, kann die Rest-Toluolbeladung bei gleicher Trocknungszeit deutlich reduziert werden.

Es wurde gezeigt, dass durch Vorbeladung des Trocknergases die Trocknung eines „hautbildenden" Systems beschleunigt werden kann. Dies geschieht durch das Eindiffundieren des zweiten Lösemittels in unserem Falle

Methanol in das Polymer und die damit verbundene Erhöhung des Diffusionskoeffizienten.

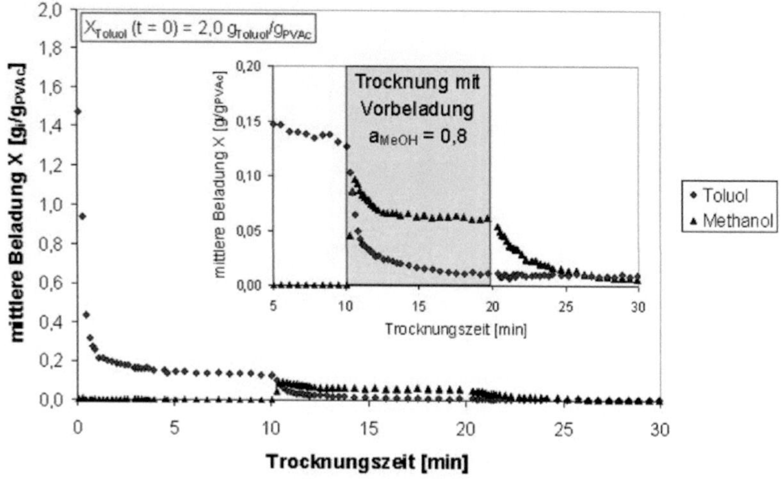

Abb. 8.43: Trocknungsverlaufskurve einer Toluol-PVAc-Lösung (Anfangsbeladung: 2,0 g$_{Toluol}$/g$_{PVAc}$) (Trocknungsbedingungen: ϑ = 30°C, u = 0,4 m/s). Zur Reduzierung des Toluolgehaltes wurde das Trocknungsgas für 10 min mit Methanol (MeOH) vorbeladen. Dies führt zur „Auflösung" der „Haut" des Films und somit zu einer beschleunigten Trocknung des Toluols.
0-10 min: unbeladenes Gas
10-20 min: vorbeladenes Gas (Aktivität a$_{MeOH}$ = 0,8)
20-30 min: unbeladenes Gas.

Ein entscheidender Vorteil der Messtechnik ist die Messung der lokalen Konzentration im Film über die Filmdicke. Aus den gemessenen Konzentrationsprofilen lassen sich zusätzliche Informationen über die Vorgänge während der Trocknung gewinnen. Interessant sind zum Beispiel die Vorgänge beim Einschalten der Vorbeladung. In Abb. 8.44 sind die Konzentrationsprofile für Methanol dargestellt, die sich nach Einschalten der Methanolvorbeladung im Film ergeben. Die Substratseite befindet sich hierbei an der Position 0, die Phasengrenze zum vorbeladene Trocknungsgas befindet sich bei ca. 21 μm.

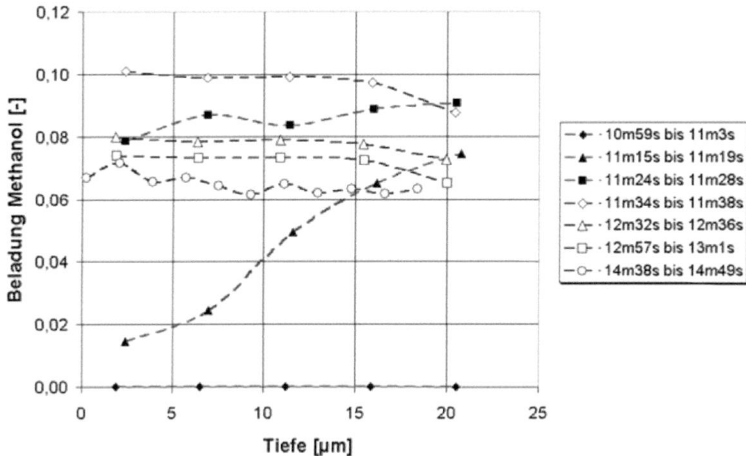

Abb. 8.44: Konzentrationsverläufe des Methanols nach Einschalten der Vorbeladung des Trocknungsgases mit Methanol ($a_{MeOH} = 0,8$)
Ausgefüllte Symbole: Eindiffundieren des Methanols in den Film.
Leere Symbole: Abnahme der Methanolbeladung durch die Evaporation des Toluols.

Die ausgefüllten Symbole zeigen das Eindiffundieren des Methanols nach Einschalten der Vorbeladung. Wie an der Zeitskala zu erkenne ist, diffundiert das Methanol von der Oberseite des Filmes sehr schnell in das Polymer hinein. Die Abnahme der Methanolbeladung im Film während der Evaporation des Toluols ist durch die nicht ausgefüllten Symbole dargestellt und erklärt sich durch die Beeinflussung des Absorptionsgleichgewichtes durch die sich ändernde Toluolkonzentration im Film.

Die hier vorgestellte Untersuchung zeigt die massive Beeinflussung der Trocknung durch die „Hautbildung" und auch eine Möglichkeit, diese durch die gezielt eingesetzte Wechselwirkung mit einem zweiten Lösemittel teilweise zu verhindern. Die Vorbeladung des Trocknergases mit einem geeigneten Lösemittel (hier: Methanol) kann zur signifikanten Reduzierung der Restbeladung des „hautbildenden" Lösemittels (hier: Toluol) im Polymerfilm (hier Polyvinylacetat) führen.

A 5 Fluiddynamische Betrachtung der Gasströmung

A 5.1 Ausgangspunkt

Der Trocknungsvorgang beschreibt den Stofftransport des Lösemittels in der Polymerlösung und in der Gasphase. Je nach Stoffsystem und Randbedingungen kann hierbei der Widerstand der Trocknung entweder im Film oder in der Gasphase liegen. Im ersten Fall ist die Trocknung durch die Diffusion im Film limitiert, im zweiten Fall durch den Stofftransport in der Grenzschicht der Gasströmung. In der Arbeit von *Schabel (2004)* wurden lösemittelbasierte Systeme untersucht, bei denen es zu einem sehr frühen Zeitpunkt der Trocknung zu einer filmseitigen Limitierung und dadurch zur Ausbildung von Konzentrationsprofilen im Film kommt. Die Polymerfilme wurden, wie auch in der vorliegenden Arbeit, in einem Trocknungskanal auf einer angeströmten Platte getrocknet. Diese Konzentrationsprofile wurden mit Hilfe der Inversen-Mikro-Raman-Spektroskopie vermessen und mit Trocknungssimulations-rechnungen (*Schabel et al., 2003*) verglichen. Der Stofftransport in der Gasphase wird in der Trocknungssimulation in Form eines Stoffübergangsko-effizienten als Randbedingung für die Filmoberseite gesetzt. *Schabel (2004)* verwendet in seiner Arbeit den <u>mittleren Stoffübergangskoeffizienten</u> $\beta_{i,g}^{*}$ für laminar überströmte Platten, welcher mit der Gleichung (8.13) gemäß *VDI-Wärmeatlas* beschrieben werden kann.

$$Sh = \frac{\beta_{i,g}^{*} \cdot L}{\delta_{i,g}^{SM}} = 0{,}664\,Sc^{1/3}Re^{1/2} \tag{8.13}$$

$\delta_{i,g}^{SM}$ = binärer Diffusionskoeffizient der Komponente i im Gasstrom

       (Berechnung nach Fuller et al. (1966))

L = charakteristische Länge der Platte

Sc = Schmidt-Zahl $\left(Sc = v_g/D_{i,g}^{SM}\right)$

Re = Reynoldszahl $\left(Re = u \cdot L/v_g\right)$

u = Überströmungsgeschwindigkeit der Platte

v_g = kinematische Viskosität des Gases

Die Simulationsergebnisse mit dem mittleren Stoffübergangskoeffizienten und die gemessenen Konzentrationsprofile zeigen bei den untersuchten, lösemittelbasierten Systemen eine gute Übereinstimmung.

In den experimentellen Untersuchungen von *Zhou (2007)*, *Baunach (2009)* und *Schmidt-Hansberg et al. (2011)*, die teilweise von mir betreut und bearbeitet wurden, konnte an verschiedenen Polymersystemen gezeigt werden, dass bei gasseitig kontrolliert trocknenden Polymersystemen lokale Unterschiede im Stofftransport in der Gasphase deutliche Auswirkungen auf die Trocknung und die Ausbildung von Konzentrationsprofile haben. Die Simulationsergebnisse mit einem mittleren Stoffübergangskoeffizienten über die gesamte Substratplattenlänge weichen deutlich von den lokal gemessenen Konzentrationsprofilen ab. Bei Versuchen mit gasseitig kontrolliert trocknenden Polymersystemen treten Trocknungseffekte auf, die bei einer filmseitigen Limitierung der Trocknung nicht relevant bzw. sichtbar werden. In der Arbeit von *Zhou (2007)* konnte anhand von gezielten Versuchen gezeigt werden, dass auf einer laminar angeströmten Platte die in Strömungsrichtung unterschiedlichen Stoffübergangskoeffizienten die Trocknung deutlich beeinflussen. Der lokale Stoffübergangskoeffizient auf einer laminar überströmten Platte nimmt in Strömungsrichtung entlang des trocknenden Films ab. Aus diesem Grund führten *Schmidt-Hansberg et al. (2011)* Trocknungsexperimente mit gasseitig limitiert trocknenden Polymersystemen durch, bei denen an verschiedenen Positionen im Film <u>simultan</u> der Schichtdickenverlauf und somit die Trocknung gemessen wurde. Aus diesen Messungen bestimmten Stoffübergangskoeffizienten wurden mit der analytisch hergeleiteten Sherwood-Korrelation für den <u>lokalen Stoffübergangskoeffizienten</u> $\beta_{i,g}$ nach *Brauer (1971)* (siehe Gleichung (8.14)) verglichen.

$$Sh_x = \frac{\beta_{i,g} \cdot x}{D_{i,g}^{SM}} = 0{,}332\, Sc^{1/3} Re_x^{1/2} \cdot \left[1 - \left(\frac{x_0}{x}\right)^{3/4} \right]^{-1/3} \tag{8.14}$$

$D_{i,g}^{SM}$ = binärer Diffusionskoeffizient der Komponente i im Gasstrom (Berechnung nach Fuller et al. (1966))

x = charakteristische Länge gemessen vom Plattenanfang

x_0 = Versatz zwischen hydrodyn. und Konzentrationsgrenzschicht

$$Sc \quad = \text{Schmidt-Zahl}\ \left(Sc = \nu_g/D_{i,g}^{SM}\right)$$

$$Re_x = \text{lokale Reynoldszahl}\ \left(Re_x = u \cdot x/\nu_g\right)$$

Dabei stellten *Schmidt-Hansberg et al. (2011)* Abweichungen fest, die zunächst auf die Vereinfachungen der analytischen Herleitung zurückgeführt wurden. Folgende Annahmen wurden von *Brauer (1971)* bei der analytischen Herleitung der Korrelation aus der Grenzschichttheorie getroffen:

- halbunendliche Platte in Strömungsrichtung

- der diffusive Stofftransport ist langsamer als der konvektive Stofftransport $\left(\text{Sc} = \nu_\text{g}/D_{\text{i,g}}^{\text{SM}} > 1\right)$

- die Gasströmung hat am Beginn der Platte ein Blockprofil und davon ausgehend bildet sich die hydrodynamische Grenzschicht aus.

- keine Druckgradienten entlang und senkrecht zur Platte

- kein Einfluss der übergegangenen Komponente auf die Gasströmung

Im Versuchsaufbau gibt es hierzu signifikante Unterschiede, die zu den beoachteten Abweichungen beim Vergleich der experimentellen Daten und der Korrelation führen. So liegt beim experimentellen Aufbau eine Kanalströmung am Beginn der Substratplatte vor und die Substratplatte ist in Strömungsrichtung begrenzt. Zur Beschreibung des lokalen Stoffübergangs in dem experimentellen Setup, passten *Schmidt-Hansberg et al. (2011)* daher die Korrelation (Gleichung (8.14)) mittels zweier Parameter an experimentelle Daten im Strömungsbereich von $329 < Re_x < 2541$ an:

$$Sh_x^{fit} = \mathbf{0{,}07919}\, Sc^{1/3} Re_x{}^{\mathbf{0{,}7234}} \cdot \left[1 - \left(\frac{x_0}{x}\right)^{3/4}\right]^{-1/3} \tag{8.15}$$

Aus den experimentellen Arbeiten von *Schmidt-Hansberg et al. (2011)* konnte allerdings der Grund für die beobachteten Abweichungen nicht abschließend geklärt werden. Dieser Aspekt wurde im Rahmen der hier vorliegenden Arbeit nochmals untersucht. Mittels einer fluiddynamischen Betrachtung der Gasphase, die im Rahmen der von mir betreuten Studienarbeit von Baesch (2010) durchgeführt wurde, wurden diese Trocknungsversuche nachgerechnet, um ein besseres Verständnis für die Gasströmung in der Versuchsapparatur zu erhalten. Hierbei stand die Beschreibung des Stoffübergangs in die Gasphase im Fokus, daher wurde ein konstanter Dampfdruck als Randbedingung an der Oberfläche der Substratplatte angesetzt. Im Folgenden werden die einzelnen Schritte der Simulation, die verwendeten Solver und die Einschränkungen einer solchen fluiddynamischen Simulation aufgezeigt.

A 5.2 Bestimmung des gasseitigen Stoffübergangskoeffizienten

Für die numerische Simulation einer Gasströmung in einem Strömungskanal entlang einer Substratplatte[1] wurde das kommerzielle Softwarepaket ANSYS CFX verwendet. Zur Lösung der Impulsbilanzen und Kontinuitätsgleichungen wird hierbei ein stützstellenbasierter Finite-Volumenelemente-Berechungs-code verwendet, der im Allgemeinen auf eine Approximation zweiter Ordnung zurückgreift. Die Berechnung wurde in 2-D durchgeführt, da die zu untersuchende Geometrie den Bedingungen nach *Yanoka et al. (2002)* entspricht. *Yanoka et al. (2002)* führten numerische Berechnungen der Gasströmung um eine stumpfe Platte durch. Hierbei konnten sie zeigen, dass ab einem Verhältnis der Kanalbreite zur Plattendicke von 10 die zweidimen-sionale Berechnung die gleichen Ergebnisse wie eine dreidimensionale Betrachtung liefert. Um die Simulation mit experimentellen Ergebnissen vergleichen zu können, wurde die Geometrie an den Versuchsaufbau aus der Arbeit von *Schmidt-Hansberg et al. (2011)* angepasst. Der 100 mm breite Strömungskanal ist über die gesamte Länge temperiert und ermöglicht so die Durchführung von Experimenten unter definierten Bedingungen. Die Geometrie mit den wichtigsten Abmessungen ist in Abb. 8.45 dargestellt.

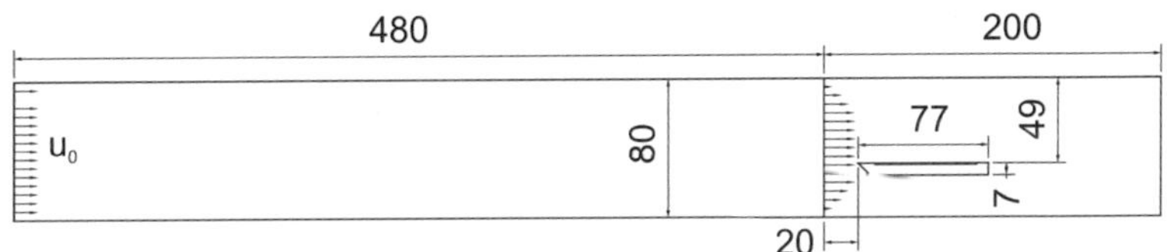

Abb. 8.45: Schematische Darstellung der Geometrie des Trocknungskanals (Skalierung in mm). Für die numerische Simulation wurde die Geometrie, wie dargestellt, in die Einlaufzone und die Versuchszone, in der die Substratplatte platziert ist, eingeteilt. Die Eintrittsbedingungen für den zweiten Teil sind die berechneten Austrittsgeschwindigkeiten des Gases aus der Einlaufzone.

---

[1] Dies entspricht einem häufig eingesetztem Versuchsaufbau zur Untersuchung der Polymerfilmtrocknung.

Die Substratplatte hat hierbei einen Anströmwinkel von 45° und ein stumpfes Ende. Für die Simulation wurde der Trocknungskanal in zwei Zonen aufgeteilt: Einlaufzone und Trocknungszone inkl. Substratplatte. Bei der Teilung wurde darauf geachtet, dass vor der Substratplatte genügend Weglänge vorhanden ist, um Druckänderungen aufgrund des Staupunktes an der Vorderseite der Platte stromaufwärts berechnen zu können. Als Randbedingung für den Eintritt des Gases in den zweiten Teil der Geometrie wird die berechnete Austrittsströmung des Einlaufs verwendet. Auf diese Weise kann vergleichsweise einfach die Plattengeometrie geändert werden, ohne dass die gesamte Gasströmung neu berechnet werden muss. Zudem ist es möglich, den Einlauf mit einem viel gröberen Gitter als die Umströmung der Platte zu rechnen. Dies wäre in einer einzelnen Geometrie problematisch, da man das Gitter nur sehr eingeschränkt verfeinern kann. Das verwendete Gitter ist aus rechteckigen Zellen parallel zur Hauptströmungsrichtung aufgebaut und wurde in Bereichen hydrodynamischer Grenzschichten, an Staupunktregionen und insbesondere auf der Oberseite der Substratplatte verfeinert. Die parallele Ausrichtung des Gitters zur Hauptströmungsrichtung verringert den Einfluss numerischer Diffusion. Eine durchgeführte Gitterstudie zeigt keine signifikanten Veränderungen der Ergebnisse. Das verwendete Gitter ist demnach gut an die darzustellenden Strömungsverhältnisse im Modell angepasst (*Baesch, 2010*). Das verwendete Gitter und eine detaillierte Auflistung der Parameter (Simulationsprotokoll) sind im Anhang A 5.7 dargestellt.

Die Simulation des Vorlaufs wird lediglich als Randbedingung für den zweiten Teil der Simulation benötigt, daher werden nachfolgend nur die Strömungsprofile am Ende der Vorlaufstrecke gezeigt (siehe Abb. 8.46). Alle Geschwindigkeitsprofile im Bereich $0{,}15\ \mathrm{m/s} < u_0 < 0{,}5\ \mathrm{m/s}$ weisen am Ende der Einlaufzone ein noch nicht ausgebildetes Strömungsprofil auf. Für die Anströmung der Substratplatte ist dies gleichbedeutet mit einer Blockströmung mit einer Geschwindigkeit u_{max}, die höher ist als die mittlere Geschwindigkeit der Anströmung. Da bei der Herleitung der Sherwood-Korrelation von einer Blockströmung am Plattenanfang ausgegangen wird, werden für den Vergleich der Simulationsdaten mit den Sherwood-Korrelationen nicht die Werte der mittleren Gasgeschwindigkeit, sondern die Geschwindigkeit des Blockprofils, also der maximalen Geschwindigkeit bei Eintritt in den zweiten Teil der Geometrie verwendet. In den experimentellen

Untersuchungen wurde die Gasgeschwindigkeit zur Berechnung der Korrelationsgleichung direkt vor der Platte mit Hilfe eines Hitzedrahtanemometers gemessen.

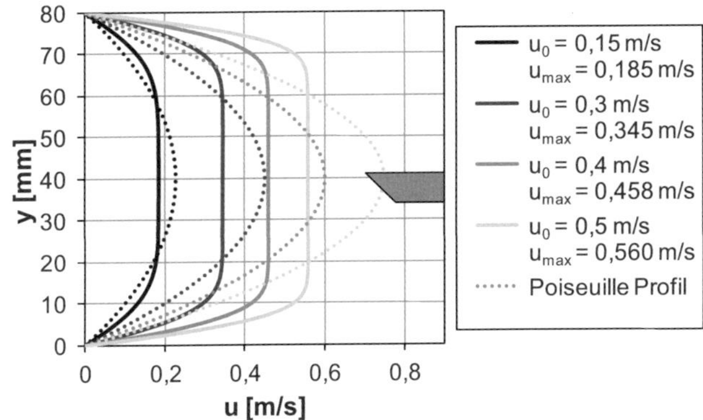

Abb. 8.46: Berechnete Geschwindigkeitsprofile am Ende der Einlaufzone – verwendet als Eintrittsrandbedingung für den zweiten Teil der Simulation – im Vergleich zu den jeweils vollständig ausgebildeten Hagen-Poiseuille Profilen. Zusätzlich sind die maximalen Geschwindigkeiten angegeben, die für die Berechnung der Sherwood-Korrelationen verwendet wurden. Die horizontale Lage der Substratplatte zu den Strömungsprofilen ist schematisch angedeutet.

Aufgrund der Tatsache, dass für die gerechneten Geschwindigkeiten alle Strömungsprofile noch nicht vollständig ausgebildet sind und die Länge des Einlaufs kürzer ist als die kritische Länge für den turbulenten Umschlag in einer Kanalströmung, wurden für die numerischen Berechnungen Modelle für laminare Strömungsverhältnisse verwendet. Hierbei zeigt sich das Auftreten von Turbulenz im zeitlichen Verlauf durch periodische Änderungen der Strömungsvariablen und der Residuen. Aufgrund dieser Kriterien wurde ein erstmaliges Auftreten von Turbulenz an der Strömungsplatte bei einer mittleren Anströmgeschwindigkeit von $u_0 = 0{,}65\,m/s$ beobachtet. Dies stimmt mit den Beobachtungen von *Yanoka et al. (2002)* an einer stumpfen Platte überein. Daher wurden in der hier vorliegenden Arbeit nur geringere Anströmgeschwindigkeiten gerechnet.

Um den Stoffübergang in die strömende Gasphase simulieren zu können, wurde ein „Verdunstungsgebiet" an der Oberfläche der Substratplatte implementiert. Dieses „Verdunstungsgebiet" entspricht der Fläche, auf der bei den experimentellen Untersuchungen von *Schmidt-Hansberg et al. (2011)* der Polymerfilm ausgestrichen wurde. Die Fläche wird in der Simulation nur durch eine Linie der Länge 60 mm dargestellt. Sie ist zur Vorderkante der Substratplatte um 10 mm verschoben. An dieser „Verdunstungs"-Linie wurde ein konstanter Dampfdruck von 0,17 bar als Randbedingung vorgegeben. Da die Simulationsergebnisse als dimensionslose Sherwood-Zahl dargestellt werden, kann dieser Dampfdruck willkürlich zwischen 0 bar und Umgebungsdruck (1,013 bar) gewählt werden. Die Veränderung der Stoffeigenschaften aufgrund des Verdunstungsstromes in den Gasstrom wurde durch die Implementierung von konzentrationsabhängigen Stoffgrößen berücksichtigt. Durch die Vorgabe eines Dampfdruckes hängt der Stoffstrom in die Gasphase nur vom Stofftransportwiderstand in der Gasphase ab. Entsprechend der Grenzschichttheorie, aus der der Stoffübergangskoeffizient β abgeleitet ist, entspricht dies der Diffusion durch die Grenzschicht. Somit kann der lokale Stoffübergangskoeffizient $\beta_{i,x}^{sim}$ aus den Simulationsergebnissen nach Gleichung (8.16) bestimmt werden.

$$\beta_{i,x}^{sim} = \frac{-D_{i,g}^{SM} \cdot \frac{\partial \tilde{c}_i}{\partial y}\Big|_{Ph}}{(\tilde{c}_{i,Ph} - \tilde{c}_{i,\infty})} \tag{8.16}$$

mit

$D_{i,g}^{SM}$ = binärer Diffusionskoeffizient der Komponente i im Gasstrom (Berechnung nach Fuller et al. (1966))

$\frac{\partial \tilde{c}_i}{\partial y}\Big|_{Ph}$ = Gradient der molaren Konzentration der Komponente i an der Phasengrenze / Substratoberfläche aus der Simulation

$\tilde{c}_{i,Ph}$ = molare Konzentration an der Phasengrenze; proportional zum implementierten Dampfdruck

$\tilde{c}_{i,\infty}$ = molare Konzentration des Gases außerhalb der Grenzschicht

Auf diese Weise ist es möglich den lokalen Stoffübergangskoeffizienten aus den Simulationsergebnissen zu berechnen und mit den zuvor angesprochenen Korrelationen zu vergleichen.

A 5.3 Lokaler Stoffübergangskoeffizient an überströmten Platten

In diesem Abschnitt werden die Ergebnisse der fluiddynamischen Betrachtung der Gasphase vorgestellt. Im ersten Teil wird die fluiddynamische Betrachtung der Gasphase anhand der Ergebnisse und Beobachtungen von *Schmidt-Hansberg et al. (2011)* validiert und Erklärungsansätze für die beobachteten Beeinflussungen der Trocknung hergeleitet. Im zweiten Teil wird die Optimierung der Geometrie der Substratplatte vorgestellt.

A 5.4 Ergebnisse für die 45° Substratplatte mit stumpfem Ende

Bei der fluiddynamischen Betrachtung der Gasströmung an einer überströmten Platte in einem temperierten Kanal, wurde die Gasgeschwindigkeit der Anströmung im Bereich $u_0 = 0{,}15 - 0{,}5\,m/s$ variiert. Die Berechnung wurde sowohl stationär als auch transient durchgeführt, um das Auftreten und den Einfluss zeitlich veränderlicher, laminarer Strömungswirbel im Nachlauf der Substratplatte zu erkennen. Für die höheren Geschwindigkeiten wurden Strömungswirbel im Nachlauf der Platte und auch ein Wirbel auf der Oberseite der Platte in der Nähe der Anströmkante beobachtet. Exemplarisch ist in der Abb. 8.47 die Geschwindigkeits- und Konzentrationsverteilung im Strömungskanal bei einer transienten Simulation zum Zeitpunkt $t = 8\,s$ dargestellt.

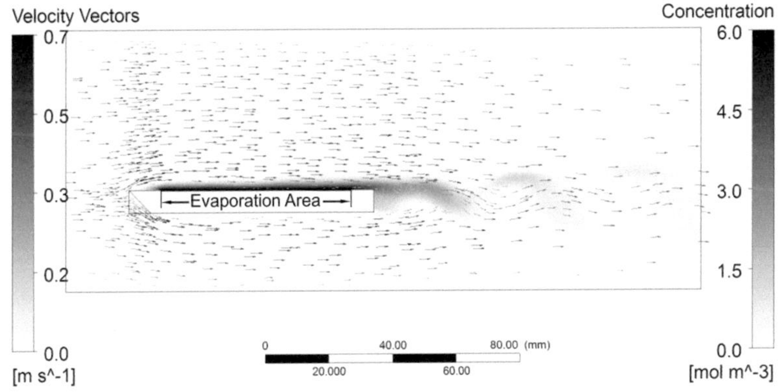

Abb. 8.47: Numerisches Ergebnis einer transienten Rechnung für eine Anströmung von $u_0 = 0{,}5\,m/s$ zum Zeitpunkt $t = 8\,s$ in der beschriebenen Kanalgeometrie mit einer Substratplatte mit 45° Anströmwinkel. Die Geschwin-

digkeitsverteilung ist in Form von Pfeilen und die Konzentrationsverteilung des Methanols in Form einer Graustufenskala angegeben.

Für kleine Gasgeschwindigkeiten bis zu einer Anströmgeschwindigkeit von $u_0 = 0,3\ m/s$ sind nur kleine Wirbel im Nachlauf der Platte zu erkennen, die den Stofftransport oberhalb der Substratplatte nicht beeinflussen. Bei höheren Geschwindigkeiten zeigt die transiente Simulation der Gasströmung oszillierende Stoffübergangskoeffizienten entlang der Substratplatte. Dies ist auf den Einfluss zeitlich veränderlicher Wirbel zurückzuführen. Das numerische Ergebnis des dimensionslosen Stoffübergangskoeffizienten Sh_x bei einer Anströmung von $u_0 = 0,5\ \text{m/s}$ ist im linken Diagramm der Abb. 8.48 dargestellt. Zum Vergleich der Stoffübergangskoeffizienten bei unterschiedlichen Überströmungsgeschwindigkeiten werden aus diesem Grund die zeitlich gemittelten Werte herangezogen. Die zeitlich gemittelten Ergebnisse der transienten Simulation sind auf der rechten Seite der Abb. 8.48 in der dimensionsbehaftet Form des lokalen Stoffübergangskoeffizienten β_x dargestellt.

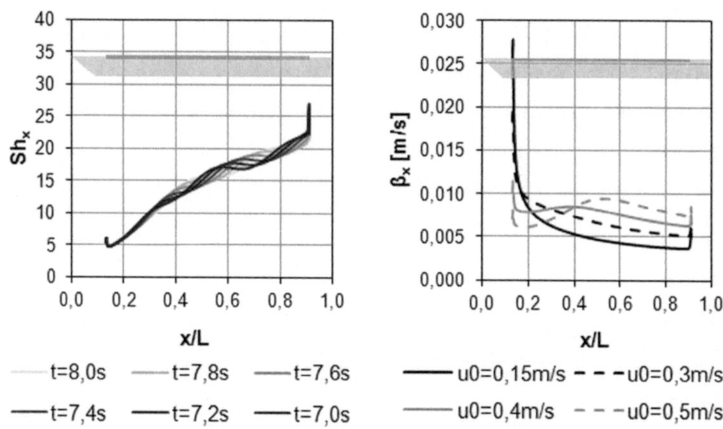

Abb. 8.48: Numerische Ergebnisse der lokalen Stoffübergangskoeffizienten in die Gasphase aufgetragen über der dimensionslosen Position entlang der Substratplatte (L = Plattenlänge) mit einem Anströmwinkel von 45°.
Links: lokaler Stoffübergangskoeffizient dimensionslos dargestellt in der Form der Sherwood-Zahl Sh_x bei einer Anströmung von $u_0 = 0,5\ m/s$.
Rechts: lokaler Stoffübergangskoeffizient β_x (zeitlich gemittelt) aufgetragen für unterschiedliche Anströmgeschwindigkeiten.

Im rechten Diagramm von Abb. 8.48 ist zu erkennen, dass der Stoffübergangskoeffizient für die niedrigste Anströmgeschwindigkeit von $u_0 = 0,15$ m/s wie erwartet entlang der Platte abnimmt. An der vorderen Kante der Verdunstungszone ist die Trocknung des Films stark beschleunigt. Dies resultiert aus der sich aufbauenden Konzentrationsgrenzschicht und der dünnen Strömungsgrenzschicht an der vorderen Kante des Films.

Eine Modellvorstellung, die sich im Rahmen dieser Untersuchung erst ergeben hat, betrachtet diese stark beschleunigte Trocknung am Beginn des noch feuchten Films als Hauptursache für das ungleichmäßige Trocknen auf einer angeströmten Platte. Durch das schnelle Austrocknen der Vorderkante des Films trägt dieser Teil nicht mehr zur Ausbildung der Konzentrationsgrenzschicht bei und die Konzentrationsgrenzschicht beginnt über den trocknenden Film zu wandern. Hierdurch ergibt sich eine stetig wandernde Zone, in der der Stoffübergang deutlich erhöht ist. Diese Zone haben wir als „wandernde Trocknungsfront" bezeichnet und in Zusammenarbeit mit Kollegen ein „Modell der wandernden Trocknungsfront" entwickelt. Die experimentellen Ergebnisse hierzu wurden in einer gemeinsam betreuten Diplomarbeit erarbeitet (*Zhou, 2007*). Scharfer hat dieses weiterentwickelte Modell 2010 auf dem Symposium der ISCST vorgestellt und konnte auch zeigen, dass integralen Trocknungsverlaufskurven aus gravimetrischen Versuchen aufgrund dieses Effektes häufig fehlinterpretiert werden.

Mit steigender Gasgeschwindigkeit kommt es zu einem starken, nicht vorhergesehenen Einbruch des Stoffübergangskoeffizienten an der vorderen Kante des Films. Ausschlaggebend hierfür ist eine veränderte Gasströmung oberhalb der Platte und der damit verbundenen Veränderung der Grenzschichten. Dies wird im Folgenden anhand der Diagramme in Abb. 8.49 erläutert.

Während die Grenzschicht bei der niedrigen Anströmgeschwindigkeit von $u_0 = 0,15$ m/s kontinuierlich entlang der Substratplatte dicker wird, ist bei der Gasgeschwindigkeit von $u_0 = 0,5$ m/s ein steilerer Anstieg, gefolgt von einer deutlichen Abnahme der hydrodynamischen Grenzschicht, zu erkennen. Auffallend ist auch, dass die Konzentrationsgrenzschicht bei der Anströmgeschwindigkeit von $u_0 = 0,5$ m/s am Plattenanfang und damit weit vor der Verdunstungszone beginnt. Beide Beobachtungen lassen sich dadurch erklären, dass es bei der höheren Anströmgeschwindigkeit zu einer Wirbelbildung oberhalb der Platte kommt.

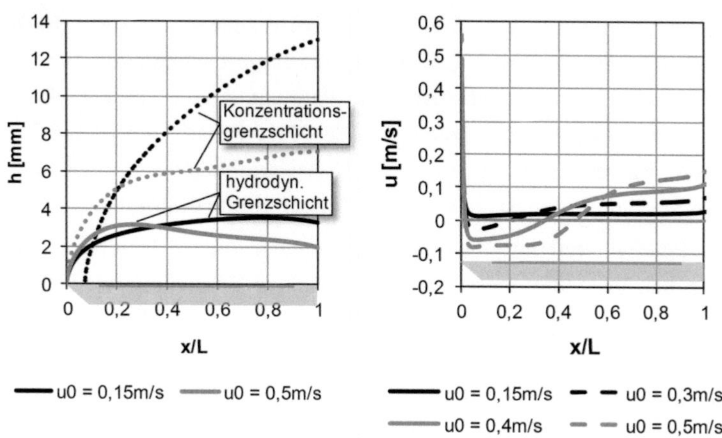

Abb. 8.49: Zeitlich gemittelte Simulationsergebnisse der Gasströmung aufgetragen über der dimensionslosen Position entlang der Substratplatte mit einem Anströmwinkel von 45° bei unterschiedlichen Anströmgeschwindigkeiten.
<u>Links:</u> lokale Schichtdicke der Grenzschichten entlang der Substratplatte.
<u>Rechts:</u> lokale Gasgeschwindigkeit in x-Richtung 0,5 mm oberhalb der Substratplatte zur Visualisierung des Rückstroms aufgrund von Grenzschichtablösung.

Zur Verdeutlichung der Wirbelbildung und der dabei auftretenden Rückströmung auf der Plattenoberseite bei den unterschiedlichen Anströmgeschwindigkeiten sind im rechten Diagramm der Abb. 8.49 die Geschwindigkeitskomponente in x-Richtung 0,5 mm oberhalb der Substratplatte dargestellt. Hierbei identifizieren die negativen Geschwindigkeiten den Rückfluss der Gasströmung entlang der Platte aufgrund einer Grenzschichtablösung. Die Grenzschichtablösung und der damit verbundene Rückstrom des Gases auf der Oberseite des Substrates führen zu der dickeren Grenzschicht an der in Strömungsrichtung vorderen Kante der Platte und zu der „Vorbeladung" der Gasphase weit vor der Verdunstungszone. Diese Vorbeladung ist der Grund für eine Konzentrationsgrenzschicht, die vor der eigentlichen Verdunstungszone startet. Dies führt zu einem reduzierten Stoffübergangskoeffizienten im vorderen Teil der Verdunstungszone. Mit steigender Strömungsgeschwindigkeit verstärken sich der Wirbel an der Substratvorderkante aufgrund der Grenzschichtablösung und somit auch der Abfall des lokalen Stoffübergangskoeffizienten über dem Film. Für hohe Gasgeschwindigkeiten ergibt sich hieraus sogar ein lokales Maximum des Stoffübergangskoeffizienten in der

Mitte des Films, das die Trocknung deutlich beeinflusst und zu trockenen Bereichen in der Mitte des Films führen kann.

Bei dieser Form der Substratplatte treten je nach Anströmgeschwindigkeit Grenzschichtablösungen im vorderen Bereich der umströmten Platte und oszillierende Wirbel im Nachlauf auf. Diese beiden Effekte haben einen sehr starken Einfluss auf den lokalen Stoffübergangskoeffizienten und somit auf den Trocknungsprozess. Eine möglichst genaue Beschreibung des Stoffübergangskoeffizienten ist für die Beschreibung der Filmtrocknung von großer Bedeutung. Der Stoffübergangskoeffizient wird für die Trocknungssimulation als die Randbedingung zur Gasphase benötigt. Die nachfolgend in Abb. 8.50 dargestellten Ergebnisse sind zeitlich gemittelte Werte der transienten Simulation.

Die Darstellung von zeitlichen Mittelwerten vereinfacht den Vergleich mit den Korrelationen. Bei der in den Diagrammen dargestellten "analytisch hergeleiteten Korrelation" handelt es sich um die aus der Grenzschichttheorie hergeleitete Korrelation nach *Brauer (1971)* (Gleichung (8.14)) und bei der „angepassten Korrelation" um die an experimentelle Versuche angepasste Gleichung von *Schmidt-Hansberg et al. (2011)* (Gleichung (8.15)). Es zeigt sich, dass die Übereinstimmung der angepassten Korrelation zu den Simulationsergebnissen deutlich größer ist. Dies war zu erwarten, da die analytisch hergeleitete Korrelation nach *Bauer (1971)* keine Beeinflussung der Trocknung durch die Ausbildung von Wirbelströmungen berücksichtigt und die angepasste Korrelation die Versuchsergebnisse von *Schmidt-Hansberg et al (2011)* wiedergibt. Lediglich im ersten Teil des Films, in der Einflusszone des Wirbels aufgrund der Grenzschichtablösung bei höheren Gasgeschwindigkeiten ($u_0 > 0,3\,m/s$), gibt es Abweichungen zwischen den numerischen Ergebnissen und der an die Messwerte angepassten Korrelation. Dies ist darauf zurückzuführen, dass der erste Messpunkt der experimentellen Ergebnisse 10 mm nach der Vorderkante des Films ($x/L = 0,26$) liegt. Die starken Abweichungen bei der Anströmgeschwindigkeit von $u_0 = 0,5\,m/s$ könnten auch auf eine Überschätzung der Grenzschichtablösung durch die laminare Simulation zurückgeführt werden, da im Wirbel auf dem vorderen Teil der Substratplatte bereits erste Turbulenzen auftreten können.

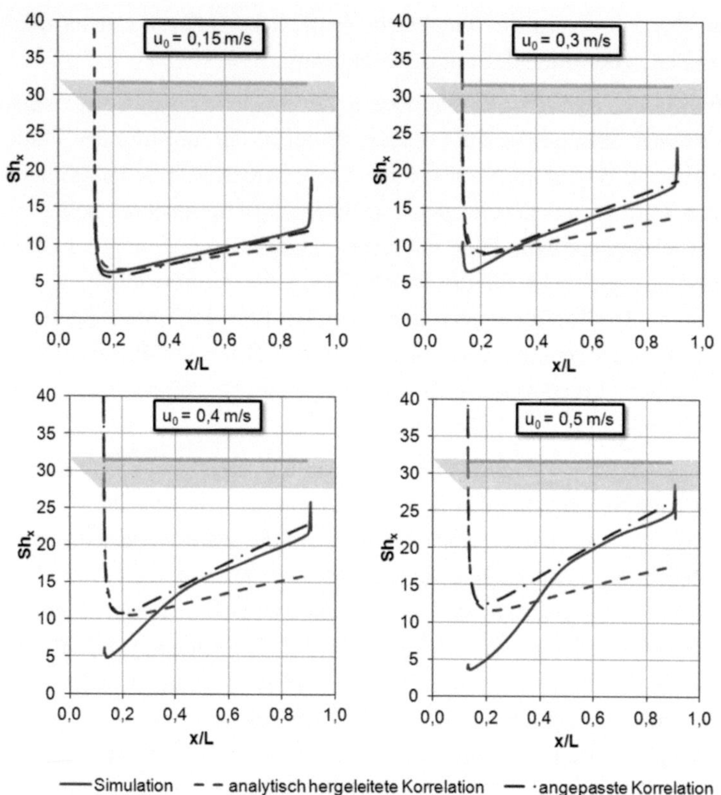

Abb. 8.50: Vergleich der numerisch ermittelten Sherwood-Zahlen (Simulation) mit der aus der Grenzschichttheorie analytisch hergeleiteten Korrelation nach Bauer (1971) (Gleichung (8.14)) und der an experimentelle Ergebnisse angepasste Korrelation von Schmidt-Hansberg et al. (2011) (Gleichung (8.15)) bei verschiedenen Anströmgeschwindigkeiten u_0. Die Stoffübergangskoeffizienten sind dimensionslos gegen die relative Position entlang der Substratplatte aufgetragen (L = Plattenlänge).

Mit steigender Gasgeschwindigkeit im Trocknungskanal kommt es zu einer merklichen Reduzierung des Stoffübergangskoeffizienten am Anfang der Verdunstungszone (Film). Dies ist auf den größer werdenden Wirbel am Plattenanfang aufgrund der Grenzschichtablösung zurückzuführen. Durch das Wiederanlegen der Grenzschicht an die Plattenoberfläche nach dem Wirbel und einer daraus resultierenden geringeren Grenzschichtdicke, sind die aus der numerischen Simulation erhaltenen Sherwood-Zahlen im zweiten Teil der Platte immer höher als durch die Vorhersage der analytisch hergeleiteten Korrelation. Die numerische Simulation zeigt einen starken Anstieg der Sherwood-Zahlen am Ende der Verdunstungszone. Dieser Effekt wird hervorgerufen durch die „Absaugung" der Grenzschicht aufgrund der starken Änderung des Impulses am stumpfen Ende der Substratplatte. Beide Korrelationen können diesen Effekt nicht vorhersagen, da sie für eine halbunendlich ausgedehnte Platte hergeleitet wurden (siehe Kapitel A 5.1).

Die Ergebnisse für die Substratplatte mit einem 45°-Anströmwinkel und einem stumpfen Ende haben gezeigt, dass die Überprüfung von Korrelationen mittels einer numerischen Simulation sinnvoll ist und einen hohen Erkenntnisgewinn liefert. Mit Hilfe der aus der Simulation erhaltenen Sherwood-Zahlen wäre es nun möglich, den Versuchsaufbau zu beschreiben und somit modellhafte Vorhersagen zu treffen. Allerdings sind diese inhomogenen Trocknungsbedingungen für experimentelle Untersuchungen nur bedingt geeignet. Mit Hilfe der Simulation und der gewonnen Erkenntnisse sollte daher eine geeignetere Form der Substratplatte gefunden und geprüft werden. Das Ergebnis der Optimierung wird nachfolgend dargestellt.

A 5.5 Optimierung der Plattengeometrie

Die Ergebnisse der fluiddynamischen Betrachtung der Gasströmung bei der 45°-Substratplatte mit stumpfem Ende haben gezeigt, dass die Gasströmung an den beiden Enden der Platte stark gestört wird. Aufgrund dieser Erkenntnisse wurde eine optimierte Form der Substratplatte mit einem 10°-Winkel an der Vorder- und Hinterkante und einer reduzierten Höhe von 3,5 mm in die Simulation implementiert. Daran sollte geprüft werden, ob sich die Gasströmung durch die geänderte Form verbessert. Treten an der optimierten Form der Platte die Grenzschichtablösung und die Wirbel im Nachlauf der Platte nicht mehr auf, sollte die Simulation dieselben Ergebnisse liefern wie die analytisch hergeleitete Korrelation nach *Brauer (1971)*.

Die in Abb. 8.51 dargestellte Gasgeschwindigkeitsverteilung für eine hohe Anströmgeschwindigkeit von $u_0 = 0,65\ m/s$ bestätigt die Annahme insofern, dass es zu keiner Wirbelbildung auf und hinter der Platte kommt. Die Dicke der hydrodynamischen Grenzschicht nimmt kontinuierlich entlang der Platte zu.

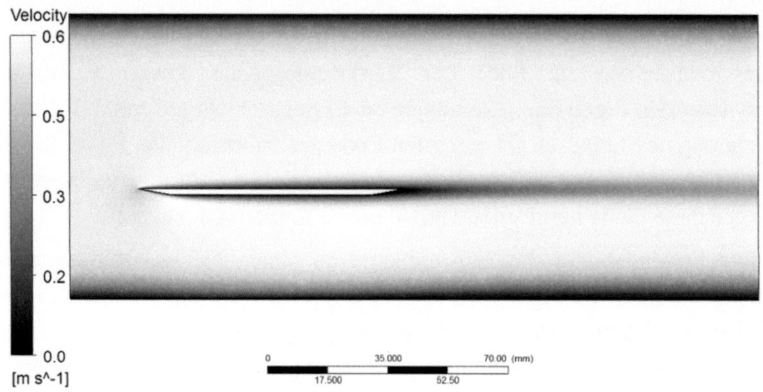

Abb. 8.51: Gasgeschwindigkeitsverteilung für eine Anströmung von $u_0 = 0{,}65\,m/s$ in dem beschriebenen Kanal mit der optimierten Plattengeometrie (10°-Winkel an der Vorder- und Hinterkante, 3,5 mm dick).

Der Vergleich der numerisch ermittelten Sherwood-Zahlen mit der analytisch aus der Grenzschichttheorie hergeleiteten Korrelation nach *Brauer (1971)* (siehe Gleichung (8.14)) zeigt eine sehr gute Übereinstimmung (vgl. Abb. 8.52). Lediglich ganz am Ende der Verdunstungszone weichen die Sherwood-Zahlen aus der numerischen Simulation von den Werten der analytisch hergeleiteten Korrelation geringfügig ab. Dies hängt damit zusammen, dass sowohl der Film als auch die Platte nicht halbunendlich ausgedehnt sind. Der Anstieg der Sherwood-Zahlen aus der fluiddynamischen Simulation ist jedoch durch die Optimierung des Plattenendes deutlich geringer. Die sehr gute Übereinstimmung der fluiddynamischen Simulation mit der analytisch hergeleiteten Korrelation macht deutlich, dass für die veränderte Geometrie der Substratplatte die analytisch hergeleitete Korrelation nach *Brauer (1971)* mit ausreichender Genauigkeit verwendet werden kann.

Gestützt auf den Erkenntnissen dieser fluiddynamischen Betrachtung (*Baesch, 2010*; *Krenn et al., 2011*) und dem Abgleich mit den experimentellen Untersuchungen (*Schmidt-Hansberg et al., 2011*) kann die analytisch hergeleitete Korrelation aus der Grenzschichttheorie für das in dieser Arbeit verwendete experimentelle Setup verwendet werden, obwohl die getroffenen

Annahmen nicht vollständig erfüllt werden. Demnach kann die Korrelation für <u>endliche</u> Platten eingesetzt werden, wenn die Geometrie der Platte entsprechend angepasst wird und das Strömungsfeld nicht durch auftretende Wirbel gestört wird.

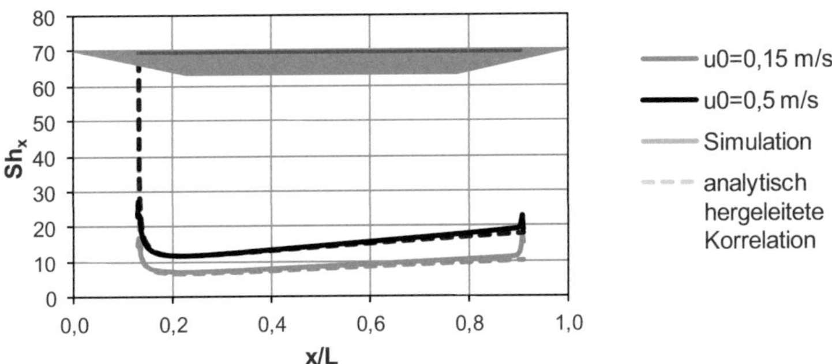

Abb. 8.52: Vergleich der numerisch ermittelten Sherwood-Zahlen (Simulation) mit der analytisch hergeleiteten Korrelation (Gleichung (8.14)) für unterschiedliche Anströmgeschwindigkeiten u_0 mit der optimierten Plattengeometrie (10°-Winkel an der Vorder- und Hinterkante, 3,5 mm dick).

Für andere Formen des experimentellen Aufbaus, die von der optimierten Geometrie abweichen, kann der lokale Stoffübergangskoeffizient mittels der vorgestellten fluiddynamischen Simulation numerisch ermittelt werden. Die Kenntnis des lokalen Stoffübergangskoeffizienten ist von entscheidender Bedeutung für eine gute Vorhersage, aber auch für eine genau Auswertung experimenteller Daten, die zu keiner Fehlerinterpretation führt.

Aufgrund der gewonnen Erkenntnisse aus der fluiddynamischen Betrachtung der Gasphase an überströmten Substratplatten in einem Strömungskanal, wurde die in dieser Arbeit verwendete Substratplatte konstruiert und gefertigt. Die Konstruktionszeichnung der Substratplatte ist im nachfolgenden Kapitel in Abb. 8.53 dargestellt.

A 5.6 Zeichnung der strömungsoptimierten Substratplatte

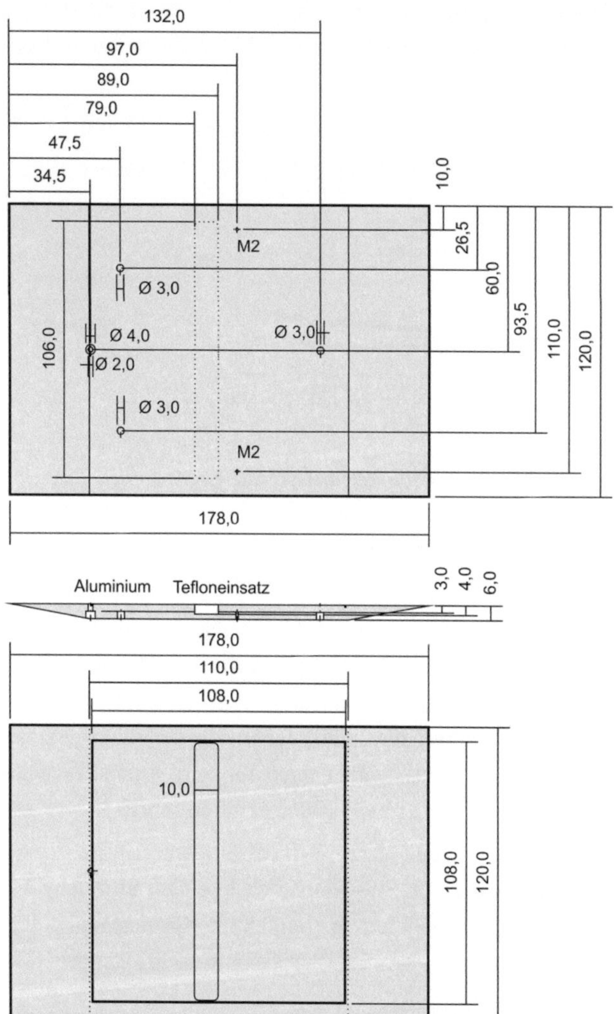

Abb. 8.53: Konstruktionszeichnung der Substratplatte aus Aluminium mit Tefloneinsatz zur substratseitigen Aufprägung von Temperaturunterschieden während der Trocknung. Die Platte ist in Strömungsrichtung beidseitig auf 10° abgeschrägt, um eine wirbelfreie Strömung zu gewährleisten. Die umlaufende Nut (108 x108 mm²) auf der Oberseite der Platte dient zur Fixierung des dünnen Glassubstrates mittels Unterdruck.

A 5.7 Verwendetes Berechnungsgitter

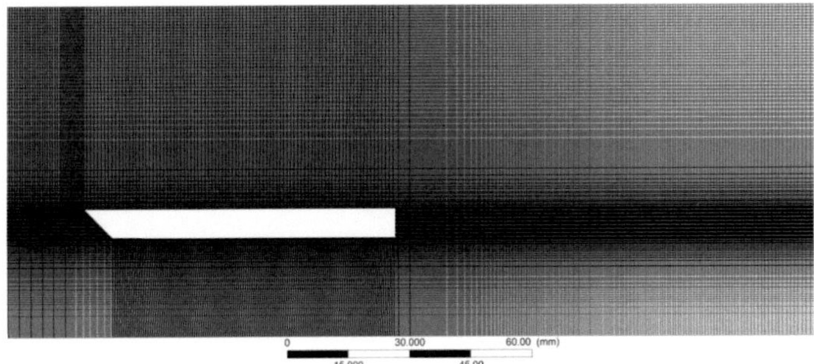

Abb. 8.54: Verwendetes Gitter bei der fluiddynamischen Berechnung der Gasströmung während der Verdunstung von Lösemittel zur Bestimmung des gasseitigen Stoffübergangskoeffizienten an laminar überströmten Platten.

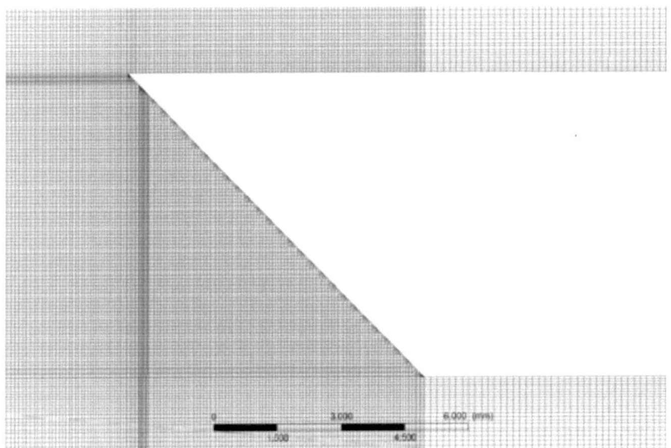

Abb. 8.55: Vergrößerung des Gitters an der Plattenvorderkante zur Verdeutlichung der Gitterstruktur an der der Plattenschräge.

A 6   Quellcodes der Auswerteroutinen (MATLAB®) zur in-situ Visualisierungsmethode

Die Quellcodes basieren auf einem MATLAB®-Programm von *Eberl (2008)* und wurden für die Auswertung der Punktmusterbilder der in-situ Visualisierung entsprechend angepasst. Näher Informationen hierzu im Kapitel A 1.1.

A 6.1 automate_image.m (modifiziert)

```matlab
% Programmed by Chris and Rob
% modified by Joachim to calculate the displacement due to surface deformation of thin films
% Load necessary files
if exist('grid_x')==0
   load('grid_x.dat')   end        % file with x position, created by grid_generator.m
if exist('grid_y')==0
   load('grid_y.dat')   end        % file with y position, created by grid_generator.m
if exist('filenamelist')==0
   load('filenamelist')   end      % file with the list of filenames to be processed
resume=0;
if exist('validx')==1
   if exist('validy')==1
     resume=1;
     [Rasternum Imagenum]=size(validx);
   end   end
% Initialize variables
        input_points_x=grid_x;
        base_points_x=grid_x;
        input_points_y=grid_y;
        base_points_y=grid_y;
if resume==1
   input_points_x=validx(:,Imagenum);
   input_points_y=validy(:,Imagenum);
   inputpoints=1;
end
[row,col]=size(base_points_x);  % number of rasterpoints we have to run through
[r,c]=size(filenamelist);          % number of images we have to loop through
% Start image correlation using cpcorr.m
g = waitbar(0,sprintf('Processing images'));     % initialize the waitbar
set(g,'Position',[275,50,275,50])                % set the position of the waitbar
firstimage=1;
if resume==1
   firstimage=Imagenum+1;
end
% read in the base image (which is always image number one)
base = uint8(mean(double(imread(filenamelist(1,:))),3));
% Reshape the input points to one row of values since this is the shape cpcorr will accept
input_points_for(:,1)=reshape(input_points_x,[],1);
```

```matlab
input_points_for(:,2)=reshape(input_points_y,[],1);
base_points_for(:,1)=reshape(base_points_x,[],1);
base_points_for(:,2)=reshape(base_points_y,[],1);
for i=firstimage:(r-1)          % run through all images
    tic         % start the timer
    input = uint8(mean(double(imread(filenamelist((i+1),:))),3)); % read in  image correlate
    % here we go and give all the markers and images to process to cpcorr.m which is a function
    provided by the matlab image processing toolbox
    input_correl(:,:)=cpcorr(round(input_points_for),round(base_points_for),input,base);
    % Mit round wird das grid gerundet. cpcorr will die Markerposition (willkürlich gelegt)
    ohne Komma, was aber kein Problem ist, wenn man es weiß.
    input_correl_x=input_correl(:,1); % the results we get from cpcorr for the x-direction
    input_correl_y=input_correl(:,2); % the results we get from cpcorr for the y-direction
    validx(:,i)=input_correl_x;    % lets save the data
    savelinex=input_correl_x';
    dlmwrite('resultsimcorrx.txt', savelinex , 'delimiter', '\t', '-append');
    % Here we save the result from each image; if you are desperately want to run this function
    with e.g. matlab 6.5 then you should comment this line out. If you do that the data will be saved
    at the end of the correlation step - good luck ;-)
    validy(:,i)=input_correl_y;
    saveliney=input_correl_y';
    dlmwrite('resultsimcorry.txt', saveliney , 'delimiter', '\t', '-append');
    waitbar(i/(r-1))        % update the waitbar
% Update base and input points for cpcorr.m
% DIESES UPDATE führt bei Vibrationen, ungerichteten Verschiebungen zu Fehlern, da das
Programm den „richtigen" Ausgangspunkt verliert!
    %{
    base_points_x=grid_x;
    base_points_y=grid_y;
    input_points_x=input_correl_x;
    input_points_y=input_correl_y;
    imshow(filenamelist(i+1,:))              % update image
    hold on
    plot(grid_x,grid_y,'g+')                 % plot start position of raster
    plot(input_correl_x,input_correl_y,'r+')    % plot actual postition of raster
    hold off
    drawnow
    %}
    time(i)=toc;    % take time
end
close(g)
close all
save time.dat time -ascii -tabs
save validx.dat validx -ascii -tabs
save validy.dat validy -ascii -tabs
```

A 6.2 surface_reconstruction.m (basierend auf displacement.m)

```matlab
% Initialize data
% written by Chris and Dan (modified by Joachim)
% Surface_reconstruction.m allows you to analyze the data. It needs the validx and validy and can
calculate the topography of the surface.
% Based on displacement.m from Chris Eberl (2008/02/03)
function [validx,validy,time]=surface_reconstruction(validx,validy,time)
% Hauptprogramm läd alle Daten und startet ein Auswahlpanel
% load data in case you did not load it into workspace yet
if exist('validx','var')==0
    [validxname,Pathvalidx] = uigetfile('*.dat','Open validx.dat');
    if validxname==0
        disp('You did not select a file!')    return
    end
    cd(Pathvalidx);
    validx=importdata(validxname,'\t');
end
if exist('validy','var')==0
    [validyname,Pathvalidy] = uigetfile('*.dat','Open validy.dat');
    if validyname==0
        disp('You did not select a file!')    return
    end
    cd(Pathvalidy);
    validy=importdata(validyname,'\t');
end
if exist ('time','var')==0  % Zeit einlesen von den Bilder
    [timename,Pathtime] = uigetfile({'*.txt;*.dat'},'Open image-time file');
    if timename==0
        disp('You did not select a file!')    return
    end
    cd(Pathtime);
        time_Image=importdata(timename,'\t');
        time_Image(:,2)=time_Image(:,2)-time_Image(4,2); % 3 Referenzbilder
        % 1 Bild = grid, 2 Stück für 1x Korrelation
        time = time_Image(:,2);    % Zeitverlauf
        time(1)=[]; % Löscht die erste Zeit, da 1 Bild für grid
end
% define the size of the data set
sizevalidx=size(validx);
sizevalidy=size(validy);
looppoints=sizevalidx(1,1);
loopimages=sizevalidx(1,2);
% calculate the displacement relative to the first image in x and y direction
clear displx;
validxfirst=zeros(size(validx));
validxfirst=mean(validx(:,1),2)*ones(1,sizevalidx(1,2));
displx=validx-validxfirst;
```

```
clear validxfirst
clear disply;
validyfirst=zeros(size(validy));
validyfirst=mean(validy(:,1),2)*ones(1,sizevalidy(1,2));
disply=validy-validyfirst;
clear validyfirst
```

% displacement muss im Mittel NULL sein. Durch leicht Schieflage der Kamera, kann eine gerichtete Verschiebung entstehen, die dann zum starken Abkippen der rekonstruierten Oberfläche führt. Dies zu vermeiden wird hier der median von den Verschiebungen abgezogen.

```
    sizedispl=size(displx);
    medx=median(displx);
    medy=median(disply);
    medix=ones(sizedispl(1,1),1)*medx;
    mediy=ones(sizedispl(1,1),1)*medy;
    displx=displx-medix;
    disply=disply-mediy;
```

% Prompt user for type of plotting / visualization

```
selection10 = menu(sprintf('What do you want to do?'), '3D Mesh Plot of Displacement', '3D Surface Reconstruction', 'Plot 3D Surface Reconstruction', 'Save validx and validy', 'Cancel');
```

% Selection for Cancel - All windows will be closed and you jump back to the command line

```
if selection10==5
    close all;   return
end
```

% Plots 3D Surface Reconstructions

```
% written by Joachim
if selection10==3
if exist('Ergebnisse','var')==0
    [Ergebnissename,PathErgebnisse] = uigetfile('*.mat','Open Ergebnisse.mat');
    if Ergebnissename==0
        disp('You did not select a file!')     return
    end
    cd(PathErgebnisse);
    [Ergebnisse]=importdata(Ergebnissename,'\t');
end
if exist('grid_x','var')==0
    [grid_xname,Pathgrid_x] = uigetfile('*.dat','Open grid_x.dat');
    if grid_xname==0
        disp('You did not select a file!')     return
    end
    cd(Pathgrid_x);
    grid_x=importdata(grid_xname,'\t');
end
if exist('grid_y','var')==0
    [grid_yname,Pathgrid_y] = uigetfile('*.dat','Open grid_y.dat');
    if grid_yname==0
        disp('You did not select a file!')     return
    end
    cd(Pathgrid_y);
```

```
  grid_y=importdata(grid_yname,'\t');
end
  plotreconstruction(grid_x,grid_y,Ergebnisse,displx,disply,time,Pathgrid_x);
  [validx validy time]=surface_reconstruction(validx,validy,time);
end
```

% Surface Reconstruction 3D von Joachim (Berechung von Moisy)

```
% Der Einfachheit halber wird grid_x und grid_y geladen, um die Vektoren x und y zu erhalten
if selection10==2
if exist('grid_x','var')==0
  [grid_xname,Pathgrid_x] = uigetfile('*.dat','Open grid_x.dat');
  if grid_xname==0
    disp('You did not select a file!')     return
  end
  cd(Pathgrid_x);
  grid_x=importdata(grid_xname,'\t');
end
if exist('grid_y','var')==0
  [grid_yname,Pathgrid_y] = uigetfile('*.dat','Open grid_y.dat');
  if grid_yname==0
    disp('You did not select a file!')     return
  end
  cd(Pathgrid_y);
  grid_y=importdata(grid_yname,'\t');
end
[validx,validy,displx,disply]=reconstruction3D(grid_x,grid_y,validx,validy,displx,disply,time);
[validx validy time]=surface_reconstruction(validx,validy,time);
end
% 3D Mesh Plotting displacement
if selection10==1
  if sizevalidx(1,1)>2
  [validx, validy,displx,disply]=meshplot(validx,validy,displx,disply);
  else
    disp('You need at least three markers to display the 3D-plot')
    msgbox('You need at least three markers to display the 3D-plot','3D-Plot','warn');
  end
  [validx validy time]=surface_reconstruction(validx,validy,time);
end   end
```

% Rekonstruiert die 3D-Oberfläche des trocknenden Polymers

```
%  written by Joachim
function
[validx,validy,displx,disply]=reconstruction3D(grid_x,grid_y,validx,validy,displx,disply,time)
close all
```

% Laden des Trocknungsverlaufes in Form der Keyence-Datei h-t

```
if exist ('Zeit_sec','var')==0
  [V_thname,PathV_th] = uigetfile({'*.txt'},'Open t-h-file');
  if V_thname==0
    disp('You did not select a file!')     return
  end
```

```matlab
    cd(PathV_th);
      V_th=importdata(V_thname,'\t');

      V_th_Zeit=V_th(:,1);
      V_th_Filmhoehe=V_th(:,2);
      strFolder=PathV_th;
end
```
% mittlere Filmhöhe zu den Zeitpunkten der Bilder bestimmen
```matlab
Filmhoehe_mu=interp1(V_th_Zeit,V_th_Filmhoehe,time);
```
% Eingabe der Versuchstemperatur
```matlab
   prompt = {'Eingabe der Versuchstemperatur [°C]:'};
   dlg_title = 'Versuchstemperatur?';
   num_lines= 1;
   def    = {'30'};
   answer = inputdlg(prompt,dlg_title,num_lines,def);
   if str2double(cell2mat(answer(1)))==0
      disp('Get out, you changed your mind?')
      [validx validy time]=surface_reconstruction(validx,validy,time);  return
   else
      Temperatur = str2double(cell2mat(answer(1)));
      if Temperatur==[]
         disp('Kennst du die Temperatur nicht??')
         [validx validy time]=surface_reconstruction(validx,validy,time);  return
   end   end
```
% Eingabe des Lösemittels um den Brechungsindex richtig zu berechnen
```matlab
   prompt = {'Eingabe des Lösemittels (Methanol / Toluol):'};
   dlg_title = 'Lösemittel?:';
   num_lines= 1;
   def    = {'Methanol'};
   answer = inputdlg(prompt,dlg_title,num_lines,def);
   Loesemittel = cell2mat(answer(1));
   TestM = strcmp(Loesemittel,'Methanol');
   TestT = strcmp(Loesemittel,'Toluol');
   Test = TestM + TestT;
   if Test ~= 1;
      disp('Kennst du das Lösemittel nicht??')
      [validx validy time]=surface_reconstruction(validx,validy,time);
      return end
```
% Brechungsindex vom Film
```matlab
[brech_index_film]    =    brechIndexFilm(Loesemittel,  Temperatur,  time,  Film-
hoehe_mu,V_th_Filmhoehe(end));
% scaling factor to calculate Pixel in Millimeter scalingfac [mm/px]
% Camera Pixelink 782 (3000px*2208px / field of view 10,5mm*7,73mm)
scalingfac=0.0035;
      brech_index_glas=1.5255; % Brechungsindex Glas
      hoehe_glas=150;       % Glasdicke µm
      brech_index_luft=1;    % Brechungsindex Luft
sizegrid=size(grid_x);
```

```
loopy=sizegrid(1,1);
loopx=sizegrid(1,2);
sizevalidx=size(validx);
loopimages=sizevalidx(1,2);
        x_px=grid_x(1,:)';
        x_mm=x_px*scalingfac;
        x_mu=x_mm*1000;
        y_px=grid_y(:,1);
        y_mm=y_px*scalingfac;
        y_mu=y_mm*1000;
    deltah=zeros(loopy,loopx,loopimages);
    h=zeros(loopy,loopx,loopimages);
for i=1:(loopimages)
    % Umsortieren der ermittelten displacements
    displximage_px=reshape(displx(:,i),loopy,loopx);
    displyimage_px=reshape(disply(:,i),loopy,loopx);
    % Umrechnen des displacements von px in µm
    displximage_mu_r=displximage_px*scalingfac*1000;
    displyimage_mu_r=displyimage_px*scalingfac*(-1000); % - wegen flip s.unten
    % flip, damit intgrad2 auf der richtigen Seite anfängt
    displximage_mu=flipud(displximage_mu_r);
    displyimage_mu=flipud(displyimage_mu_r);
    % Berücksichtigung der Glasplatte durch Korrektur der Referenzhöhe
    hpe=Filmhoehe_mu(i,1)+brech_index_film(i,1)/brech_index_glas*hoehe_glas;
    % Berechnug von alpha
    alpha=(brech_index_film(i,1)-brech_index_luft)/brech_index_film(i,1);
    % Berechung des inversen Gradienten (intgrad2) der Verschiebungen
    invers_deltar=intgrad2(displximage_mu,displyimage_mu,x_mu,y_mu);
    % flip wieder rückgängig machen, damit wieder richtig dargestellt
    invers_delta_r=flipud(invers_deltar);
% Berechnung der lokalen Filmhöhe Gl. (9) WS-WA
    deltah(:,:,i)=-1/(alpha*hpe)*invers_delta_r;
    h(:,:,i)=Filmhoehe_mu(i,1)+deltah(:,:,i); end
% Speichern der Ergebnisse deltah und h
    save([strFolder,'Ergebnisse.mat'],'deltah','h'); end
% Plottet die rekonstruierte 3D Oberfläche des trocknenden Filmes und die Verformung und
speichert die Schnitte bei x=Mitte des Bildes
% written by Joachim
function plotreconstruction(grid_x,grid_y,Ergebnisse,displx,disply,time,strFolder)
% scaling factor to calculate Pixel in Millimeter scalingfac [mm/px]
% Camera Pixelink 782 (3000px*2208px / field of view 10,5mm*7,73mm)
scalingfac=0.0035;
sizegrid=size(grid_x);
loopy=sizegrid(1,1);
loopx=sizegrid(1,2);
sizeh_WS=size(Ergebnisse.h);
loopimages=sizeh_WS(1,3);
x_px=grid_x(1,:)';
```

```
x_mm=x_px*scalingfac;
x_mu=x_mm*1000;
y_px=grid_y(:,1);
y_mm=y_px*scalingfac;
y_mu=y_mm*1000;


% Offset des Gitters wegrechnen, damit der Bildausschnitt bei NULL anfängt
 x_mm_0=x_mm-x_mm(1);
 y_mm_0=y_mm-y_mm(1);
% Schnitte Speichern an x=Mitte des Bildes
mitte_x=round(loopx/2); %Mitte festlegen
Schnitte=zeros(loopy+1,loopimages+1); % loopimages+1 weil die y-Koord. reinkommen
Schnitte(1,2:loopimages+1)=time'; % loopy+1 weil Zeit [sec] reinkommen
Schnitte(2:loopy+1,1)=y_mm_0;
        deltah_Schnitte_m=Schnitte;
        h_Schnitte_m=Schnitte;
        h_Schnitte_a=Schnitte;
        h_Schnitte_e=Schnitte;
mkdir (strFolder, 'Schnitte'); % create a new Folder in Path
path_Schnitte = [strFolder 'Schnitte\'];
for i=1:loopimages
   deltah_Schnitte_m(2:loopy+1,i+1)=Ergebnisse.deltah(:,mitte_x,i);
   h_Schnitte_m(2:loopy+1,i+1)=Ergebnisse.h(:,mitte_x,i);
   h_Schnitte_a(2:loopy+1,i+1)=Ergebnisse.h(:,28,i);
   h_Schnitte_e(2:loopy+1,i+1)=Ergebnisse.h(:,(end-28),i);
end
save ([path_Schnitte 'deltah_Schnitte_m.txt'], 'deltah_Schnitte_m', '-ASCII','-tabs');
save ([path_Schnitte 'h_Schnitte_m.txt'], 'h_Schnitte_m', '-ASCII','-tabs');
save ([path_Schnitte 'h_Schnitte_a.txt'], 'h_Schnitte_a', '-ASCII','-tabs');
save ([path_Schnitte 'h_Schnitte_e.txt'], 'h_Schnitte_e', '-ASCII','-tabs');


% Speichern der 3D-Plots, allerdings nur ausgewählte Bilder
   prompt = {'Jedes wievielte Bild soll geplottet werden (1=jedes)?'};
   dlg_title = 'Eingabe der "Schrittweite":';
   num_lines= 1;
   def    = {'5'};
   answer = inputdlg(prompt,dlg_title,num_lines,def);
   if str2num(cell2mat(answer(1)))==0
     disp('Get out, you changed your mind?')
     [validx validy]=surface_reconstruction(validx,validy);    return
   else
     Schrittweite = str2num(cell2mat(answer(1)));
     if Schrittweite==[]
        disp('Give me a number, will you?')
        [validx validy]=surface_reconstruction(validx,validy);  return
     end
     if Schrittweite>loopimages
        disp('That is too large?!')
```

```matlab
        else
            mkdir (strFolder, '3D_Surface');          % create a new Folder in Path
            path_3DSurface = [strFolder '3D_Surface\'];
            xmin=min(x_mm_0);
            xmax=max(x_mm_0);
            ymin=min(y_mm_0);
            ymax=max(y_mm_0);
            hmin=min(min(min(Ergebnisse.h(:,:,3:end))));
            hmax=max(max(max(Ergebnisse.h(:,:,3:end))));
for j=1:Schrittweite:loopimages
[XX,YY] = meshgrid (y_mm_0,x_mm_0); % x,y vertauschen - x Strömungsrichtung
            g=figure;%('Position',[850 300 800 600]);
            set(g,'visible', 'off')
            surf(XX,YY,Ergebnisse.h(:,:,j)');
            shading interp
            set(gca,'Fontsize',10,'Fontname','arial'); %Ändert alle Schriftgrößen einheitlich
            view(7.5,25);
            colormap(gray);
            title(['time = ' int2str(time(j)) ' s'],'Fontsize',14,'Fontname','arial')
            xlabel('x [mm]','Rotation',-3,'Fontsize',14,'Fontname','arial')
            ylabel('y [mm]','Rotation',78,'Fontsize',14,'Fontname','arial')
            zlabel('h [µm]','Fontsize',14,'Fontname','arial')
            axis([ymin ymax xmin xmax 0 200])
            set(gca,'XTick',0:1:ymax)
            set(gca,'YTick',0:1:xmax)
            set(gca,'ZTick',0:50:200)
            set(gca,'Position',[.2 .18 .65 .7])
            set(gcf, 'PaperPositionMode', 'manual');
            set(gcf, 'PaperUnits', 'centimeters');
            set(gcf, 'PaperPosition', [0 0 10 7.5]);
            box 'on'
            nr=j+1000;
            nrstr=num2str(nr);
            print(g,'-djpeg','-opengl','-r600',[path_3DSurface 'h' nrstr '.jpeg'])
            close all
        end end   end   end
```

%% Zusätzliche Funktionen für reconstruction surfaceplot3D

```matlab
function      [brechIndexFilm]=brechIndexFilm(Loesemittel,Temperatur,Zeit_sec,      Filmhoe-
he_mu,V_th_Filmhoehe_mu_END)
```

%% Beladung_X_L -> Phi_L -> BRECHUNGSINDEX n_Film

```matlab
% Stoffsystem: Polymer ist PVAc, Loesemittel ist entweder Methanol oder Toluol
if strcmp(Loesemittel,'Methanol')
disp(sprintf('... n_MeOH ...'));
n_L = -0.00040951*Temperatur + 1.3398066;
ro_L = -0.0012*Temperatur*Temperatur - 0.9063*Temperatur + 813.0076;
else strcmp(Loesemittel,'Toluol')
```

```matlab
        disp(sprintf('... n_Toluol ...'));
n_L = -0.0005848*Temperatur + 1.5089748;
ro_L = 0.0011*Temperatur*Temperatur - 1.0303*Temperatur + 886.41;
end
n_P = -0.000365*Temperatur + 1.47518;
ro_P = -0.0065*Temperatur*Temperatur - 0.123*Temperatur + 1191.32;
        looptimeg=size(Zeit_sec);
        looptime=looptimeg(1,1);
        Beladung_X_L=zeros(looptime,1);
        Phi_L=zeros(looptime,1);
        brechIndexFilm=zeros(looptime,1);
for i=1:looptime
   Beladung_X_L(i,1) = ro_L/ro_P*(Filmhoehe_mu(i,1)/V_th_Filmhoehe_mu_END - 1);
   Phi_L(i,1) = (Beladung_X_L(i,1)*ro_P/ro_L)/(Beladung_X_L(i,1)*ro_P/ro_L + 1);
   brechIndexFilm(i,1) = (1-Phi_L(i,1))*n_P + Phi_L(i,1)*n_L;
end     end
```